物联网开发与应用丛书

ZigBee无线通信技术应用开发

胡瑛 廖建尚 曾赛峰 编著

電子工業出版社
Publishing House of Electronics Industry
北京•BEIJING

内 容 简 介

本书主要介绍 ZigBee 无线通信技术的应用开发。全书首先深入浅出地介绍 ZigBee 无线通信技术原理；然后进行案例开发实践，每个案例均有开发场景、详细的软/硬件设计和功能实现过程；最后进行总结拓展，将理论学习和开发实践结合起来。

本书既可作为高等院校相关专业的教材或教学参考书，也可供相关领域的工程技术人员查阅。对于嵌入式和物联网系统的开发爱好者来讲，本书也是一本深入浅出、贴近实际应用的技术读物。

本书配有详尽的开发代码和 PPT 课件，读者可登录华信教育资源网（www.hxedu.com.cn）免费注册后下载。

图书在版编目（CIP）数据

ZigBee 无线通信技术应用开发 / 胡瑛，廖建尚，曾赛峰编著. —北京：电子工业出版社，2020.8
（物联网开发与应用丛书）
ISBN 978-7-121-39353-2

Ⅰ. ①Z… Ⅱ. ①胡… ②廖… ③曾… Ⅲ. ①无线电通信—传感器 Ⅳ. ①TP212

中国版本图书馆 CIP 数据核字（2020）第 144548 号

责任编辑：田宏峰
印　　刷：北京天宇星印刷厂
装　　订：北京天宇星印刷厂
出版发行：电子工业出版社
　　　　　北京市海淀区万寿路 173 信箱　邮编：100036
开　　本：787×1 092　1/16　印张：15.75　字数：400 千字
版　　次：2020 年 8 月第 1 版
印　　次：2024 年 7 月第 9 次印刷
定　　价：79.00 元

凡所购买电子工业出版社图书有缺损问题，请向购买书店调换。若书店售缺，请与本社发行部联系，联系及邮购电话：（010）88254888，88258888。

质量投诉请发邮件至 zlts@phei.com.cn，盗版侵权举报请发邮件至 dbqq@phei.com.cn。

本书咨询联系方式：tianhf@phei.com.cn。

FOREWORD 前言

近年来，物联网、移动互联网、大数据和云计算的迅猛发展，大大提高了生产效率和社会生产力。工业和信息化部发布的《信息通信行业发展规划物联网分册（2016—2020年）》总结了“十二五”规划中物联网发展所获得的成就，并分析了“十三五”期间面临的形势，明确了物联网的发展思路和目标，提出了6大重点领域应用示范工程，分别是智能制造、智慧农业、智能家居、智能交通和车联网、智慧医疗和健康养老，以及智慧节能环保。该发展规划为物联网的发展指出了一条鲜明的道路，同时也表明了我国在推动物联网应用方面的坚定决心。

本书主要介绍ZigBee无线通信技术在物联网中的应用，全书先进行理论知识的介绍，然后给出实际案例的开发过程，最后进行总结拓展。每个案例均有详细的软/硬件设计和功能实现过程，并给出完整的开发代码，读者可以在此基础上快速地进行二次开发。

第1章为ZigBee无线通信技术和开发基础。本章引导读者初步认识物联网和ZigBee无线通信技术，了解物联网开发硬件平台，学习开发环境的搭建。

第2章为ZigBee无线通信应用开发。本章主要介绍ZigBee网络的点播通信、广播通信、信道监听和无线控制技术的原理及应用。通过本章的学习，读者可以掌握ZigBee无线通信技术的原理和开发。

第3章为ZStack协议栈开发。本章首先介绍ZStack协议栈的理论知识，然后对ZStack协议栈工程进行解析，最后基于ZStack协议栈进行实际案例的开发，从而加深读者对ZStack协议栈的理解。

第4章为ZigBee基础应用开发。本章先介绍ZigBee基础应用开发的框架，然后通过ZigBee仓库湿度采集系统、ZigBee仓库通风系统和ZigBee仓库火灾预警系统三个实际案例，分别介绍ZigBee采集类程序、控制类程序和安防类程序的逻辑和接口。

第5章为ZigBee综合应用开发。本章先介绍物联网开发平台、ZXBee通信协议和智云平台应用开发接口，然后给出两个综合应用开发案例，即小型飞行器高度管理系统和智能避障管理系统。每个综合应用开发案例均给出开发目标、开发设计、开发实践和开发验证。

本书的特色如下：

（1）案例开发。本书通过生动的案例将理论学习与开发实践结合起来，可以帮助读者快速掌握ZigBee无线通信技术。

（2）提供综合性项目。综合性项目为读者提供软/硬件系统的开发方法，包括功能需求分析、系统架构、软/硬件设计等方法。读者不仅可以在这些综合性项目的基础上快速地进行二次开发，还可以方便地将这些综合性项目转化为各种比赛和创新创业的案例。

本书在编写过程中，借鉴和参考了国内外专家、学者、技术人员的相关研究成果，作者尽可能按学术规范予以说明，但难免会有疏漏之处，在此谨向有关作者表示深深的敬意和谢意。如有疏漏，请及时通过出版社与作者联系。

感谢中智讯（武汉）科技有限公司在本书编写过程中提供的帮助，特别感谢电子工业出版社在本书出版过程中给予的大力支持。

物联网技术发展得很快，涉及的领域很广泛，限于作者的水平和经验，疏漏之处在所难免，恳请广大专家和读者批评指正。

作　者

2020 年 6 月

CONTENTS 目录

第 1 章 ZigBee 无线通信技术和开发基础 …… 1

1.1 认识 ZigBee 无线通信技术 …… 1

1.1.1 ZigBee 简介 …… 1

1.1.2 ZigBee 网络架构 …… 1

1.1.3 ZigBee 和物联网 …… 3

1.2 物联网开发平台简介 …… 4

1.2.1 CC2530 的特色和资源 …… 4

1.2.2 Android 网关 …… 7

1.2.3 xLab 开发平台 …… 8

1.3 物联网开发环境的搭建 …… 12

1.3.1 IAR 集成开发环境简介 …… 12

1.3.2 IAR 集成开发环境及常用工具的安装 …… 12

1.4 创建第一个 IAR 应用程序 …… 15

1.4.1 创建 IAR 工程 …… 15

1.4.2 设置 IAR 工程 …… 18

1.4.3 IAR 应用程序的编译、下载与调试 …… 21

1.4.4 下载 hex 文件 …… 24

第 2 章 ZigBee 无线通信应用开发 …… 27

2.1 ZigBee 点播通信开发 …… 27

2.1.1 开发内容：点播通信 …… 27

2.1.2 开发步骤 …… 30

2.1.3 开发小结 …… 33

2.2 ZigBee 广播通信开发 …… 33

2.2.1 开发内容：广播通信 …… 33

2.2.2 开发步骤 …… 36

2.2.3 开发小结 …… 38

2.3 ZigBee 信道监听开发 …… 38

2.3.1 开发内容：信道监听 …… 38

2.3.2 开发步骤 …… 41

2.3.3 开发小结 …… 42
2.4 ZigBee 无线控制开发 …… 42
2.4.1 开发内容：无线控制 …… 42
2.4.2 开发步骤 …… 44
2.4.3 开发小结 …… 45
第 3 章 ZStack 协议栈开发 …… 47
3.1 ZStack 协议栈 …… 47
3.1.1 ZStack 协议栈的结构 …… 47
3.1.2 ZStack 协议栈的工作流程 …… 49
3.1.3 ZStack 协议栈设备类型的选择 …… 50
3.1.4 ZStack 协议栈编译选项的配置 …… 50
3.1.5 ZStack 协议栈的寻址 …… 51
3.1.6 OSAL 调度 …… 53
3.1.7 ZStack 协议栈的信道配置 …… 54
3.2 ZStack 协议栈工程解析 …… 55
3.3 ZigBee 多点自组织网络的开发 …… 68
3.3.1 开发内容：多点自组织网络 …… 70
3.3.2 开发步骤 …… 73
3.3.3 开发小结 …… 76
3.4 ZigBee 广播/组播的开发 …… 76
3.4.1 开发内容：广播/组播 …… 76
3.4.2 开发步骤 …… 79
3.4.3 开发小结 …… 81
3.5 ZigBee 星状网络的开发 …… 81
3.5.1 开发内容：星状网络 …… 82
3.5.2 开发步骤 …… 85
3.5.3 开发小结 …… 86
3.6 ZStack 协议栈的分析与开发 …… 86
3.6.1 开发内容：ZStack 协议栈的分析 …… 86
3.6.2 开发步骤 …… 89
3.6.3 开发小结 …… 91
3.7 ZStack 协议栈绑定技术的开发 …… 92
3.7.1 开发内容：信号灯控制 …… 92
3.7.2 开发步骤 …… 94
3.7.3 开发小结 …… 96
第 4 章 ZigBee 基础应用开发 …… 97
4.1 ZigBee 基础应用开发框架 …… 97

4.1.1 开发目标 ······ 97
4.1.2 原理学习 ······ 97
4.1.3 开发实践：构建 ZigBee 基础应用开发框架 ······ 108
4.2 ZigBee 仓库湿度采集系统的开发与实现 ······ 121
4.2.1 开发目标 ······ 121
4.2.2 原理学习：ZigBee 采集类程序接口 ······ 121
4.2.3 开发实践：仓库湿度采集系统设计 ······ 131
4.2.4 小结 ······ 145
4.3 ZigBee 仓库通风系统的开发与实现 ······ 146
4.3.1 开发目标 ······ 146
4.3.2 原理学习：ZigBee 控制类程序接口 ······ 146
4.3.3 开发实践：ZigBee 仓库通风系统设计 ······ 149
4.3.4 小结 ······ 155
4.4 ZigBee 仓库火灾预警系统的开发与实现 ······ 156
4.4.1 开发目标 ······ 156
4.4.2 原理学习：ZigBee 安防类程序接口 ······ 156
4.4.3 开发实践：ZigBee 仓库火灾预警系统设计 ······ 160
4.4.4 小结 ······ 166
第 5 章 ZigBee 综合应用开发 ······ 167
5.1 物联网开发平台 ······ 167
5.2 ZXBee 通信协议 ······ 168
5.2.1 原理学习：ZXBee 通信协议 ······ 168
5.2.2 开发实践 ······ 171
5.3 云平台应用开发接口 ······ 173
5.3.1 原理学习：云平台应用开发接口函数的参数及功能 ······ 173
5.3.2 开发实践 ······ 182
5.4 小型飞行器高度管理系统的开发与实现 ······ 187
5.4.1 开发目标 ······ 187
5.4.2 开发设计 ······ 187
5.4.3 开发实践 ······ 190
5.4.4 开发验证 ······ 213
5.5 智能避障管理系统的开发与实现 ······ 217
5.5.1 开发目标 ······ 217
5.5.2 开发设计 ······ 217
5.5.3 开发实践 ······ 219
5.5.4 开发验证 ······ 236
参考文献 ······ 241

第1章

ZigBee无线通信技术和开发基础

本章是 ZigBee 无线通信技术的概述性内容，引导读者初步认识物联网和 ZigBee 无线通信技术，了解物联网开发平台，学习物联网开发环境的搭建，并通过创建一个 IAR 应用程序来熟悉 ZigBee 常用开发工具的使用。

1.1 认识 ZigBee 无线通信技术

1.1.1 ZigBee 简介

ZigBee 是基于 IEEE 802.15.4 标准的低功耗局域网协议。根据国际标准规定，ZigBee 是一种短距离、低功耗的无线通信技术，其特点是短距离、低复杂度、自组织、低功耗、低数据传输速率，主要用于自动控制和远程控制领域。

（1）低功耗：2 节 5 号干电池可支持 1 个节点工作 6～24 个月，甚至更长。

（2）低成本：通过大幅简化协议，降低了对通信控制器的要求，另外，ZigBee 协议是免费的。

（3）短距离：传输距离为 10～100 m，在增加发射功率后，传输距离可增加到 1～3 km，这指的是相邻节点间的距离。如果通过中继，传输距离将更大。

（4）短延时：ZigBee 网络的响应速度较快，从睡眠状态进入工作状态一般只需 15 ms，节点连接 ZigBee 网络只需 30 ms，进一步节省了电能。

（5）高容量：ZigBee 网络可采用星状、树状和网状等结构，一个主节点最多可管理 254 个子节点；同时主节点还可由上一层网络节点来管理，一个 ZigBee 网络最多可管理 65000 个节点。

1.1.2 ZigBee 网络架构

ZigBee 网络作为一种可中继、覆盖范围广泛、接入节点多的无线通信技术，所构建的网络势必会有众多的节点，对这些节点的识别与定位都是 ZigBee 网络关注的重点。

ZigBee 网络采用的方法是设置 ZigBee 的网络 CHANNEL（网络信道号），在相同

CHANNEL 下通过 PANID（网络 ID）来区别网络。当一个 ZigBee 无线节点的 CHANNEL 和 PANID 信息与已有的 ZigBee 网络信息相同时，这个 ZigBee 无线节点就可以接入已有的 ZigBee 网络。在 ZigBee 网络内部，Coordinator（协调器）和 Router（路由）节点通过分配的 ShortAddr（短地址）来对节点进行定位与识别。在 ZigBee 网络外部，开发者可以通过每个 ZigBee 无线节点所携带的全球唯一的 MAC 地址来对 ZigBee 无线节点进行识别。

ZigBee 网络的基础知识主要包括设备类型、拓扑结构和路由方式三个方面的内容。所有的 ZigBee 无线节点都可分为 Coordinator（协调器）、Router（路由）节点、EndDevice（终端）节点三种类型。节点类型只是网络层的概念，用于反映 ZigBee 网络的拓扑结构，而 ZigBee 网络采用任何一种拓扑结构都只是为了实现网络中数据的高效稳定传输，在实际的应用中不必关心 ZigBee 网络的组织形式。

ZigBee 网络作为一种短距离、低功耗、低数据传输速率的无线通信技术，介于无线射频识别（RFID）和 BLE 之间，在无线传感器网络中的应用非常广泛。这得益于其强大的组网能力，可以形成星状、树状和网状三种拓扑结构，在实践中可以根据实际需要来选择合适的拓扑结构。

（1）星状拓扑。星状拓扑是最简单的拓扑结构，如图 1.1 所示，包含一个协调器和一系列终端节点。在星状网络中，每一个终端节点只能与协调器进行通信，任意两个终端节点必须通过协调器来进行通信。

星状拓扑的缺点是节点之间的数据路由只有唯一的一条路径，协调器有可能成为整个网络的瓶颈。实现星状拓扑并不需要使用 ZigBee 网络层协议，因为 IEEE 802.15.4 的协议层已经实现了星状拓扑，但需要开发者在应用层做更多的工作，包括处理数据的转发。

（2）树状拓扑。树状拓扑如图 1.2 所示，协调器可以连接路由节点和终端节点，其子节点中的路由节点也可以连接路由节点和终端节点。在多个层级的树状网络中，数据传输具有唯一路径，只可以在父节点与子节点之间进行直接通信，非父子关系的节点只能进行间接通信。

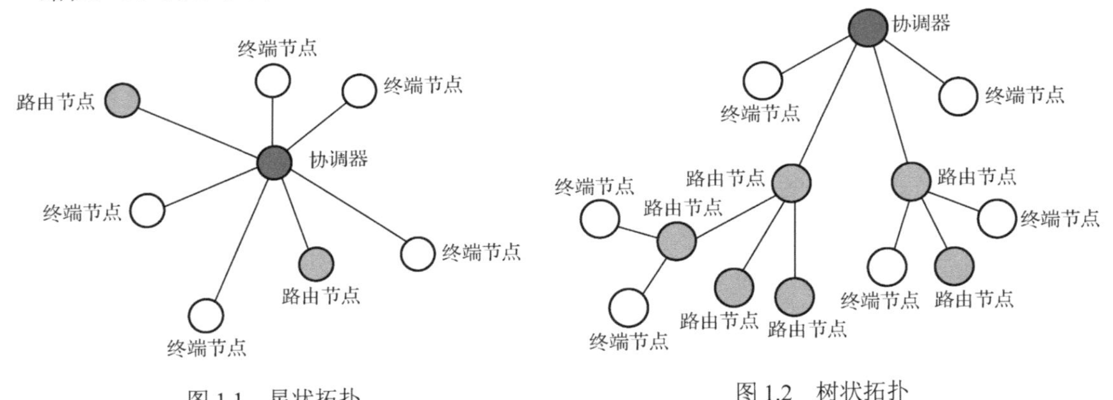

图 1.1　星状拓扑

图 1.2　树状拓扑

树状网络的通信规则如下：

① 每一个节点都只能与其父节点和子节点进行直接通信。

② 如果一个节点要向另一个节点发送数据，那么数据将沿着树的路径向上传输到最近的祖先节点，再向下传输到目标节点。

树状网络的特点就是数据的传输只有唯一的路径。另外，路由过程是由协议栈层处理的，整个路由过程对于应用层来讲是完全透明的。

（3）网状拓扑。网状拓扑如图 1.3 所示，当某条路径出现问题时，数据可自动沿其他路径传输。任意两个节点都可相互传输数据，数据可直接传输或在传输过程中经多级路径转发，网络层提供路径探测功能，使得网络层可以找到数据传输的最优路径，不需要应用层参与。ZigBee 网络会自动按照 ZigBee 协议选择最优路径作为数据传输通道，使得网络更稳定，通信更有效率。

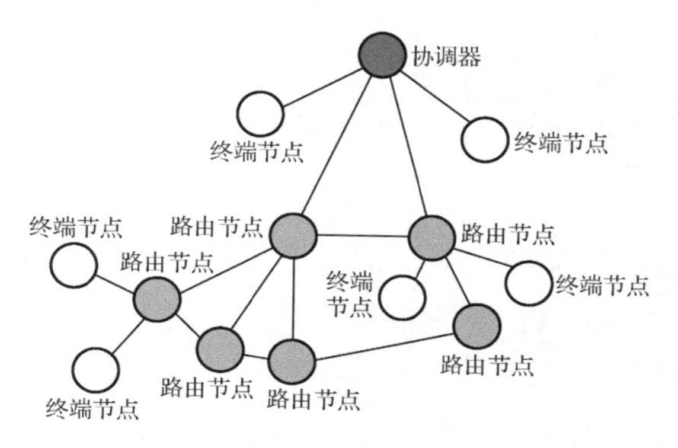

图 1.3　网状拓扑

通常，在网状网络中，网络层会提供相应的路径探测功能，这一功能可以使得网络层找到数据传输的最优路径。需要注意的是，以上所提到的功能都是由网络层来实现的，无须应用层参与。

采用网状拓扑结构的网络具有强大的功能，可以组成极为复杂的网络，具备自组织、自愈功能。星状网络和树状网络适合多节点、短距离的应用。

1.1.3　ZigBee 和物联网

物联网是指利用各种信息传感设备，如射频识别（RFID）装置、无线传感器、红外感应器、全球定位系统、激光扫描器等，对现有物体的信息进行感知、采集，通过网络支撑下的可靠传输技术，将各种物体的信息汇入互联网，并基于海量信息资源进行智能决策、安全保障，以及管理与服务的全球公共信息综合服务平台。

以控制和采集设备为主的设备或网络，这一层称为感知层；以数据汇总和将数据通过网络上传至服务器的设备或网络，这一层称为网络层；服务器在系统中虽然没有展现，但在系统中承担着重要的工作，服务器主要承担数据管理和服务的功能，这一层统称为平台层；最终接入网络的方式就是使用移动终端，移动终端可完成对整个物联网的接入，这一层称为应用层。传统的物联网架构也是由这四层构成的，如图 1.4 所示。

物联网技术广泛应用了无线通信技术，即无线传感器网络技术。无线传感器网络最初是由美国国防部高级研究计划署于 1978 年提出的，其雏形是由卡内基梅隆大学研究的分布式传感器网络。随着微电机系统、嵌入式系统、微处理器、无线电技术以及存储技术的巨大进步，无线传感器网络也获得了长足的发展。当前，无线传感器网络已在全世界广泛应用，其范围涵盖军用和民用的许多领域。

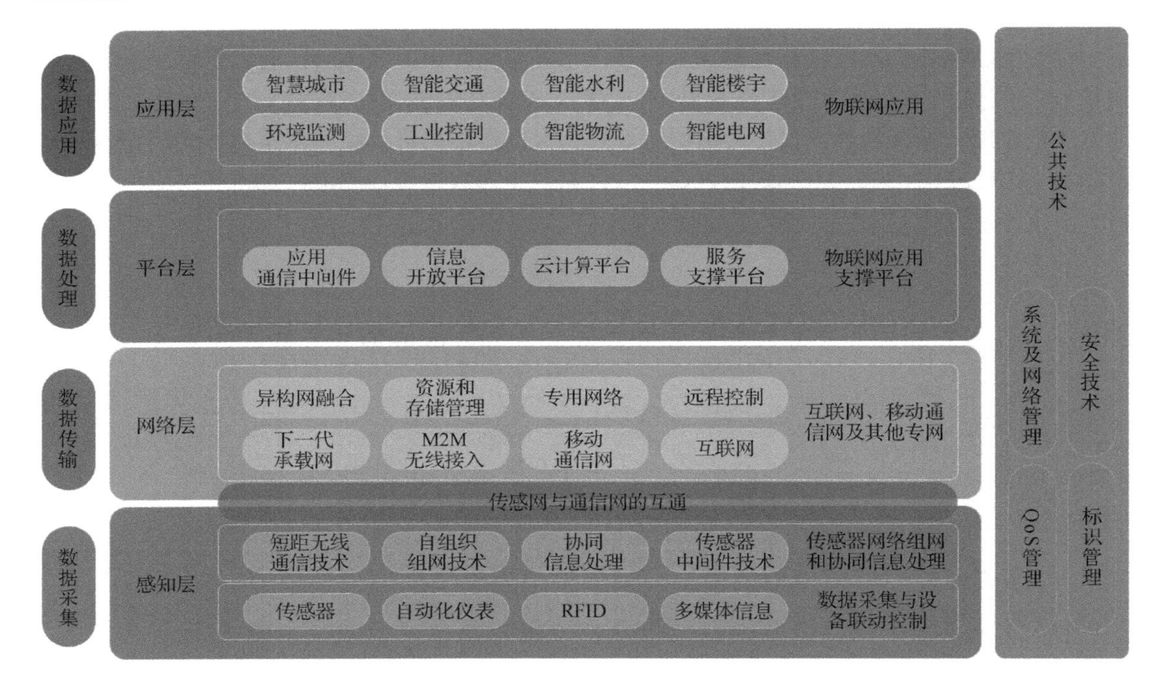

图 1.4　物联网架构

1.2　物联网开发平台简介

1.2.1　CC2530 的特色和资源

1. CC2530 的特色

CC2530 是 TI 公司生产的一种系统级芯片，适用于 2.4 GHz 的 IEEE 802.15.4 系统、ZigBee 和 RF4CE。CC2530 具有性能极好的 RF 收发器、增强型 8051 微处理器内核、可编程的 Flash、8 KB 的 RAM 以及许多其他强大的功能，可选择不同的运行模式，适合超低功耗要求的系统。结合 TI 业界领先的“黄金单元”ZigBee 协议栈（ZStack），CC2530 提供了一个强大和完整的 ZigBee 解决方案。CC2530 实物图如图 1.5 所示。

图 1.5　CC2530 实物图

CC2530 具有以下特性：

（1）功能强大的无线前端。CC2530 具有符合 2.4 GHz 的 IEEE 802.15.4 标准的射频收发器，可编程输出功率为+4.5 dBm，支持网状拓扑结构。

（2）低功耗。接收模式为 24 mA，发送模式（1 dBm）为 29 mA，供电模式 1（4 μs 唤醒）为 0.2 mA，供电模式 2（睡眠计时器运行）为 1 μA，供电模式 3（外部中断）为 0.4 μA，电压范围为 2～3.6 V。

（3）微处理器。采用高性能和低功耗的 8051 微处理器内核，具有 32 KB、64 KB、128 KB、256 KB 的可编程 Flash，8 KB 的内存，支持硬件调试。

（4）具有丰富的外设接口。具有功能强大的 5 通道 DMA、符合 IEEE 802.15.4 标准的 MAC 定时器、通用定时器（1 个 16 位、2 个 8 位）、红外发生电路、32 kHz 的睡眠计时器和定时捕获功能、硬件支持 CSMA/CA、精确的数字接收信号强度指示和 LQI、电池监视器和温度传感器、8 通道 12 位 ADC、可配置分辨率、AES 加密安全协处理器、2 个强大的通用同步串口、21 个通用 I/O 引脚、看门狗定时器等。

2．CC2530 的资源

CC2530 有着丰富的片上资源，除了使用增强型 8051 微处理器内核，还有众多的基于总线结构的资源。CC2530 的结构框图如图 1.6 所示。

由图 1.6 可知，CC2530 大致可以分为四个部分：CPU 与内存、时钟与电源管理、片上外设、无线射频收发器。下面对 CC2530 的结构进行介绍。

（1）CPU 与内存。CC2530 使用的内核是 8051 微处理器，具有 3 种不同的存储器访问总线（SFR、DATA 和 CODE/XDATA），能够以单时钟周期的形式访问 SFR、DATA 和主 SRAM，还包括 1 个调试接口和 1 个 18 位输入的扩展中断单元。

中断控制器提供了 18 个中断源，分为 6 个中断组。当设备从空闲模式回到活动模式时，会发出一个中断服务请求；一些中断还可以唤配处于睡眠状态的设备（供电模式 1、2、3）。

内存仲裁器（MEMORY ARBITER）位于系统中心，通过 SFR 总线把 CPU 和 DMA 控制器、物理存储器、所有的外设连接在一起。内存仲裁器有 4 个存取访问点，可以映射到 3 个物理存储器之一，即 1 个 8 KB 的 SRAM、1 个 Flash 和 1 个 XREG/SFR 寄存器，还负责执行仲裁，并确定同时到达同一个物理存储器的内存访问顺序。

8 KB 的 SRAM 映射到 DATA 存储空间和 XDATA 存储空间的一部分。8 KB 的 SRAM 是一个超低功耗的 SRAM，当数字电路部分掉电时（供电模式 2 和 3）能够保留自己的内容。这对于低功耗应用而言是一个很重要的功能。

32/64/128/256 KB 的 Flash 为设备提供了可编程的非易失性程序存储器，可以映射到 CODE 和 XDATA 存储空间。除了可以保存程序代码和常量，非易失性程序存储器还允许应用程序保存必需的数据，在设备重新启动之后就可以使用这些数据。

（2）时钟与电源管理。数字内核和外设由一个 1.8 V 的低压差稳压器供电。CC2530 具有电源管理功能，可以使用不同供电模式实现低功耗应用，共有 5 种不同的复位源可以复位设备。

（3）片上外设。CC2530 包括许多不同的外设，可以开发先进的应用。

① I/O 控制器。I/O 控制器负责所有的通用 I/O 引脚，CPU 可以配置外设模块是否由某个引脚控制，如果是，则每个引脚均可配置为输入或输出，并连接衬垫里的上拉电阻或下拉电阻。

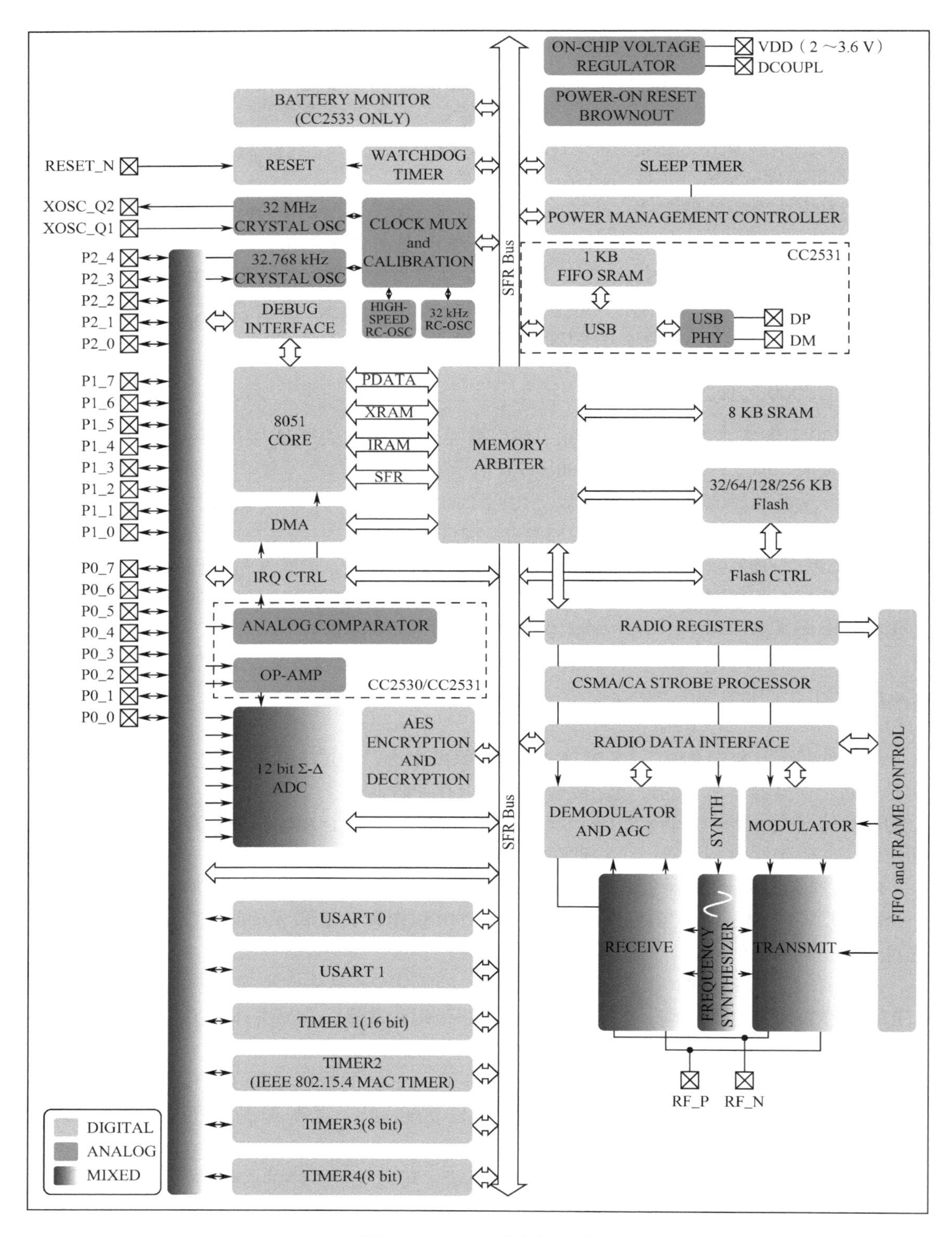

图 1.6　CC2530 的结构框图

② DMA 控制器。系统可以使用一个多功能的五通道 DMA 控制器，使用 XDATA 存储空间访问存储器，能够访问所有物理存储器。每个通道（触发器、优先级、传输模式、寻址模式、源和目标指针及传输计数）可通过 DMA 描述符在存储器任何地方进行配置，许多硬件外设（如 AES 内核、Flash 控制器、USART、定时器、ADC 接口）均可通过 DMA 控制器在 SFR、XREG 地址及 Flash/SRAM 之间进行数据传输，以获得高效率操作。

③ 定时器。定时器 1 是一个 16 位定时器，具有定时器、计数器、PWM 功能，有 1 个可编程的分频器，1 个 16 位周期值和 5 个各自可编程的计数器/捕获通道，每个通道都有 1 个 16 位比较值，可用于 PWM 输出或捕获输入信号边沿的时序。

定时器 2（MAC 定时器）是专门为支持 IEEE 802.15.4 MAC 或软件中其他时钟的协议设计的，有 1 个可配置的定时器周期和 1 个 8 位溢出计数器，用于保持跟踪周期数；1 个 16 位捕获寄存器，用于记录收到或发送一个帧开始界定符或传输结束的精确时间；还有 1 个 16 位输出比较寄存器，可以在具体时间产生不同的选通指令（接收或发送等）。

定时器 3 和定时器 4 是 8 位定时器，具有定时器、计数器、PWM 功能，有 1 个可编程的分频器、1 个 8 位的周期值、1 个可编程的计数器通道、1 个 8 位的比较值，每个通道均可以当成一个 PWM 输出。

睡眠定时器是一个超低功耗的定时器，用于计算 32 kHz 晶体振荡器或 32 kHz 的 RC 振荡器的周期。睡眠定时器可以在除供电模式 3 外的所有供电模式下不间断运行。该定时器的典型应用是作为实时计数器，或作为一个唤醒定时器跳出供电模式 1 或 2。

④ ADC 外设。ADC 支持 7～12 位的分辨率，分别为 30 kHz 或 4 kHz 的带宽，A/D 转换和音频转换可以使用高达 8 个输入通道（端口 0），输入可以是单端输入或差分输入，参考电压可以是内部电压、AVDD 或者 1 个单端或差分的外部信号。ADC 还有 1 个温度传感器输入通道，可以自动执行定期抽样或转换通道序列的程序。

⑤ 随机数发生器。随机数发生器使用一个 16 位 LFSR 来产生伪随机数，可以被 CPU 读取或由选通指令处理器直接使用。随机数发生器可以用于产生随机密钥。

⑥ AES 协处理器。AES 协处理器允许用户使用带有 128 位密钥的 AES 算法来加密和解密数据，能够支持 IEEE 802.15.4 MAC 安全、ZigBee 网络层和应用层要求的 AES 操作。

⑦ 看门狗。CC2530 具有 1 个内置的看门狗定时器，允许设备在固件挂起的情况下复位。当看门狗定时器由软件使能时，则必须定期清除，当超时时，就会复位设备，也可以配置成 1 个通用的 32 kHz 定时器。

⑧ 串口（USART）。USART0 和 USART1 可被配置为主/从 SPI 或 USART，为接收和发送提供了双缓冲以及硬件流控制，非常适合高吞吐量的全双工应用。每个 USART 都有自己的高精度波特率发生器，可以使普通定时器空闲出来用于其他用途。

（4）无线射频收发器。CC2530 提供了一个兼容 IEEE 802.15.4 的无线射频收发器，提供了 MCU 和无线设备之间的一个接口，可以用于发送指令、读取状态、自动操作，并确定无线设备事件的顺序。无线设备还包括一个数据包过滤和地址识别模块。

1.2.2　Android 网关

Android 网关采用三星 ARM Cortex-A9 S5P4418 四核处理器，具有 10.1 英寸电容触摸液晶屏，集成了 Wi-Fi、蓝牙模块、500 万像素的高清摄像头模块，如图 1.7 所示。

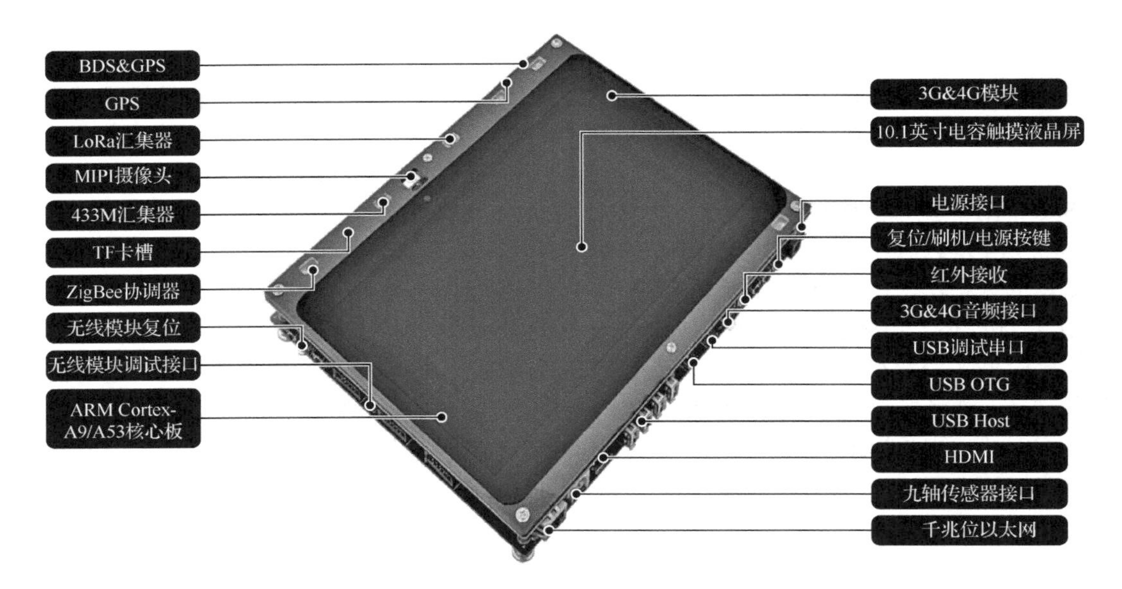

图 1.7 Android 网关

1.2.3 xLab 开发平台

本书采用的 xLab 开发平台提供了经典型无线节点（ZXBeeLiteB）和增强型无线节点（ZXBeePlusB），集成了锂电池供电接口、调试接口、外设控制电路、RJ45 工业接口等。

经典型无线节点采用 CC2530 作为主控制器，板载的信号指示灯包括电源指示灯、电池指示灯、网络指示灯、数据指示灯，具有两路功能按键，集成锂电池接口和电源管理芯片，支持电池的充电管理和电量测量，集成 USB 调试串口、TI JTAG 接口、ARM JTAG 接口、两路 RJ45 工业接口，提供主芯片 P0_0～P0_7 输出（包含 I/O、DC 3.3 V、DC 5 V、UART、RS-485），两路继电器接口，两路 3.3 V、5 V、12 V 电源输出。经典型无线节点 ZXBeeLiteB 如图 1.8 所示。

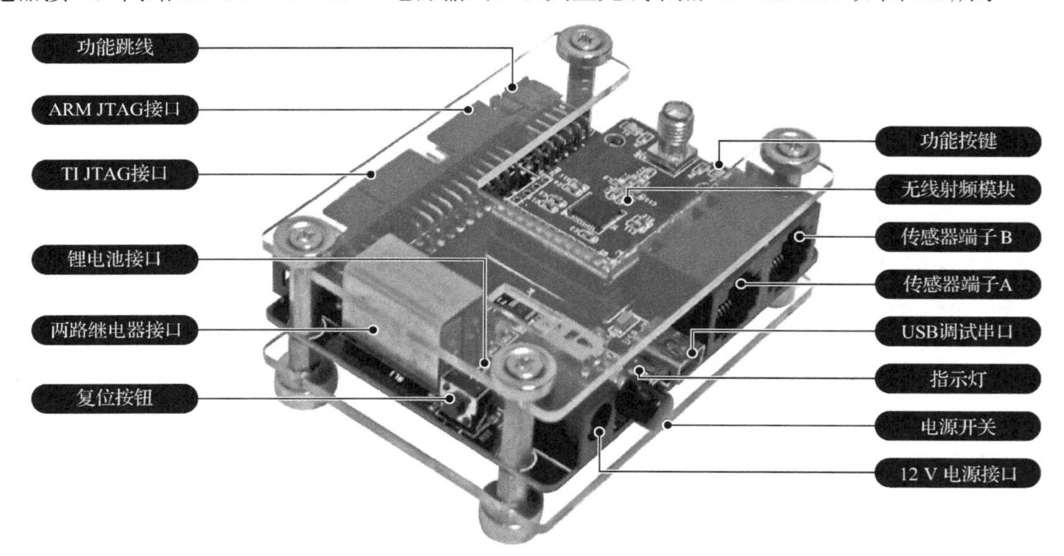

图 1.8 经典型无线节点

增强型无线节点采用基于 ARM Cortex-M4 内核的 STM32F407 作为主控制器，板载 2.8 英寸真彩 LCD、HTU21D 型温湿度传感器、RGB 灯、两路继电器接口、蜂鸣器接口、摄像头接口、USB 调试串口、TI JTAG（仿真器）接口、ARM JTAG 接口、以太网接口等，如图 1.9 所示。

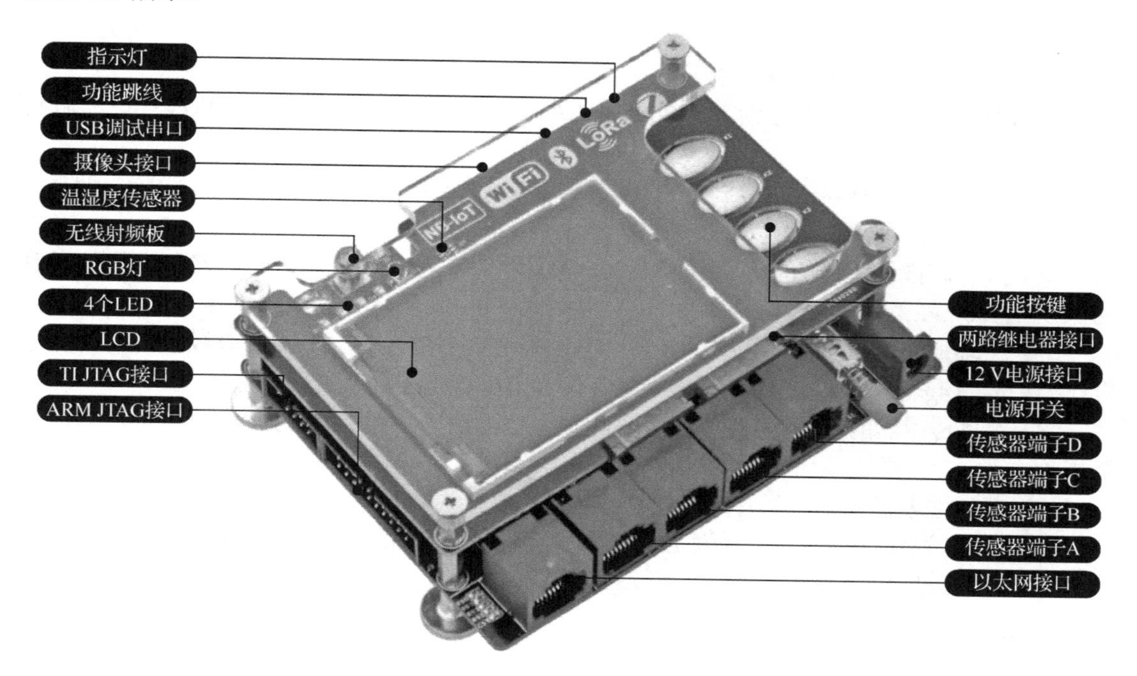

图 1.9　增强型无线节点

1. 采集类开发平台

采集类开发平台（Sensor-A）包括温湿度传感器、光照度传感器、空气质量传感器、气压海拔传感器、三轴加速度传感器、距离传感器、继电器接口、语音识别传感器等，如图 1.10 所示。

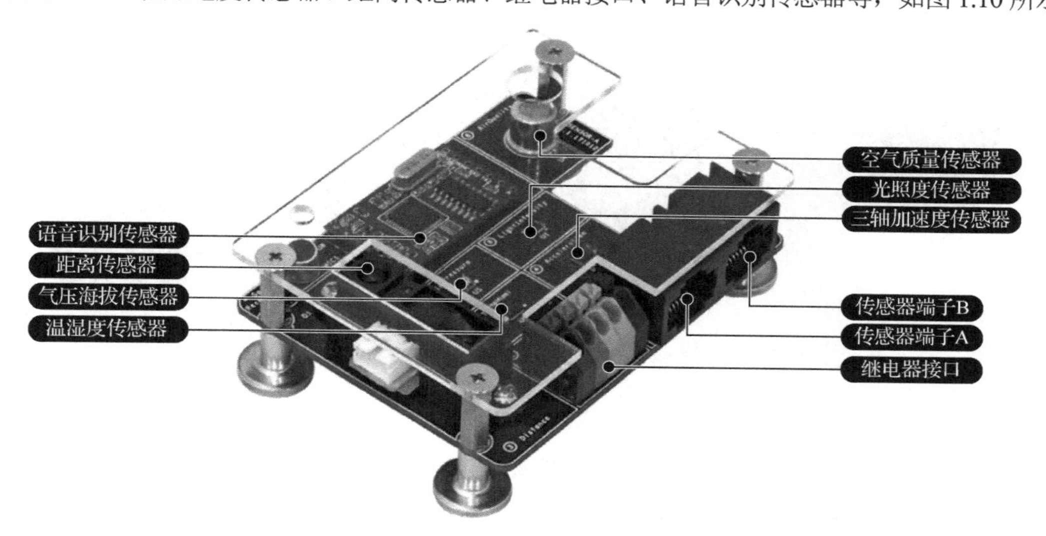

图 1.10　采集类开发平台

（1）集成 I/O 接口、UART 接口、RS-485 接口、两路 RJ45 工业接口、两路继电器接口，提供两路 3.3 V、5 V、12 V 电源输出。

（2）采用磁吸附设计，可通过磁力吸附，并通过 RJ45 工业接口接入无线节点进行数据通信。

（3）温湿度传感器的型号为 HTU21D，采用数字信号输出和 IIC 总线，测量范围为-40～125℃（温度）和 5%～95%RH（湿度）。

（4）光照度传感器的型号为 BH1750FVI-TR，采用数字信号输出和 IIC 总线接口，输入光范围为 1～65535 lx。

（5）空气质量传感器的型号为 MP503，采用模拟信号输出，可以监测气体酒精、烟雾、异丁烷、甲醛，监测浓度范围为 10～1000 ppm（酒精）。

（6）气压海拔传感器的型号为 FBM320，采用数字信号输出和 IIC 总线接口，测量范围为 300～1100 hPa。

（7）三轴加速度传感器的型号为 LIS3DH，采用数字信号输出和 IIC 总线接口，量程可设置为±2g、±4g、±8g、±16g（g 为重力加速度），16 位数据输出。

（8）距离传感器的型号为 GP2D12，采用模拟信号输出，测量范围为 10～80 cm，更新周期为 40 ms。

（9）采用继电器控制，具有两路继电器接口，支持 5 V 电源开关控制。

（10）语音识别传感器的型号为 LD3320，支持非特定人的识别，识别容量为 50 条，返回形式丰富，采用串口通信。

2. 控制类开发平台

控制类开发平台（Sensor-B）包括风扇、步进电机、蜂鸣器、LED、RGB 灯、继电器接口等，如图 1.11 所示。

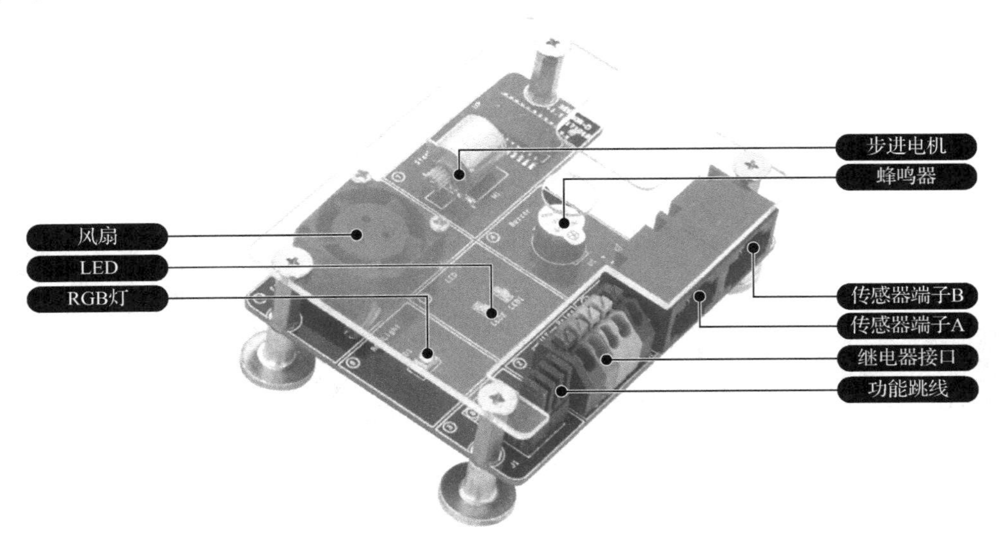

图 1.11　控制类开发平台

（1）集成 I/O 接口、UART 接口、RS-485 接口、两路 RJ45 工业接口、两路继电器接口，提供两路 3.3 V、5 V、12 V 电源输出。

（2）采用磁吸附设计，可通过磁力吸附，并通过 RJ45 工业接口接入无线节点进行数据通信。

（3）风扇为小型风扇，采用低电平驱动。

（4）步进电机为小型 42 步进电机，驱动芯片为 A3967SLB，逻辑电压范围为 3.0～5.5 V。

（5）使用小型蜂鸣器，采用低电平驱动。

（6）两路高亮 LED，采用低电平驱动。

（7）RGB 灯采用低电平驱动，可组合出多种颜色。

（8）采用继电器控制，具有两路继电器接口，支持 5 V 电源开关控制。

3. 安防类开发平台

安防类开发平台（Sensor-C）包括火焰传感器、光栅传感器、人体红外传感器、燃气传感器、触摸传感器、振动传感器、霍尔传感器、继电器接口、语音合成传感器等，如图 1.12 所示。

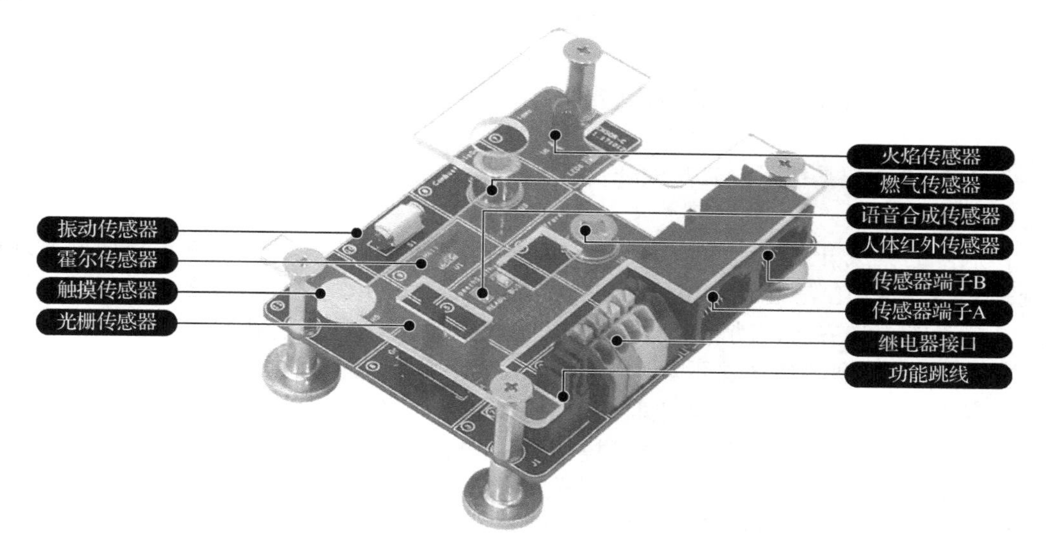

图 1.12 安防类开发平台

（1）集成 I/O 接口、UART 接口、RS-485 接口、两路 RJ45 工业接口、两路继电器接口，提供两路 3.3 V、5 V、12 V 电源输出。

（2）采用磁吸附设计，可通过磁力吸附，并通过 RJ45 工业接口接入无线节点进行数据通信。

（3）火焰传感器采用 5 mm 的探头，可监测火焰或波长为 760～1100 nm 的光源，探测温度为 60℃左右，采用数字开关量输出。

（4）光栅传感器的槽式光耦槽宽为 10 mm，工作电压为 5 V，采用数字开关量信号输出。

（5）人体红外传感器的型号为 AS312，电源电压为 3 V，感应距离为 12 m，采用数字开关量信号输出。

（6）燃气传感器的型号为 MP-4，采用模拟信号输出，传感器加热电压为 5 V，供电电压为 5 V，可测量天然气、甲烷、瓦斯、沼气等。

（7）触摸传感器的型号为 SOT23-6，采用数字开关量信号输出，当检测到触摸时，输出电平翻转。

（8）振动传感器在低电平时有效，采用数字开关量信号输出。

（9）霍尔传感器的型号为 AH3144，电源电压为 5 V，采用数字开关量输出，工作频率为 0～100 kHz。

（10）采用继电器控制，具有两路继电器接口，支持 5 V 电源开关控制。

（11）语音合成传感器的型号为 SYN6288，采用串口通信，支持 GB2312、GBK、UNICODE 等编码，可设置音量、背景音乐等。

1.3 物联网开发环境的搭建

物联网开发环境采用 IAR 集成开发环境。本节主要介绍 IAR 集成开发环境及常用工具的安装，通过本节的学习，读者可以完成物联网开发环境的搭建。

1.3.1 IAR 集成开发环境简介

CC2530 的代码是使用 IAR 集成开发环境来开发的，该集成开发环境可以支持 TI 官方提供的 ZStack 协议栈。

在众多的集成开发环境中，用于微处理器程序开发的有三种，这三种集成开发环境分别是 GCC、KEIL 与 IAR。相较于 GCC 与 KEIL 集成开发环境，IAR 集成开发环境涵盖的芯片种类更加齐全，功能更加强大，更适合微处理器程序的开发和管理。

相对于其他两种集成开发环境，IAR 集成开发环境可以胜任更多的微处理器开发任务，可以兼容 20 多种内核的微处理器的程序开发，如 8051、ARM、STM8、AVR、MSP430 等，拥有更加全面的微处理器开发条件和环境基础，同时在移植到其他微处理器时，能够通过 IAR 集成开发环境进入到其他微处理器的工程开发状态。

IAR 集成开发环境具有简洁的操作界面、丰富的调试资源，受到了开发者的青睐。使用 IAR 集成开发环境，可以在代码调试阶段直接重新编译相关代码并实现快速的程序烧写，相比于 KEIL 集成开发环境专门设定的调试功能要方便许多，可以提高代码的开发效率。

1.3.2 IAR 集成开发环境及常用工具的安装

1. IAR 集成开发环境的安装

IAR 集成开发环境主要用于嵌入式软件的开发。本书的 ZXBee 接口项目及协议栈工程都是基于 IAR 集成开发环境开发的。IAR 集成开发环境的安装按照默认设置进行即可，其安装界面如图 1.13 所示。

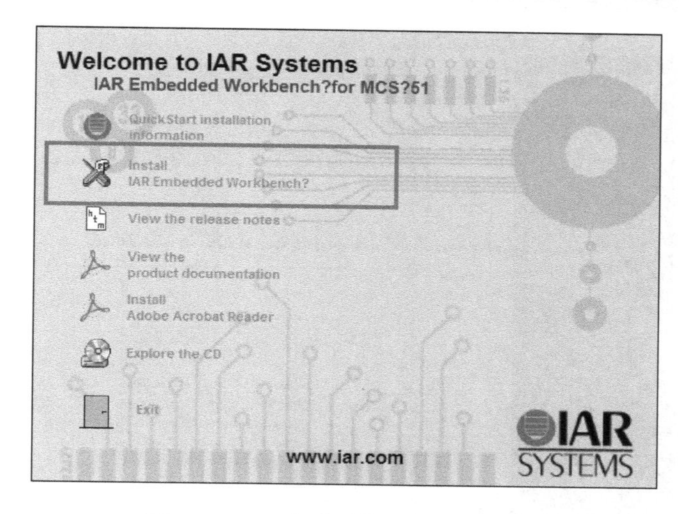

图 1.13　IAR 集成开发环境的安装界面

IAR 集成开发环境安装完成后，即可自动识别 eww 格式的工程，打开的 IAR 工程如图 1.14 所示。

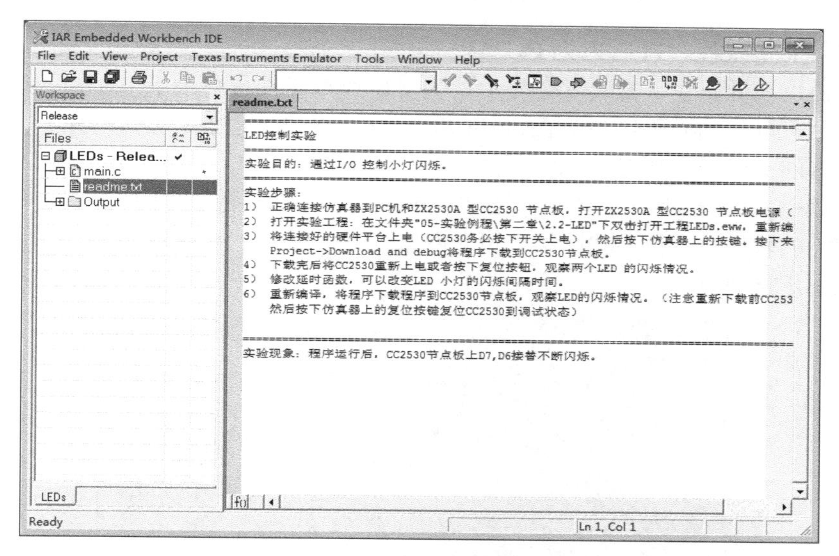

图 1.14　打开的 IAR 工程

2．常用工具的安装

（1）SmartRFProgrammer 工具的安装。SmartRFProgrammer 是 TI 公司开发的一款 Flash 烧写工具，该工具按照默认设置安装即可。SmartRFProgrammer 工具的工作界面如图 1.15 所示。

SmartRFProgrammer 工具需要和 CC2530 仿真器配合使用，第一次使用该工具时会要求安装驱动程序，驱动程序位于安装目录“C:\Program Files (x86)\Texas Instruments\SmartRF Tools\Drivers\ Cebal”下。

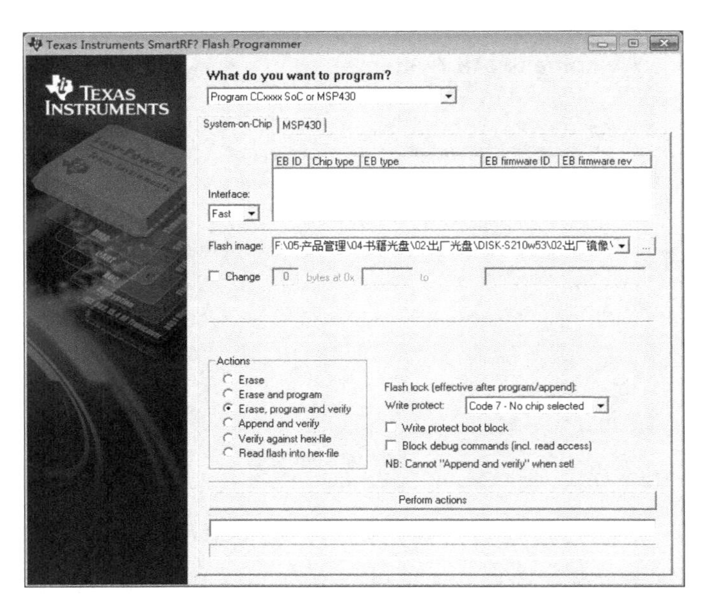

图 1.15 SmartRFProgrammer 工具的工作界面

（2）ZStack 协议栈。TI 官方为 CC2530 提供了 ZStack 协议栈，使用 ZStack 协议栈时需要预先安装协议栈源码包，安装时会提示默认安装到 C 盘的根目录下。

安装完后可以找到源码包“C:\Texas Instruments\ZStack-CC2530-2.4.0-1.4.0”，读者可以阅读该源码包内的文档来了解 ZStack 协议栈。

（3）ZigBee Sensor Monitor 工具。ZigBee Sensor Monitor 是 TI 公司开发的一款用于查看网络拓扑结构的软件，支持星状网络、树状网络的动态显示。ZigBee Sensor Monitor 工具的工作界面如图 1.16 所示。

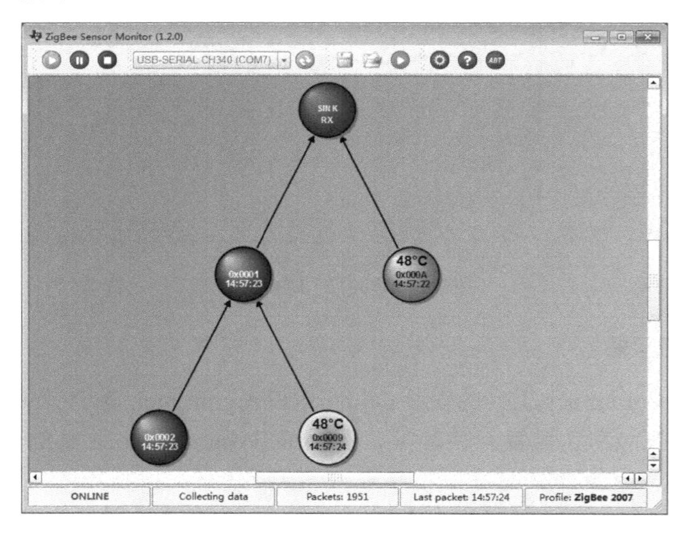

图 1.16 ZigBee Sensor Monitor 工具的工作界面

（4）SmartRF Packet Sniffer 工具。SmartRF Packet Sniffer 是 TI 公司开发的一款用于显示和存储通过侦听射频硬件节点而捕获射频数据包的工具，支持多种射频协议。该工具可对射频数据包进行过滤和解码，然后用一种简洁的方法显示出来，并以二进制文件格式进行存储。SmartRF Packet Sniffer 工具的工作界面如图 1.17 所示。

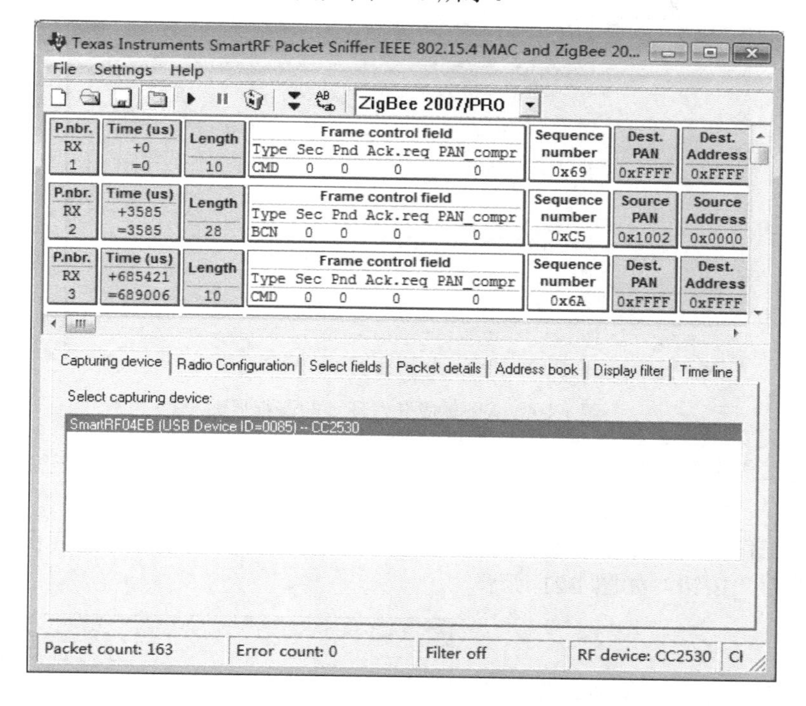

图 1.17　SmartRF Packet Sniffer 工具的工作界面

1.4　创建第一个 IAR 应用程序

本节主要通过创建一个 IAR 应用程序来介绍 IAR 集成开发环境的基本使用方法。

1.4.1　创建 IAR 工程

（1）打开 IAR 集成开发环境的方法为：在计算机桌面单击“开始→所有程序”，在程序列表中找到“IAR Systems→IAR Embedded Workbench for 8051”目录，在该目录下找到并单击“IAR Embedded Workbench”应用程序即可运行 IAR 集成开发环境（建议将该程序的图标放在桌面上），如图 1.18 所示。

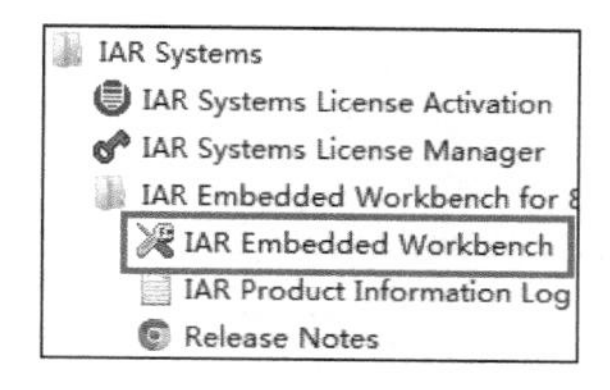

图 1.18　打开 IAR 集成开发环境的方法

IAR 集成开发环境的运行界面如图 1.19 所示。

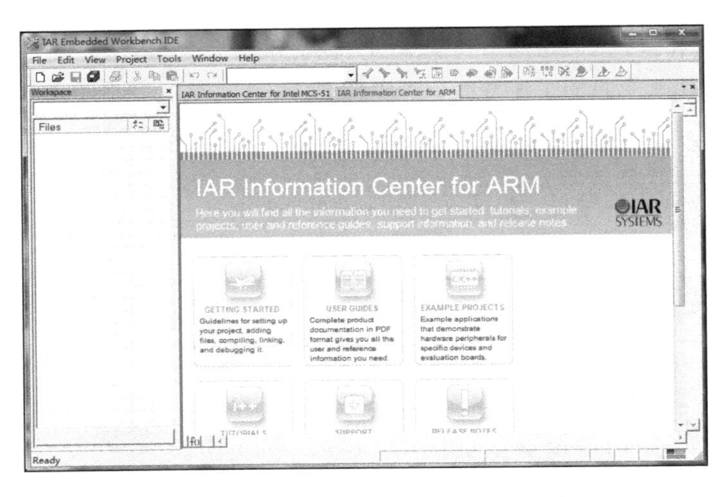

图 1.19　IAR 集成开发环境的运行界面

（2）新建工作空间。单击菜单“File→New→Workspace”即可新建工作空间，如图 1.20 所示。

（3）保存工作空间。本节以桌面上的“LED”文件夹为例，将工作空间保存在该目录，然后单击“保存”按钮，如图 1.21 所示。

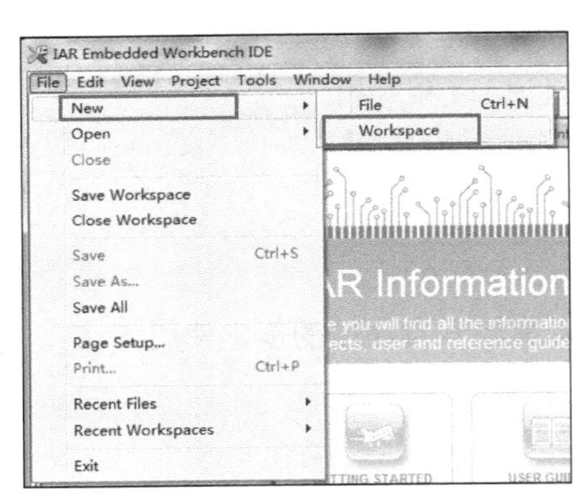

图 1.20　新建工作空间

图 1.21　保存工作空间

（4）创建一个新工程。单击菜单“Project→Create New Project”，如图 1.22 所示。

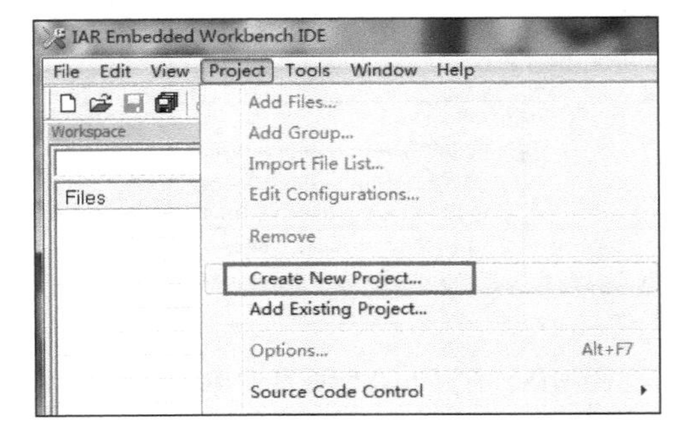

图 1.22　创建一个新工程

此时会弹出“Create New Project”对话框，如图 1.23 所示。在该对话框中将“Tool chain”设置为“8051”，然后单击“OK”按钮。

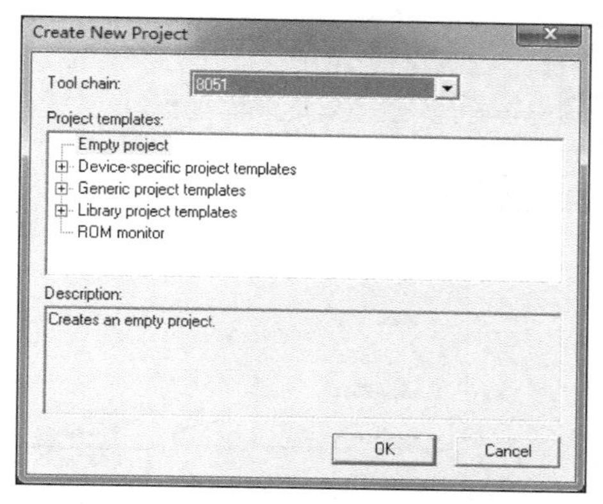

图 1.23　“Create New Project”对话框

（5）在上一步骤中单击“OK”按钮后，系统就会提示保存工程，将工程保存到“LED”目录下，如图 1.24 所示。

图 1.24　保存工程

（6）新建源程序文件 main.c。单击菜单“File→New→File”，可在空白文件中添加代码。添加完代码后，按“Ctrl+S”或者单击菜单“File→Save”保存该文件，将该文件保存在“LED”目录下，并命名为 main.c，如图 1.25 所示。

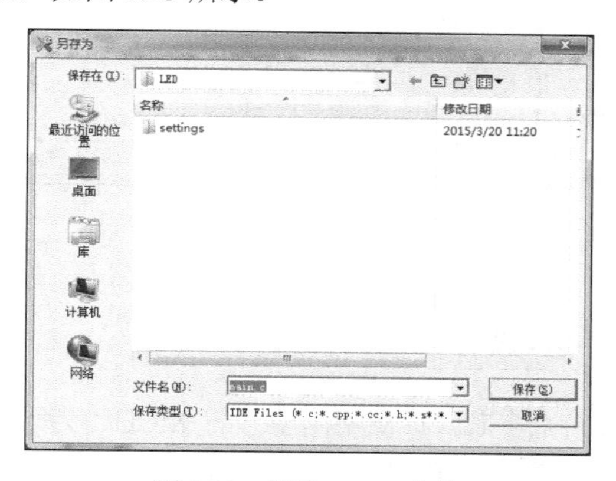

图 1.25　保存 main.c 文件

（7）将 main.c 文件添加到工程中。右键单击工程名称，在弹出的快捷菜单中选择“Add→Add ‘main.c’”，如图 1.26 所示。

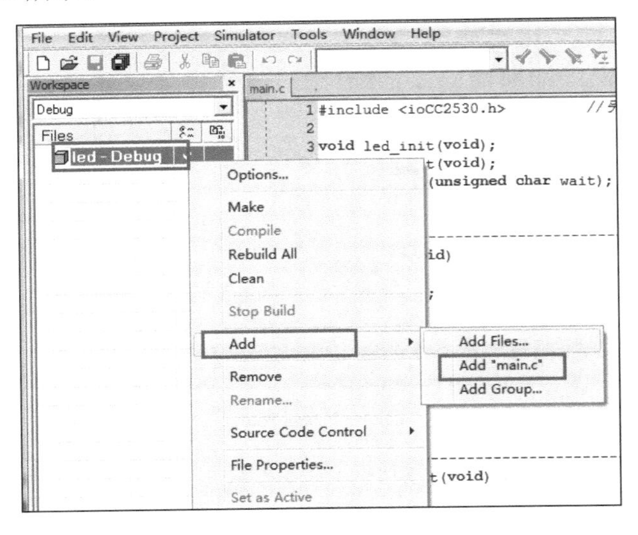

图 1.26　将 main.c 文件添加到工程中

成功添加 main.c 后的界面如图 1.27 所示。

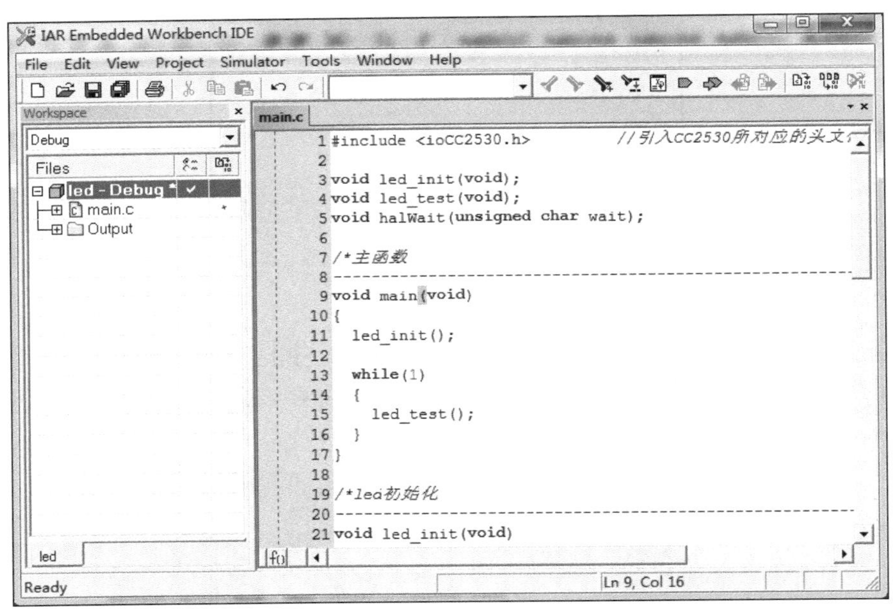

图 1.27　成功添加 main.c 后的界面

1.4.2　设置 IAR 工程

IAR 集成开发环境支持众多芯片厂商不同型号的 MCU，为了能够将程序正确地烧写到 CC2530 芯片中并进行调试，需要对新建的工程进行设置。下面是 IAR 工程的设置步骤。

（1）选中并右键单击工程，在弹出的快捷菜单中选择“Options”，如图 1.28 所示，即可进入工程设置界面。

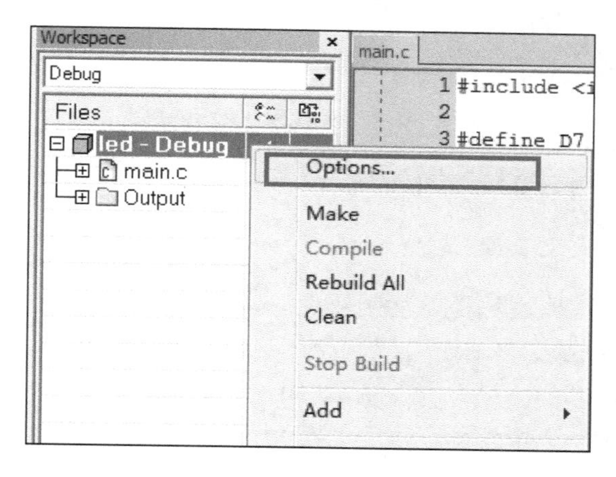

图 1.28 选择“Options”

（2）进入工程设置界面后，在“Category”选项框中选择“General Options”配置，单击“Target”标签项的“Device”右侧图标可选择芯片的型号，如图 1.29 所示。

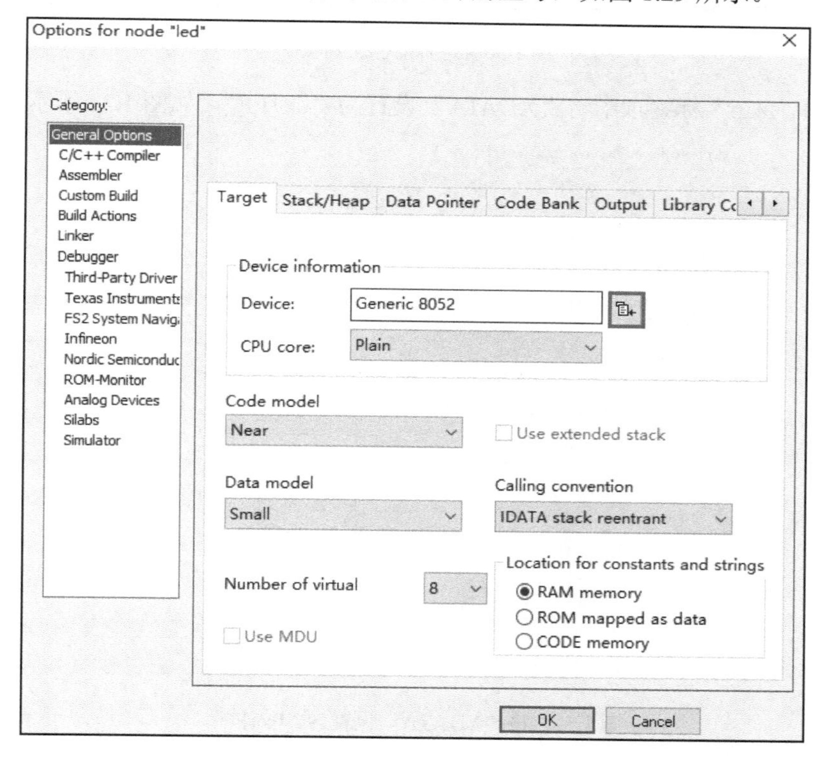

图 1.29 选择芯片的型号

在弹出的快捷菜单中选择“Texas Instruments→CC25xx→3x→CC2530F256”，如图 1.30 所示。

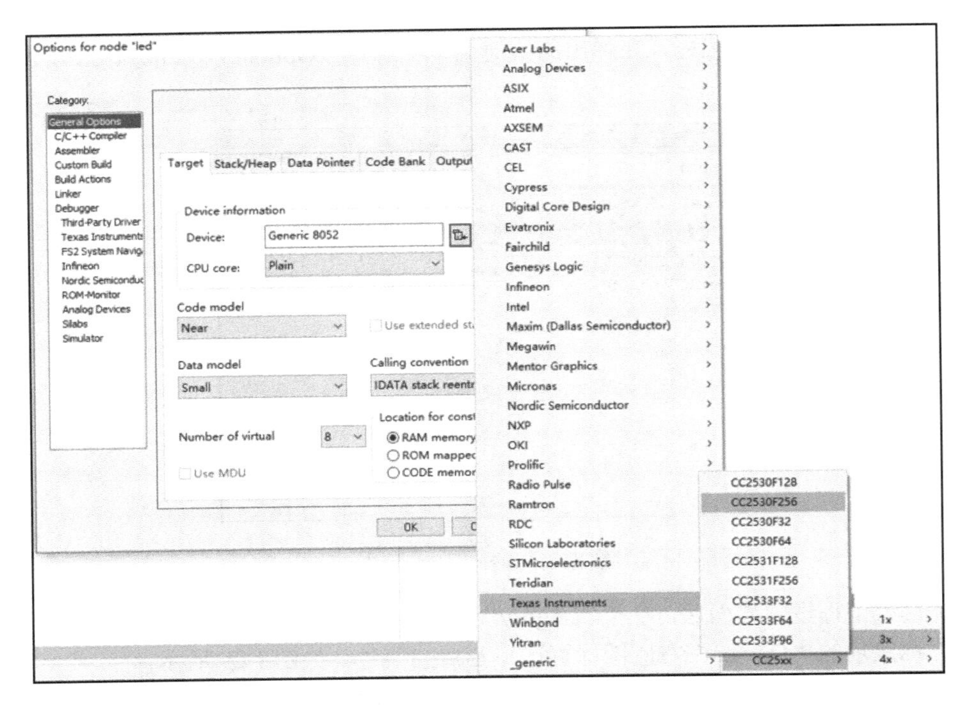

图 1.30　选择 CC2530F256

在“Stack/Heap”标签项中将“XDATA”设置为“0x1FF”，如图 1.31 所示。

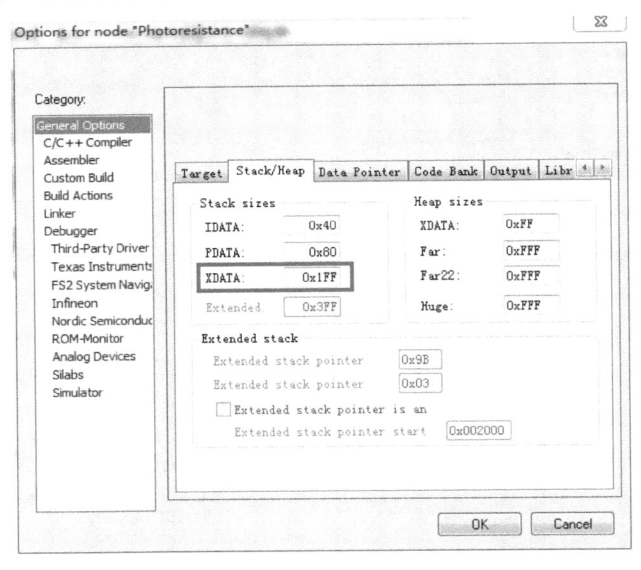

图 1.31　将“XDATA”设置为“0x1FF”

（3）配置 Linker。该选项主要用于设置文件编译之后生成的文件类型和文件名。选择“Category→Linker”，在“Extra Options”标签项中勾选“Use command line options”并输入以下内容，这样在工程编译后就可生成 hex 文件，如图 1.32 所示。

```
-Ointel-extended,(CODE)=.hex
```

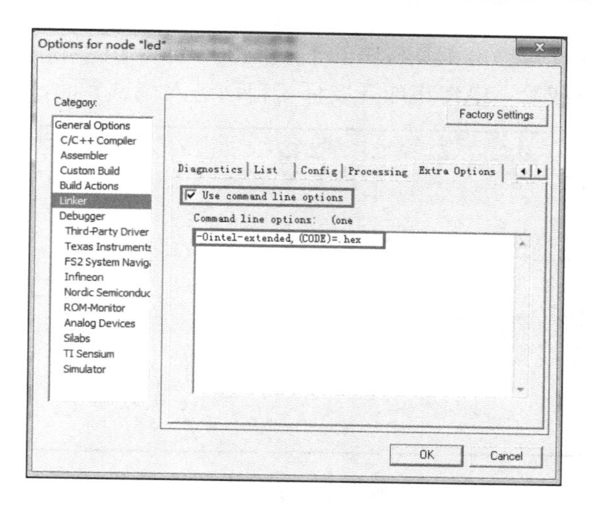

图 1.32 Linker 配置

（4）配置 Debugger。选择“Category→Debugger”，在“Setup”标签项的“Driver”下拉框中选择“Texas Instruments”，单击“OK”按钮即可完成 Debugger 的配置，如图 1.33 所示。

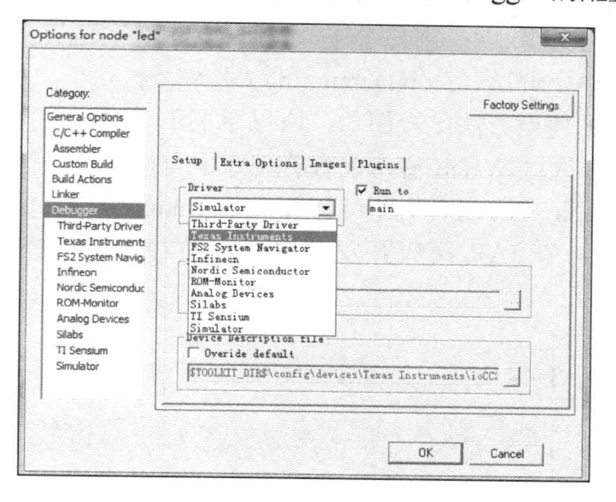

图 1.33 配置 Debugger

1.4.3 IAR 应用程序的编译、下载与调试

完成 IAR 工程的配置后，就可以编译、下载并调试程序了，下面依次介绍 IAR 应用程序的编译、下载和调试。

（1）编译 IAR 应用程序。单击 IAR 集成开发环境中的菜单“Project→Rebuild All”或者工具栏中的“ ”按钮即可编译 IAR 应用程序，编译成功后会在该工程的“Debug\Exe”目录下生成 led.d51 和 led.hex 文件。

（2）下载 IAR 应用程序。将 CC2530 节点板跳线设置为模式一，通过 CC2530 仿真器连接 PC 和 CC2530 节点板（第一次使用 CC2530 仿真器时需要安装驱动程序，驱动程序位于“C:\Program Files (x86)\Texas Instruments\SmartRF Tools\Drivers\Cebal”），打开 CC2530 节点板的电源，按下 CC2530 仿真器上的复位按键，单击 IAR 集成开发环境中的菜单“Project→

Download and Debug”或者单击工具栏中的下载按钮即可将 IAR 应用程序下载到 CC2530 节点板。IAR 应用程序下载后，IAR 集成开发环境自动进入调试界面，如图 1.34 所示。

```
main.c
1   #include <iocc2530.h> //引入CC2530对应的头文件（包含将SFR的宏定义）
2
3   #define D2 P1_0     //定义D2为P1_0口控制
4   #define D1 P1_1     //定义D1为P1_1口控制
5
6   void led_init(void);
7   void led_test(void);
8   void halWait(unsigned char wait);
9
10  /*主函数
11  ---------------------------------------------------------------
12  void main(void)
13  {
14      led_init();
15
16      while(1)
17      {
18          led_test();
19      }
20  }
21
```

图 1.34　调试界面

（3）调试 IAR 应用程序。进入调试界面后，就可以对 IAR 应用程序进行调试了。IAR 集成开发环境的调试按钮包括如下几个选项：重置（Reset）按钮、终止（Break）按钮、跳过（Step Over）按钮、跳入函数（Step Into）按钮、跳出函数（Step Out）按钮、下一条语句（Next Statement）按钮、运行到光标的位置（Run to Cursor）按钮、全速运行（Go）按钮和停止调试（Stop Debugging）按钮。

由于这些调试按钮的使用方法比较简单，所以本书不再详细描述使用方法。

在调试过程中，可以通过 Watch 窗口来查看程序中变量值的变化。单击 IAR 集成开发环境中的菜单“View→Watch→Watch 1”即可打开一个 Watch 窗口，如图 1.35 所示。

打开 Watch 窗口后，在 IAR 集成开发环境界面的右部即可看到 Watch 窗口，显示如图 1.36 所示。

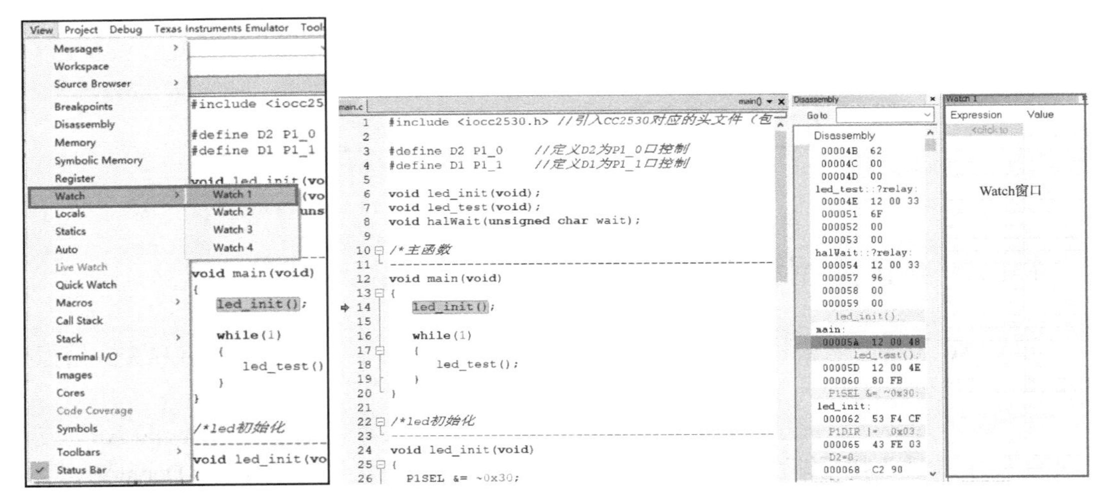

图 1.35　启用 Watch 窗口的方法　　　　图 1.36　Watch 窗口

在 Watch 窗口中查看变量的方法是：将需要调试的变量输入 Watch 窗口的“Expression”中，然后按回车键，IAR 集成开发环境就会实时地将该变量的值显示在 Watch 窗口中。在调试过程中，可以借助调试按钮来查看变量值的变化情况，如图 1.37 和图 1.38 所示。

```
main.c                                    led_test()  ▾ ×    Watch 1
36    void led_test(void)                                      Expression    Value
37 ⊟ {                                                          D2            '.' (0x01)
38       D2=0;                  //D2闪烁                        D1            '.' (0x01)
39       halWait(250);                                          <click to edit>
40       D2=1;
41       halWait(250);
42
43       D1=0;                  //D1闪烁
44       halWait(250);
45       D1=1;
46       halWait(250);
47  └ }
```

图 1.37　在 Watch 窗口中查看变量（一）

```
main.c                                             ▾ ×    Watch 1
36    void led_test(void)                                      Expression    Value
37 ⊟ {                                                          D2            '\0' (0x00)
38       D2=0;                  //D2闪烁                        D1            '.' (0x01)
39       halWait(250);                                          <click to edit>
40       D2=1;
41       halWait(250);
42
43       D1=0;                  //D1闪烁
44       halWait(250);
45       D1=1;
46       halWait(250);
47  └ }
```

图 1.38　在 Watch 窗口中查看变量（二）

在调试过程中，IAR 集成开发环境也支持寄存器值的查看。打开寄存器（Register）窗口的方法是：在程序调试过程中，单击 IAR 集成开发环境中的菜单“View→Register”即可打开寄存器窗口。在默认情况下，寄存器窗口显示的是基础寄存器（Basic Registers）的值，单击寄存器下拉框选项可以看到不同设备的寄存器。寄存器窗口如图 1.39 所示。

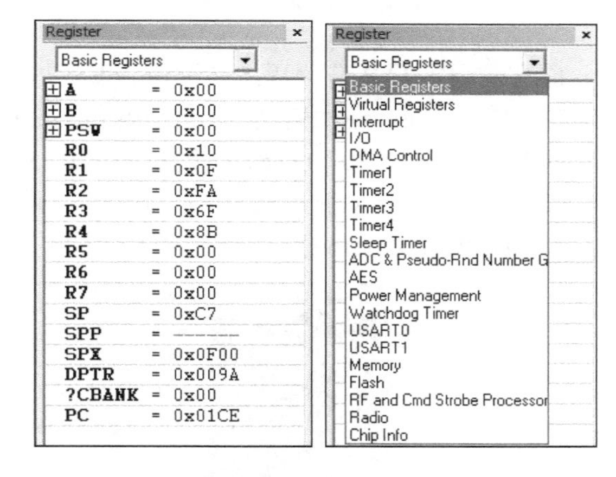

图 1.39　寄存器窗口

在本节的工程中，LED1（D1）、LED2（D2）用到的是普通 I/O 端口的 P1 寄存器，I/O 端口分别对应着 P1_1 引脚和 P1_0 引脚。下面通过寄存器窗口来查看 P1 寄存器值的变化。在寄存器选项中，选择“I/O”，然后将“P1”选项展开，就可以看到 P1 寄存器中每一位的值。通过单步调试，就可以看到 P1 寄存器值的变化，如图 1.40 和图 1.41 所示。

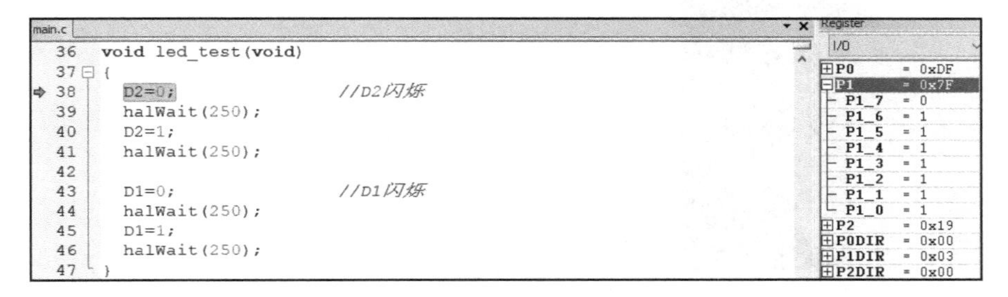

图 1.40　在寄存器窗口中查看寄存器的值（一）

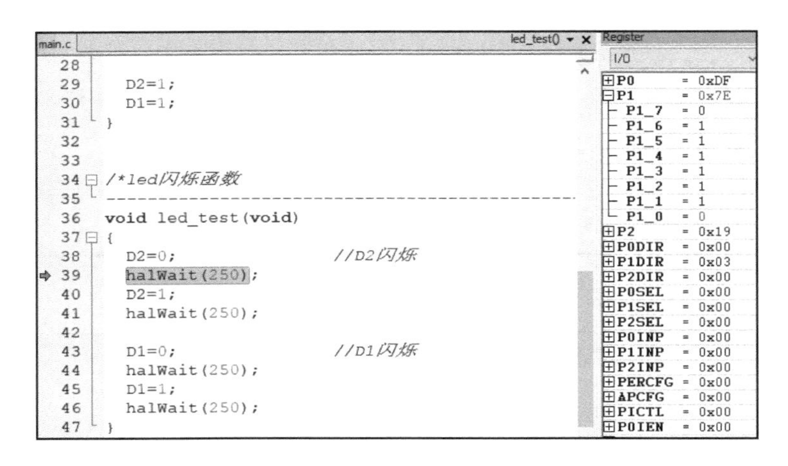

图 1.41　在寄存器窗口中查看寄存器的值（二）

调试结束之后，单击全速运行按钮，或者将 CC2530 节点板重新上电或者按下复位按钮，就可以观察两个 LED 的闪烁情况。

1.4.4　下载 hex 文件

前文介绍了 IAR 应用程序的编译、下载与调试，但有时要将编译生成的 hex 文件下载到 CC2530 中。下面介绍如何利用 SmartRFProgrammer 将 hex 文件下载到 CC2530 中。

（1）通过 CC2530 仿真器连接 PC 和 CC2530 节点板，打开 CC2530 节点板的电源。

（2）运行 SmartRFProgrammer，运行界面如图 1.42 所示。按下 CC2530 仿真器的复位按键后，SmartRFProgrammer 就会显示 CC2530 节点板的信息，如图 1.43 所示。

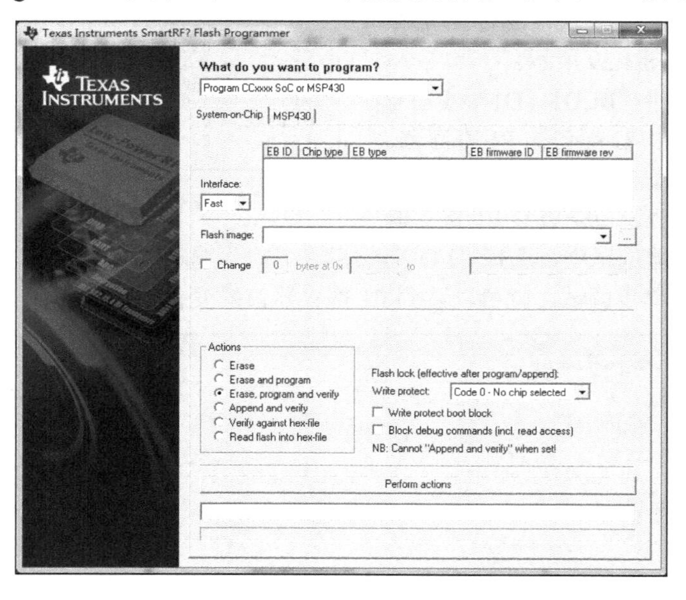

图 1.42　SmartRFProgrammer 运行界面

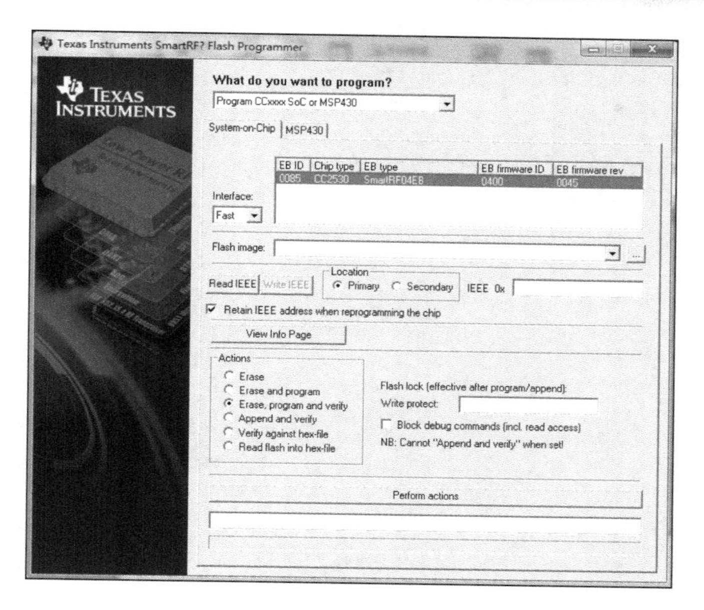

图 1.43　SmartRFProgrammer 显示的 CC2530 节点板的信息

（3）单击“Flash image”右侧的“…”按钮选择 led.hex，在弹出的“打开”对话框中选择“led.hex”文件后单击“打开”按钮，如图 1.44 所示。

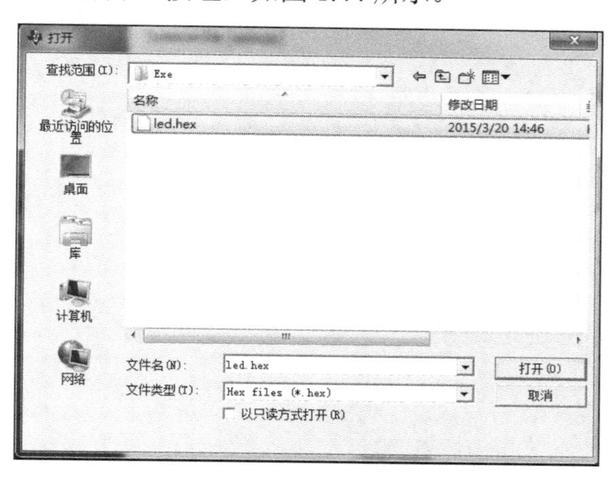

图 1.44　选择 led.hex 文件

（4）选择 led.hex 文件之后，单击 SmartRFProgrammer 中的“Perform actions”按钮，就可以下载 led.hex 文件了，如图 1.45 所示。

下载完成后，会提示如图 1.46 所示的信息。

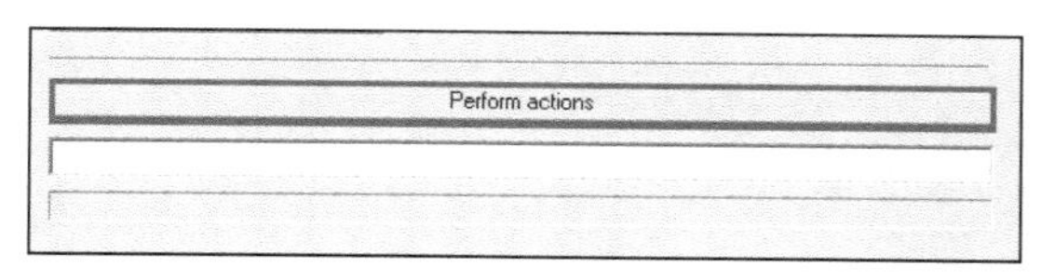

图 1.45　下载 led.hex 文件

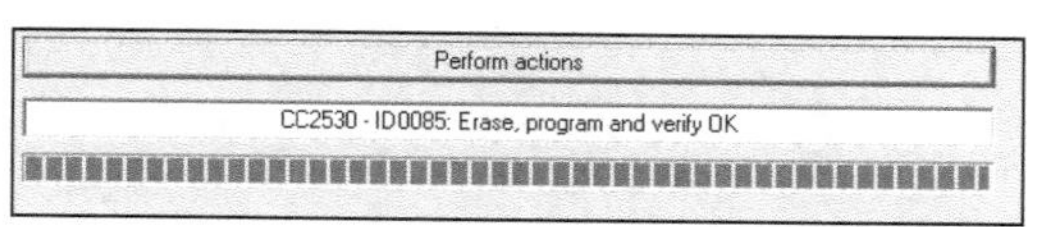

图 1.46　下载完成后的提示信息

第2章

ZigBee无线通信应用开发

本章主要学习 ZigBee 无线通信的应用开发，实现 ZigBee 点播通信、ZigBee 广播通信、ZigBee 信道监听和 ZigBee 无线控制的开发，帮助读者掌握 ZigBee 无线通信的功能和特点。

2.1 ZigBee 点播通信开发

ZigBee 的通信方式主要有点播、组播、广播三种。点播，顾名思义就是点对点，也就是两个节点之间的通信，不允许有第三个节点收到数据；组播，就是把网络中的节点分组，每一个组的节点发出的数据只有相同组号的节点才能收到；广播，是指一个节点发出的数据所有节点都能接收到，这也是 ZigBee 通信的基本方式。

2.1.1 开发内容：点播通信

点播通信的过程是：先将接收节点上电后进行初始化，接着通过指令“ISRXON”开启射频接收器，等待接收数据，直到正确接收到数据为止，然后通过串口输出数据；发送节点上电后和接收节点进行相同的初始化，先将要发送的数据输出到 TX FIFO 中，再调用指令“ISTXONCCA”由射频模块发送数据。

本项目主要实现 ZigBee 点播通信。通信过程如下：发送节点先将数据通过射频模块发送到指定的接收节点，接收节点再通过串口将接收到的数据发送到 PC 中，最后在串口调试助手中显示出来。如果发送节点发送数据中的目的地址与接收节点的地址不匹配，则接收节点将接收不到数据。实现过程主函数的代码如下：

```
void main(void)
{
    halMcuInit();                               //初始化 CC2530
    hal_led_init();                             //初始化 LED
    hal_uart_init();                            //初始化串口
    if (FAILED == halRfInit()) {                //halRfInit()为射频初始化函数
        HAL_ASSERT(FALSE);
    }
    //Config basicRF
```

```
    basicRfConfig.panId = PAN_ID;                   //panId，让发送节点和接收节点处于同一网络内
    basicRfConfig.channel = RF_CHANNEL;             //通信信道
    basicRfConfig.ackRequest = TRUE;                //应答请求
#ifdef SECURITY_CCM
    basicRfConfig.securityKey = key;                //安全密钥
#endif
    //Initialize BasicRF
#if NODE_TYPE
    basicRfConfig.myAddr = SEND_ADDR;               //发送地址
#else
    basicRfConfig.myAddr = RECV_ADDR;               //接收地址
#endif
    if(basicRfInit(&basicRfConfig)==FAILED) {
      HAL_ASSERT(FALSE);
    }
#if NODE_TYPE
    rfSendData();                                   //发送数据
#else
    rfRecvData();                                   //接收数据
#endif
}
```

主函数主要实现以下功能：

（1）初始化 CC2530，调用的函数为 halMcuInit()，设置 32 kHz 的时钟。

（2）初始化 LED，调用的函数为 hal_led_init()，设置 P1_0 和 P1_1 为普通 I/O 端口并将其作为输出。

（3）初始化串口，调用的函数为 hal_uart_init()，设置 I/O 端口、波特率、奇偶校验位和停止位。

（4）初始化射频模块，调用的函数为 halRfInit()，设置网络 ID、通信信道，定义发送地址和接收地址。

（5）接收节点调用 rfRecvData()函数来接收数据，发送节点调用 rfSendData()函数来发送数据。

射频模块的初始化代码如下：

```
uint8 halRfInit(void)
{
    //Enable auto ack and auto crc
    FRMCTRL0 |= (AUTO_ACK | AUTO_CRC);
    //Recommended RX settings
    TXFILTCFG = 0x09;
    AGCCTRL1 = 0x15;
    FSCAL1 = 0x00;
    //Enable random generator→ Not implemented yet
    //Enable CC2591 with High Gain Mode
    halPaLnaInit();
    //Enable RX interrupt
```

```
    halRfEnableRxInterrupt();
    return SUCCESS;
}
```

节点发送数据和接收数据的代码如下：

```
/*发送数据函数*/
void rfSendData(void)
{
    uint8 pTxData[] = {'H', 'e', 'l', 'l', 'o', ' ', 'Z', 'i', 'g', 'B', 'e', 'e', '\r', '\n'};      //定义要发送的数据
    uint8 ret;
    printf("send node start up...\r\n");
    //Keep Receiver off when not needed to save power
    basicRfReceiveOff();                                                       //关闭射频接收器
    //Main loop
    while (TRUE) {
        //点对点地发送数据包
        ret = basicRfSendPacket(RECV_ADDR, pTxData, sizeof pTxData);
        if (ret == SUCCESS) {
            hal_led_on(1);
            halMcuWaitMs(100);
            hal_led_off(1);
            halMcuWaitMs(900);
        } else {
            hal_led_on(1);
            halMcuWaitMs(1000);
            hal_led_off(1);
        }
    }
}
/*接收数据函数*/
void rfRecvData(void)
{
    uint8 pRxData[128];
    int rlen;
    printf("recv node start up...\r\n");
    basicRfReceiveOn();                                                //开启射频接收器
    while (TRUE) {
        while(!basicRfPacketIsReady());
        rlen = basicRfReceive(pRxData, sizeof pRxData, NULL);
        if(rlen > 0) {
            pRxData[rlen] = 0;
            printf((char *)pRxData);                                   //串口输出接收到的数据
        }
    }
}
```

接收节点和发送节点的程序流程分别如图 2.1 和图 2.2 所示。

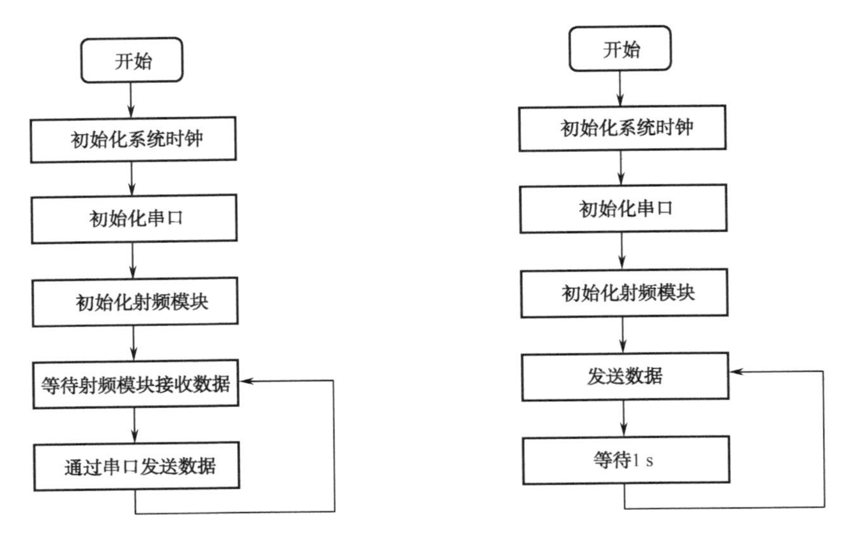

图 2.1　接收节点的程序流程　　图 2.2　发送节点的程序流程

2.1.2　开发步骤

（1）准备两个 ZigBee 无线节点（也称为 CC2530 节点板），节点 A 为接收节点，节点 B 为发送节点，如图 2.3 所示，然后将 CC2530 仿真器连接到串口以及与 PC 相连接的节点 A 上。

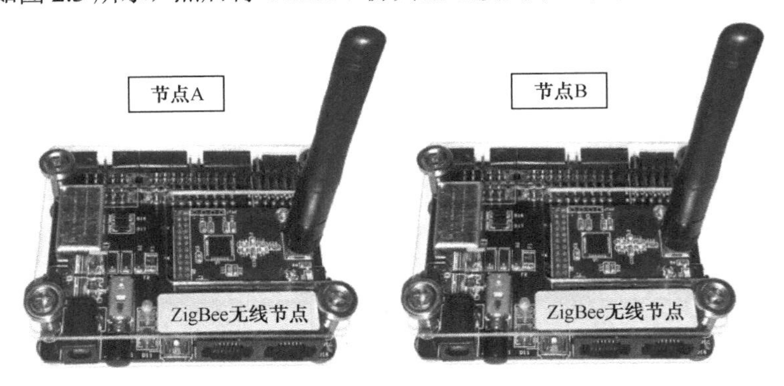

图 2.3　点播通信项目中的 CC2530 无线节点

（2）打开本项目的工程，选择“Project→Rebuild All”重新编译工程。

main.c 文件中的部分宏定义如下：

RF_CHANNEL 表示无线通信使用的信道，当多个开发小组同时进行项目开发时，建议每个小组选择不同的信道，即每个小组使用不同的 RF_CHANNEL 值（可按顺序编号），但同一小组项目中两个节点需要保证在同一信道才能正确通信。RF_CHANNEL 宏定义如图 2.4 中的方框所示。

```
main.c | hal_rf.c
10
11  #define RF_CHANNEL        25        // 2.4 GHz RF channel
12  #define PAN_ID            0x2007
13  #define SEND_ADDR         0x2530
14  #define RECV_ADDR         0x2520
```

图 2.4　RF_CHANNEL 宏定义

PAN_ID 为网络标识，用来表示不同的网络。在同一项目中，接收节点和发送节点的 PAN_ID 需要配置相同的值，否则两个节点将无法正常通信 PAN_ID 宏定义如图 2.5 中的方框所示。

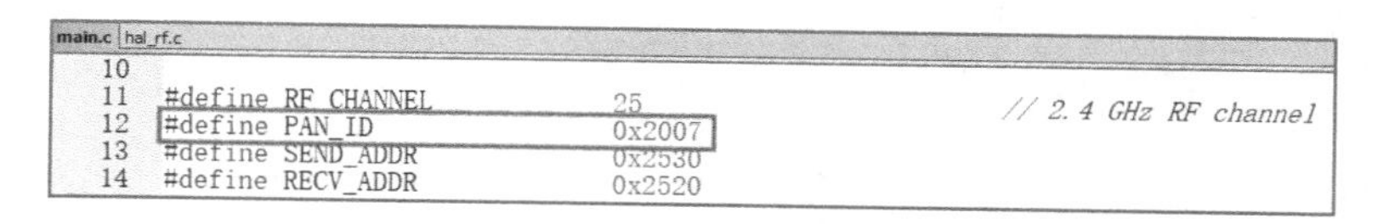

图 2.5　PAN_ID 宏定义

SEND_ADDR 为发送节点的地址，RECV_ADDR 为接收节点的地址。

NODE_TYPE 为节点类型，0 表示接收节点，1 表示发送节点。在进行项目开发时，需要将一个节点定义为发送节点用来发送数据，将另一个节点定义为接收节点用来接收数据。NODE_TYPE 宏定义如图 2.6 中的方框所示。

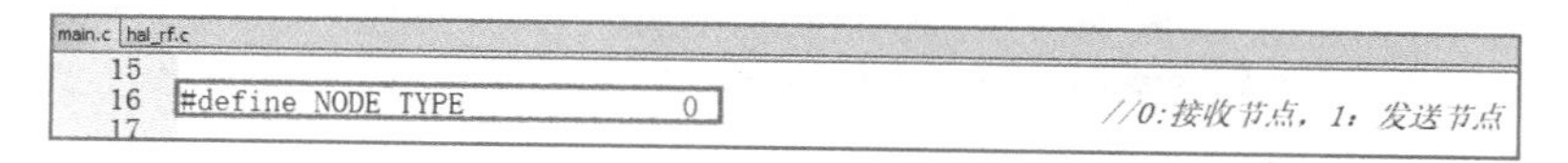

图 2.6　NODE_TYPE 宏定义

（3）将 main.c 文件中的 NODE_TYPE 设为 0，保存后选择“Project→Rebuild All”重新编译工程。

（4）单击菜单“Project→Download and debug”将程序下载到节点 A 中。

（5）将 main.c 文件中的 NODE_TYPE 设为 1，保存后选择“Project→Rebuild All”重新编译工程。

（6）将节点 A 断电，将 CC2530 仿真器连接到节点 B 上，单击菜单“Project→Download and debug”将程序下载到节点 B 上。

（7）将节点 A 的串口与 PC 的串口通过 USB 线相连。右键单击“我的电脑”，在弹出的快捷菜单中选择“属性→设备管理器”可以查看连接的端口号，如图 2.7 所示。

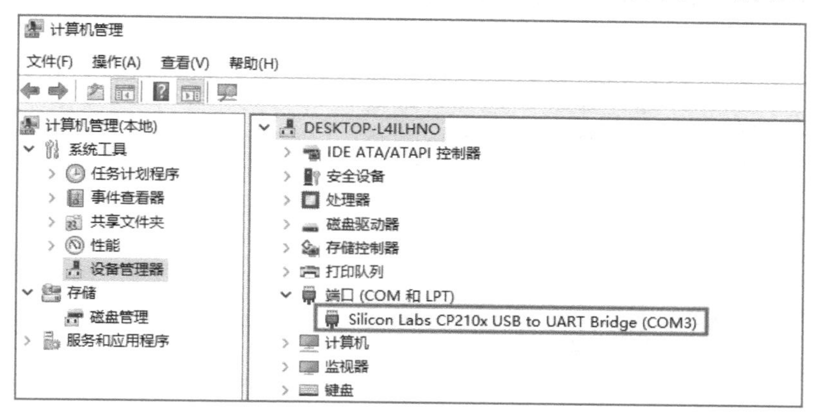

图 2.7　查看连接的端口号

（8）在 PC 上打开串口调试助手 PortHelper，选择对应的端口，设置波特率为 38400，如图 2.8 所示。

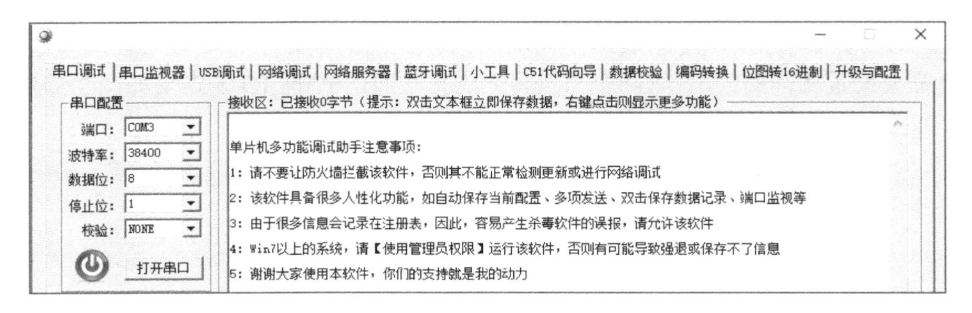

图 2.8　串口设置

（9）单击“打开串口”按钮，然后给节点 A 上电，PortHelper 会显示节点类型和 MAC 地址等信息，如图 2.9 所示。

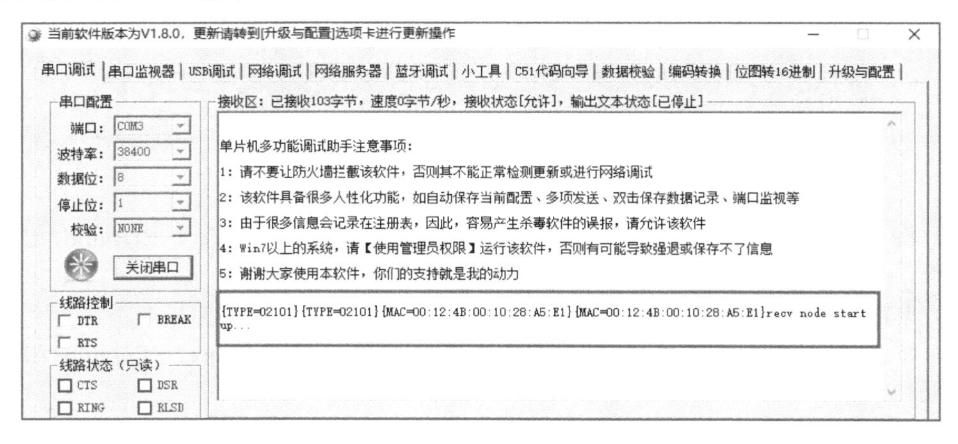

图 2.9　PortHelper 显示的节点类型和 MAC 地址等信息

（10）将节点 B 的串口与 PC 的串口通过 USB 线相连。节点 B 上电后蓝色 LED 会开始闪烁，会在 PortHelper 显示发送的次数与发送的内容，如图 2.10 所示。

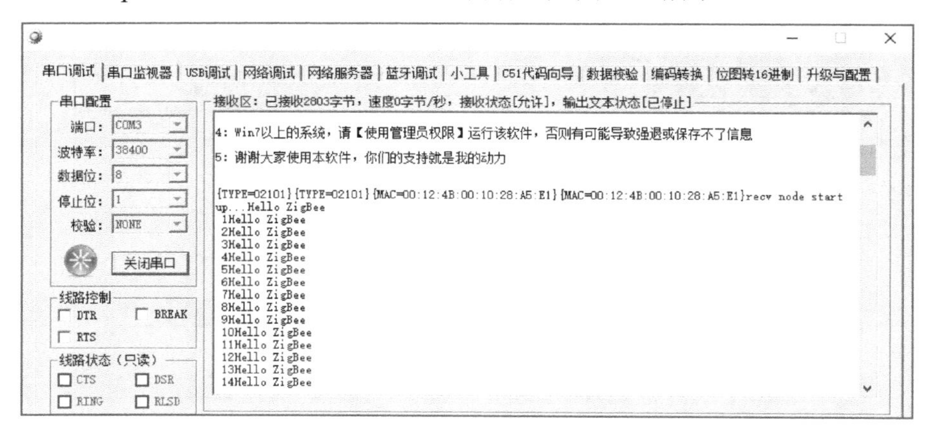

图 2.10　PortHelper 显示发送的次数与发送的内容

修改节点 B 发送的数据，然后编译并下载程序到节点 B，从 PortHelper 查看收到的数据。图 2.11 方框中的 pTxData[]数组内容为发送的数据。

```
20   /* 射频模块发送数据函数 */
21 ⊟ void rfSendData(void){
22       char pTxData[30] = {'H', 'e', 'l', 'l', 'o', ' ', 'Z', 'i', 'g', 'B', 'e', 'e','\r', '\n'};   //定义要发送的数据
23       uint8 ret;
24       static unsigned int send_counter = 0;          //发送次数计数器
25       // Keep Receiver off when not needed to save power
26       basicRfReceiveOff();                           //关闭射频接收器
27       // Main loop
28 ⊟     while (TRUE) {
```

图2.11 修改节点B发送的数据

修改接收节点A的地址，如图2.12中的方框所示，然后重新编译并下载程序到节点A，从节点B发送数据，观察节点A能否正确接收数据，当正常接收数据时蓝色LED会每秒闪烁一次。

```
10
11   #define RF_CHANNEL        25          // 2.4 GHz RF channel
12   #define PAN_ID            0x2007
13   #define SEND_ADDR         0x2530
14   #define RECV_ADDR         0x2520
```

图2.12 修改节点A的地址

2.1.3 开发小结

在本项目中，节点B将数据发送出去，节点A接收到数据，并通过PortHelper显示出来。发送数据的最大长度为125位（加上发送的数据长度和校验位，实际发送数据的长度为128位）。注意，修改节点地址后两个节点都要重新下载程序。

2.2 ZigBee广播通信开发

在ZigBee网络中，数据能以点播、组播或者广播等通信形式进行传输。

如果应用程序需要将数据发送给网络的每一个节点时，就可以采用广播通信。这时应当将地址模式设置为AddrBroadcast，目标地址可以设置为下面广播地址中的一种。

（1）NWK_BROADCAST_SHORTADDR_DEVALL（0xFFFF）：数据将被传输到网络中的所有节点，包括睡眠中的节点。对于睡眠中的节点，数据将被保存在其父节点中，直到查询到数据或者数据超时为止。

（2）NWK_BROADCAST_SHORTADDR_DEVRXON（0xFFFD）：数据将被传输到网络中所有的打开接收的空闲节点（RXONWHENIDLE）。

（3）NWK_BROADCAST_SHORTADDR_DEVZCZR（0xFFFC）：数据将被传输到所有的路由节点和协调器。

2.2.1 开发内容：广播通信

本项目主要实现ZigBee的广播通信。在发送节点中将目的地址设置为广播地址中的一种，接收节点在接收到数据后对其中的目的地址进行解析，若目的地址为自己的地址或广播

地址，则接收数据。

本项目的广播通信在点播通信的基础上做了如下修改。

（1）在 main.c 文件中修改发送节点和接收节点的地址。

（2）修改 basicRfSendPacket 函数的第一个参数，将其改为广播地址 0xFFFF，修改如下：

```
ret=basicRfSendPacket(0xffff,pTxData,sizeof pTxData) ;
```

在本项目中，发送节点向外广播数据“Hello ZigBee”。如果数据成功发送出去，则发送节点向串口输出“packet sent successfull!”；否则向串口输出“packet sent failed!”。接收节点接收到数据后，向串口输出“packet received!”和接收到的数据。

实现过程的主函数代码如下：

```
void main(void)
{
    halMcuInit();                                   //初始化 CC2530
    hal_led_init();                                 //初始化 LED
    hal_uart_init();                                //初始化串口
    if (FAILED == halRfInit()) {                    //halRfInit()为初始化射频模块函数
        HAL_ASSERT(FALSE);
    }
    //Config basicRF
    basicRfConfig.panId = PAN_ID;                   //panID，让发送节点和接收节点处于同一网络内
    basicRfConfig.channel = RF_CHANNEL;             //通信信道
    basicRfConfig.ackRequest = TRUE;                //应答请求
#ifdef SECURITY_CCM
    basicRfConfig.securityKey = key;                //安全密钥
#endif
    //Initialize BasicRF
#if NODE_TYPE
    basicRfConfig.myAddr = SEND_ADDR;               //发送地址
#else
    basicRfConfig.myAddr = RECV_ADDR;               //接收地址
#endif
    if(basicRfInit(&basicRfConfig)==FAILED) {
        HAL_ASSERT(FALSE);
    }
#if NODE_TYPE
    rfSendData();                                   //发送数据
#else
    rfRecvData();                                   //接收数据
#endif
}
```

主函数主要实现了以下功能：

（1）初始化 CC2530，调用的函数为 halMcuInit()，选用 32 kHz 的时钟。

（2）初始化 LED，调用的函数为 hal_led_init()，将 P1_0 和 P1_1 设置为普通 I/O 端口并将其作为输出。

（3）初始化串口，调用的函数为 hal_uart_init()，设置 I/O 端口、波特率、奇偶校验位和停止位。

（4）初始化射频模块，调用的函数为 halRfInit()，设置网络 ID、通信信道，定义发送地址和接收地址。

（5）接收节点调用 rfRecvData()函数来接收数据，发送节点调用 rfSendData()函数来发送数据。

射频模块的初始化代码与点播通信相同，详见 2.1.1 节。

发送数据和接收数据的函数代码如下：

```
/*发送数据函数*/
void rfSendData(void)
{
    uint8 pTxData[] = {'H', 'e', 'l', 'l', 'o', ' ', 'Z', 'i', 'g', 'B', 'e', 'e', '\r', '\n'};//定义要发送的数据包
    uint8 ret;
    //Keep Receiver off when not needed to save power
    basicRfReceiveOff();                                            //关闭射频接收器
    //Main loop
    while (TRUE) {
        printf("Send:%s", pTxData);                                 //串口输出发送节点发送的数据
        ret = basicRfSendPacket(0xffff, pTxData, sizeof pTxData);   //广播数据
        if (ret == SUCCESS) {
            hal_led_on(1);
            halMcuWaitMs(100);
            hal_led_off(1);
            halMcuWaitMs(900);
        } else {
            hal_led_on(1);
            halMcuWaitMs(1000);
            hal_led_off(1);
        }
    }
}
/*接收数据函数*/
void rfRecvData(void)
{
    uint8 pRxData[128];
    int rlen;
    basicRfReceiveOn();                                         //开启射频接收器
    //Main loop
    while (TRUE) {
        while(!basicRfPacketIsReady());
        rlen = basicRfReceive(pRxData, sizeof pRxData, NULL);
        if(rlen > 0) {
            pRxData[rlen] = 0;
            printf("My Address %u , recv:", RECV_ADDR);        //串口输出接收节点的地址
            printf((char *)pRxData);                            //串口输出接收到的数据
        }
```

```
        }
    }
```

2.2.2 开发步骤

（1）准备 3 个 ZigBee 无线节点（CC2530 节点板）并设置为模式一，分别接上电源，如图 2.13 所示。

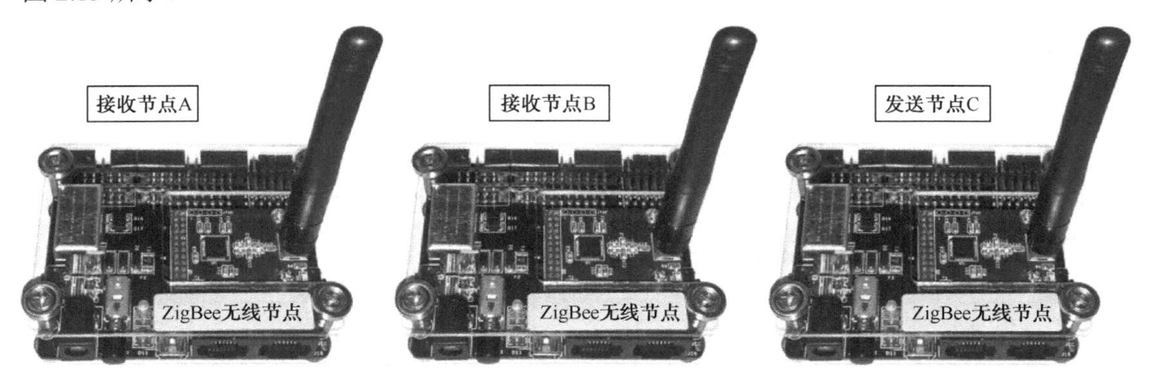

图 2.13　广播通信项目中的 ZigBee 无线节点

（2）打开本项目工程，选择“Project→Rebuild All”重新编译工程。

（3）修改 main.c 文件。先将 main.c 文件中的节点类型变量 NODE_TYPE 设置为 0（作为接收节点），如图 2.14 中的方框所示，然后选择“Project→Rebuild All”重新编译工程。

```
readme.txt | main.c | hal_board.c | hal_mcu.c
14
15  #define NODE_TYPE            0                    //0:接收节点，1:发送节点
16
```

图 2.14　设置 NODE_TYPE

（4）将 CC2530 仿真器连接到其中一个 CC2530 节点板，为节点板上电，然后选择“Project→Download and debug”将程序下载到节点板。此节点板以下称为接收节点 A。

（5）将 main.c 文件中的节点短地址 RECV_ADDR 设置为 0x2510，如图 2.15 所示，保存后选择“Project→Rebuild All”重新编译工程。接下来通过 CC2530 仿真器把程序下载到另外一个 CC2530 节点板中。此节点板以下称为接收节点 B。

```
readme.txt | main.c | hal_board.c | hal_mcu.c
11  #define PAN_ID               0x2007
12  #define SEND_ADDR            0x2530
13  #define RECV_ADDR            0x2510
```

图 2.15　修改节点短地址

（6）将 main.c 文件中的节点类型 NODE_TYPE 设置为 1，如图 2.16 所示，保存后选择“Project→Rebuild All”重新编译工程，并下载到 CC2530 节点板中。此节点板称为发送节点 C。

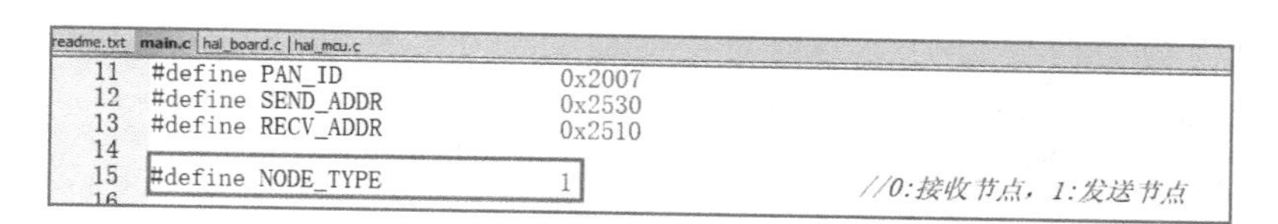

图 2.16　设置节点类型

（7）将发送节点 C 通过串口线连接到 PC，在 PC 上打开串口调试助手 PortHelper，将串口的波特率设置为 38400。

（8）复位发送节点 C（让节点发送数据），可以看到 PortHelper 显示的发送情况，如图 2.17 所示，发送节点 C 广播“Hello ZigBee”。

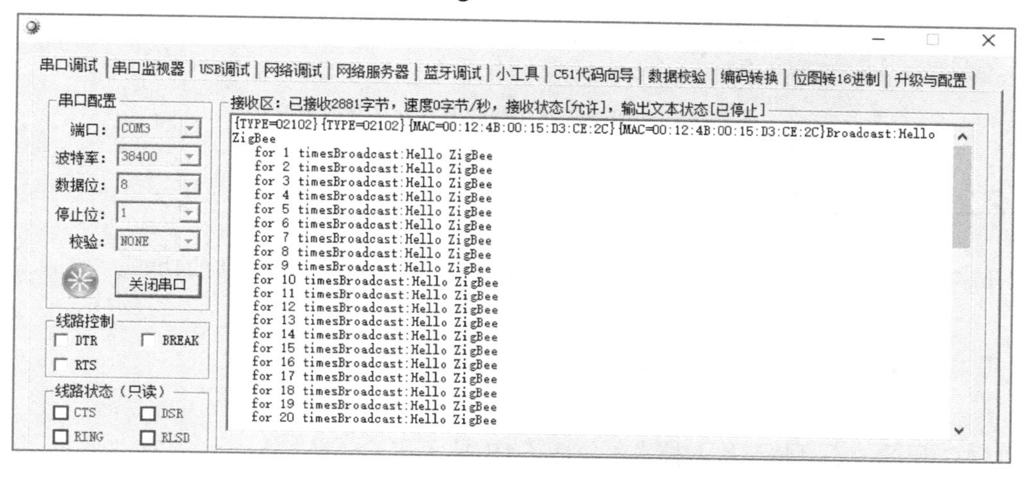

图 2.17　显示的发送情况

（9）将接收节点 A 上电，通过串口线连接到 PC 上，可以看到 PortHelper 显示的接收情况，如图 2.18 所示，包括接收次数、接收地址和接收到的数据。

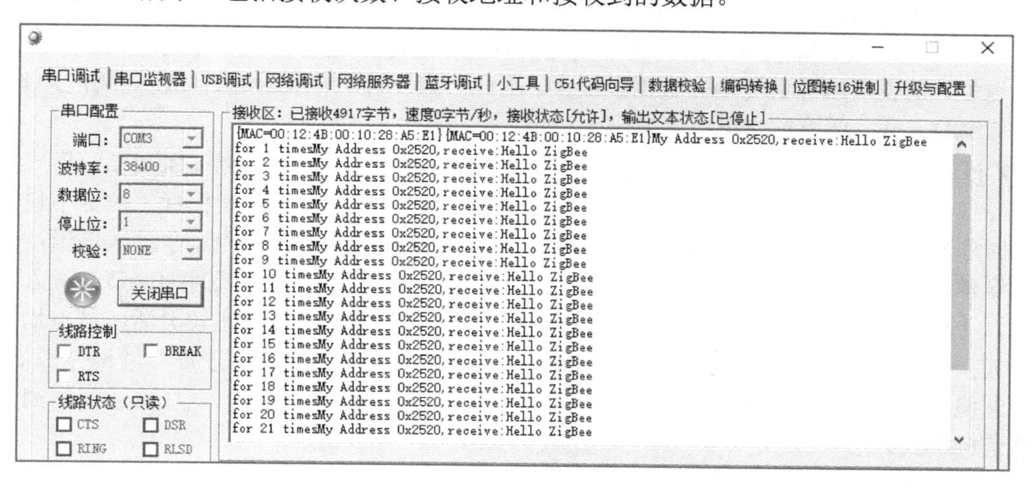

图 2.18　PortHelper 显示接收节点 A 的接收情况

（10）将接收节点 B 上电，通过串口线连接到 PC 上，可以看到 PortHelper 显示的接收情况，如图 2.19 所示，包括接收次数、接收地址和接收到的数据。

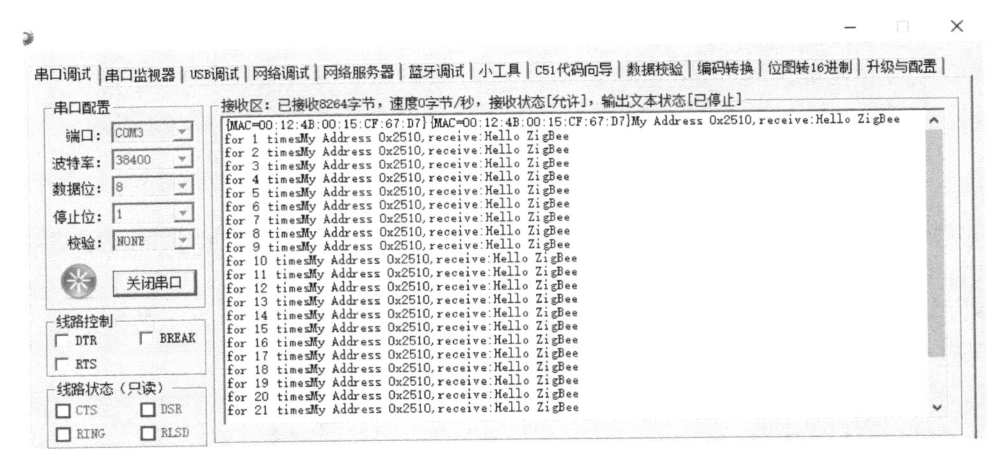

图 2.19　PortHelper 显示接收节点 B 的接收情况

2.2.3　开发小结

在本项目中，只要是接收节点，就能接收数据，从而实现广播通信的功能。

2.3　ZigBee 信道监听开发

MAC 层的核心是信道接入技术，包括 GTS 技术和 CSMA/CA。不过 ZigBee 并不支持 GTS 技术，因此仅需要考虑 CSMA/CA。IEEE 802.15.4 网络的所有节点都工作在一个信道上，如果邻近节点同时发送数据就会产生冲突，就需要采用 CSMA/CA 技术。简单来说，就是节点在发送数据之前要先监听信道，如果这个信道空闲则可以发送数据，否则就进行随机退避，即延时一个随机时间后再监听信道。这个退避时间是按指数增长的，但有一个最大值。如果上一次退避后再次监听到信道忙，则本次退避时间要倍增。这样做的原因是：如果多次监听到信道忙，则表明信道上传输的数据量很大，因此节点要等待较长时间，以避免繁忙地监听。通过 CSMA/CA，所有节点可以共享一个信道。

ZigBee 网络在 MAC 层中还规定了两种信道接入模式：一种是信标（Beacon）模式，另一种是非信标模式。信标模式规定了一种超帧格式，超帧开始发送的是信标，信标中包含一定的时序和网络信息；紧接着是竞争接入时期，在这段时间内，各节点竞争接入信道；然后是非竞争接入时期，节点采用时分复用的方式接入信道；最后是非活跃时期，节点进入睡眠状态，等待下一个超帧的开始，以便再次发送信标帧。非信标模式则比较灵活，节点均以竞争方式接入信道，不需要周期性地发送信标。显然，在信标模式下，由于周期性地发送信标，整个网络的节点都能够同步，但这种同步网络规模不会很大。在实际中，ZigBee 网络通常使用非信标模式。

2.3.1　开发内容：信道监听

CC2530 芯片使用 2.4 GHz 频段定义的 16 个信道，节点使用相同的信道才能进行通信。

本项目在点播通信的基础上进行修改，让接收节点在一个固定的信道上监听数据，当接收到数据时发送应答给发送节点；发送节点通过设置不同的信道，在发送数据的同时监听应答，如果收到应答则说明该信道在使用中，否则说明该信道没有被其他节点使用。

发送节点每秒发送一次数据（发送完数据后多次调用 halMcuWaitMs()函数实现延迟）并等待接收数据。

本项目中的宏定义定义如下：

```
/*宏定义*/
#define RF_CHANNEL        25          //2.4 GHz RF（无线电频率）信道
#define PAN_ID            0x2007      //网络地址
#define SEND_ADDR         0x2530      //发送地址
#define RECV_ADDR         0x2520      //接收地址
#define NODE_TYPE         0           //0 表示接收节点，非 0 表示发送节点
```

发送节点的信道扫描函数代码如下：

```
/*信道扫描函数*/
void rfChannelScan(void)
{
    uint8 pTxData[] = {'H', 'e', 'l', 'l', 'o', ' ', 'Z', 'i', 'g', 'B', 'e', 'e', '\r', '\n'};    //待发送的数据
    int i;
    uint8 channel;
    //打开接收器
    basicRfReceiveOn();
    for (channel=11; channel<=26; channel++) {                          //依次扫描信道
        printf("scan channel %d ... ", channel);                        //打印当前扫描的信道
        halRfSetChannel(channel);                                       //设置当前信道
        basicRfSendPacket(RECV_ADDR, pTxData, sizeof pTxData);          //发送数据
        for (i=0; i<1000; i++) {
            if (basicRfPacketIsReady()) {
                basicRfReceive(pRxData, 32, NULL);                      //接收到数据
                break;                                                  //退出 for 循环
            }
            halMcuWaitMs(1);
        }
        if (i >= 1000) {                                                //没有接收到数据
            printf("Not Use\r\n");
        } else {                                                        //接收到数据
            printf("In Use\r\n");
        }
    }
}
```

接收节点在一个固定的信道监听数据，当接收到数据后，就发送应答给发送节点，接收数据函数的代码如下：

```
/*接收数据函数*/
void rfRecvData(void)
```

```
{
    uint8 pRxData[128];                                              //用于存放接收到的数据
    int rlen;
    basicRfReceiveOn();                                              //打开接收器
    //主循环
    while (TRUE) {
        while(!basicRfPacketIsReady());                              //等待直到数据准备好
        rlen = basicRfReceive(pRxData, sizeof pRxData, NULL);        //接收数据
        if(rlen > 0) {                                               //接收到数据
            //发送应答
            basicRfSendPacket(basicRfReceiveAddress(), pRxData, rlen);
        }
    }
}
```

本项目的主函数代码如下：

```
/*主函数*/
void main(void)
{
    //初始化 CC2530、LED、串口
    halMcuInit();
    hal_led_init();
    hal_uart_init();
    if (FAILED == halRfInit()) {
        HAL_ASSERT(FALSE);
    }
    basicRfConfig.panId = PAN_ID;
    basicRfConfig.channel = RF_CHANNEL;
    basicRfConfig.ackRequest = TRUE;
#ifdef SECURITY_CCM
    basicRfConfig.securityKey = key;
#endif
#if NODE_TYPE
    basicRfConfig.myAddr = SEND_ADDR;
#else
    basicRfConfig.myAddr = RECV_ADDR;
#endif
    if(basicRfInit(&basicRfConfig)==FAILED) {
        HAL_ASSERT(FALSE);
    }
#if NODE_TYPE
    rfChannelScan();                    //扫描信道
#else
    rfRecvData();                       //接收数据
#endif
    while (TRUE);
}
```

2.3.2 开发步骤

（1）准备两个ZigBee无线节点（CC2530节点板），设置为模式一，分别接上电源，如图2.20所示。

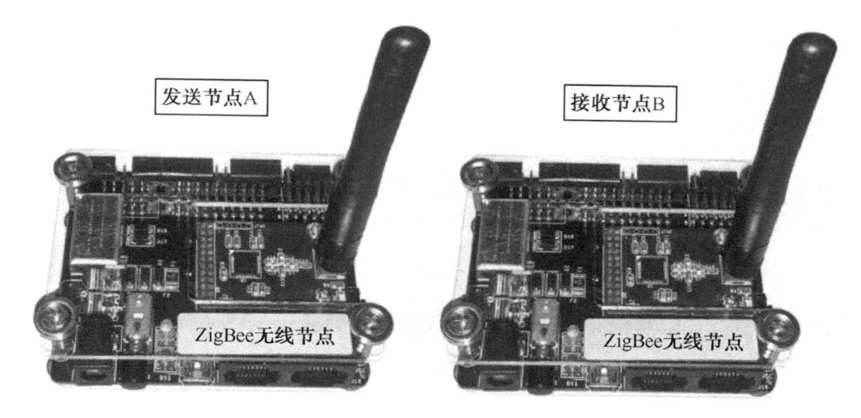

图2.20 信道监听项目中的ZigBee无线节点

（2）打开本项目工程，选择“Project→Rebuild All”重新编译工程。

（3）在main.c文件中将节点类型NODE_TYPE设置为0，将信道变量RF_CHANNEL设置为13，选择“Project→Rebuild All”重新编译工程，如图2.21所示。

（4）将CC2530仿真器连接到一个CC2530节点板，给CC2530节点板上电，选择“Project→Download and debug”将程序下载到此节点板。此节点板以下称为接收节点A。

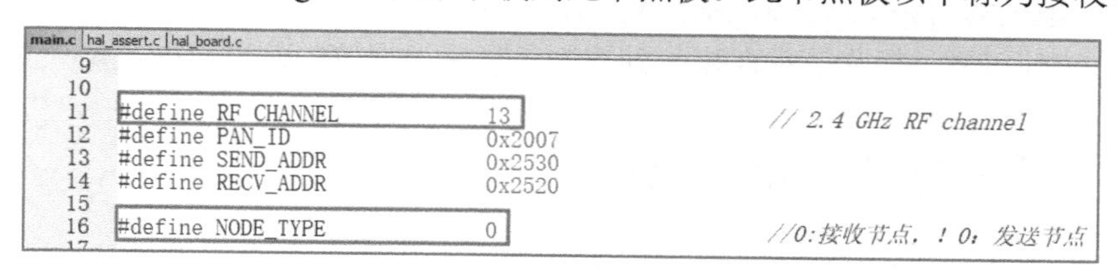

```
main.c | hal_assert.c | hal_board.c
 9
10
11  #define RF_CHANNEL      13        // 2.4 GHz RF channel
12  #define PAN_ID          0x2007
13  #define SEND_ADDR       0x2530
14  #define RECV_ADDR       0x2520
15
16  #define NODE_TYPE       0         //0:接收节点，！0：发送节点
```

图2.21 设置节点类型和信道变量

（5）将main.c文件中的节点类型NODE_TYPE设置为1，选择“Project→Rebuild All”重新编译工程，如图2.22所示。

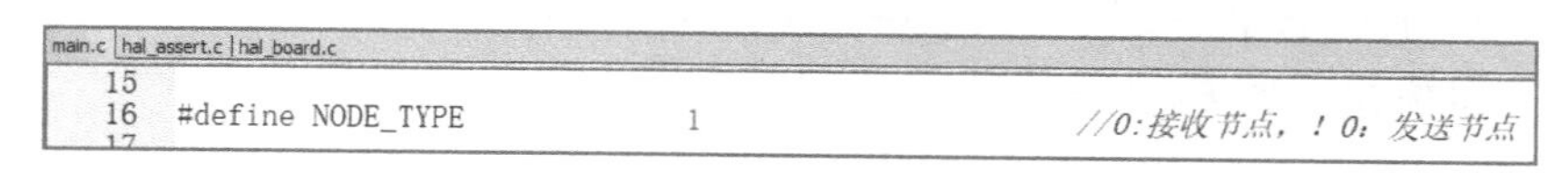

```
main.c | hal_assert.c | hal_board.c
15
16  #define NODE_TYPE       1         //0:接收节点，！0：发送节点
```

图2.22 设置节点类型

（6）将CC2530仿真器连接到另一个CC2530节点板，给CC2530节点板上电，选择“Project→Download and debug”将程序下载到此节点板。此节点板以下称为发送节点B。

（7）将接收节点A上电并复位。

（8）将发送节点B通过串口线连接到PC上，打开PortHelper，将波特率设置为38400。

（9）上电并复位发送节点B，PortHelper会显示信道监听结果及接收到的数据，如图2.23所示（RF_CHANNEL设置得不一样，结果也不一样）。

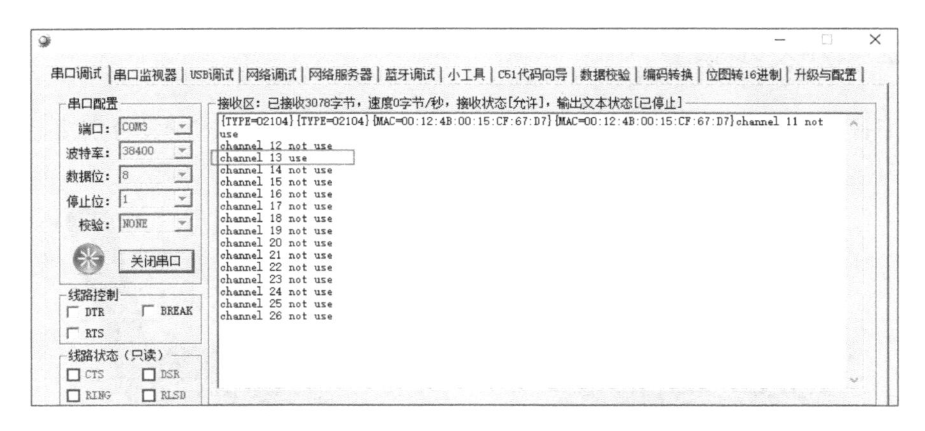

图 2.23　打印出信道监听结果及接收到的数据

（10）修改接收节点 A 的信道变量值，重复以上步骤。

2.3.3　开发小结

当接收节点进行信道扫描时，它只能通过发送节点使用的信道来接收数据。

2.4　ZigBee 无线控制开发

为了更好地理解 ZigBee 无线控制功能，本项目中的发送节点通过无线射频向接收节点发送对 LED 的控制信息，接收节点在接收到控制信息后根据控制信息点亮或熄灭 LED。

2.4.1　开发内容：无线控制

将 LED 连接到 CC2530 的 P1_0 引脚，程序中应在初始化过程中对 LED 进行初始化，包括引脚方向的设置和功能的选择，并给 P1_0 引脚输出一个高电平使得 LED 的初始状态为熄灭状态。无线控制可以通过发送命令来实现，同时，发送节点监测按键操作，当监测到按键操作时就发送一个命令。当接收节点接收到数据后，对数据类型进行判断，翻转 P1_0 引脚的电平，即可实现 LED 的状态改变，达到无线控制的目的。

本项目中的宏定义如下：

```
/*宏定义*/
#define RF_CHANNEL        25          //2.4 GHz RF（无线电频率）信道
#define PAN_ID            0x2007      //网络地址
#define SEND_ADDR         0x2530      //发送地址
#define RECV_ADDR         0x2520      //接收地址
#define NODE_TYPE         0           //0 表示接收节点，非 0 表示发送节点
#define CTRCMD            0x10        //控制命令
```

发送节点发送数据函数的代码如下：

```
/*发送数据函数*/
void rfSendData(void)
{
    uint8 pTxData[] = { CTRCMD };                                      //待发送的数据
    uint8 key1;
    //关闭接收器
    basicRfReceiveOff();
    key1 = P0_1;
    //主循环
    while (TRUE) {
        if (P1_2==0 && key1!=0 ) {                                     //有按键（K1）按下
            hal_led_on(1);
            basicRfSendPacket(RECV_ADDR, pTxData, sizeof pTxData);     //发送控制命令
            hal_led_off(1);
        }
        key1 = P1_2;
        halMcuWaitMs(50);
    }
}
```

接收节点接收数据函数的代码如下：

```
/*接收数据函数*/
void rfRecvData(void)
{
    uint8 pRxData[128];                                          //用来存放待接收的数据
    int rlen;
    //打开接收器
    basicRfReceiveOn();
    printf("{data=LED is off}");                                 //显示 LED 的初始状态
    //主循环
    while (TRUE) {
        while(!basicRfPacketIsReady());                          //等待数据准备好
        rlen = basicRfReceive(pRxData, sizeof pRxData, NULL);    //接收数据
        if(rlen > 0 && pRxData[0] == CTRCMD) {                   //判断接收到的命令
            if (ledstatus == 0) {
                hal_led_on(1);                                   //点亮 LED
                ledstatus = 1;                                   //LED 的状态为点亮状态
                printf("{data=LED is on}");
            } else {
                hal_led_off(1);                                  //熄灭 LED
                ledstatus = 0;                                   //LED 的状态为熄灭状态
                printf("{data=LED is off}");
            }
        }
    }
}
```

本项目主函数的代码如下：

```
/*主函数*/
void main(void)
{
    //初始化 CC2530、I/O、LED、串口
    halMcuInit();
    io_init();
    hal_led_init();
    hal_uart_init();
    if (FAILED == halRfInit()) {
        HAL_ASSERT(FALSE);
    }
    basicRfConfig.panId = PAN_ID;
    basicRfConfig.channel = RF_CHANNEL;
    basicRfConfig.ackRequest = TRUE;
#ifdef SECURITY_CCM
    basicRfConfig.securityKey = key;
#endif
#if NODE_TYPE
    basicRfConfig.myAddr = SEND_ADDR;
#else
    basicRfConfig.myAddr = RECV_ADDR;
#endif
    if(basicRfInit(&basicRfConfig)==FAILED) {
        HAL_ASSERT(FALSE);
    }
#if NODE_TYPE
    rfSendData();
#else
    rfRecvData();
#endif
}
```

2.4.2 开发步骤

（1）准备两个 CC2530 节点板（接收节点 A 和发送节点 B）并设置为模式一，分别接上电源。

（2）打开的本项目工程，选择“Project→Rebuild All”重新编译工程。

（3）将 main.c 文件中的节点类型 NODE_TYPE 设置为 0，选择“Project→Rebuild All”重新编译工程。为防止信道间的相互干扰，应将 RF_CHANNEL 设置为不同的值，本项目设置为 24，如图 2.24 所示。

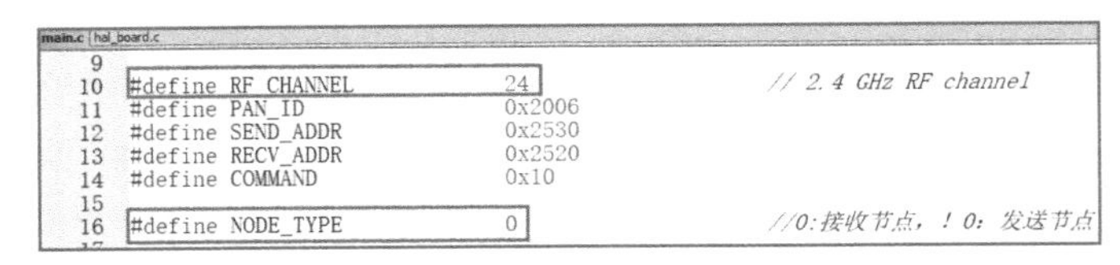

图 2.24　设置节点类型变量和信道变量

（4）将 CC2530 仿真器连接到一个 CC2530 节点板，给 CC2530 节点板上电，选择“Project→Download and debug”将程序下载到此节点板。此节点板以下称为接收节点 A。

（5）将 main.c 文件中节点类型 NODE_TYPE 的值设置为 1，选择“Project→Rebuild All”重新编译工程，如图 2.25 所示。

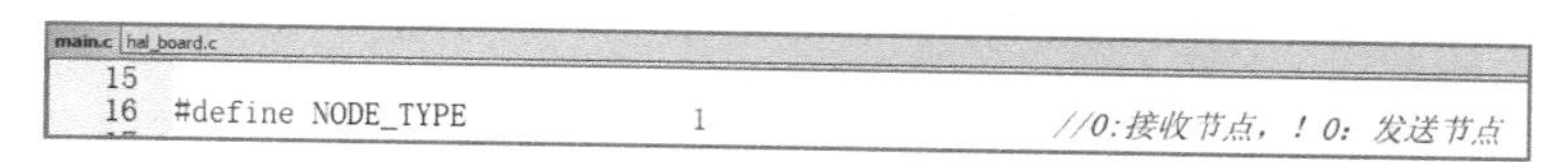

图 2.25　设置节点类型变量

（6）将 CC2530 仿真器连接到另一个 CC2530 节点板，给 CC2530 节点板上电，选择“Project→Download and debug”将程序下载到此节点板。此节点板以下称为发送节点 B。

（7）给接收节点 A 和发送节点 B 上电并复位。

（8）按下发送节点 B 上的按键 K1，观察接收节点上 LED 的状态。接收节点 A 上的 LED 会随着按键事件而进行亮灭变化。

2.4.3　开发小结

在本项目中可以看到 LED 的变化，说明发送控制信息可以对接收节点的外设进行控制。请读者修改程序，在主程序中添加一个宏定义“#define LED_MODE_BLINK 0x02”，让 LED 每 250 ms 闪烁一次，发送节点发送的数据为 LED_MODE_BLINK。重新下载程序，可以看到接收节点上 LED 的变化。

第3章 ZStack协议栈开发

本章主要介绍ZStack协议栈开发，首先详细介绍ZStack协议栈，然后解析ZStack协议栈工程，最后利用ZStack协议栈进行多点自组织网络开发、ZigBee广播/组播开发、ZigBee星状网络开发、ZStack协议栈的分析与开发，以及ZSack协议栈绑定技术的开发。

3.1 ZStack协议栈

TI公司推出的ZStack协议栈，除了全面符合ZigBee 2006规范，还具有丰富的新特性，如无线下载等，这些特性可以使用户设计出根据节点当前位置来改变行为的新型ZigBee应用。

3.1.1 ZStack协议栈的结构

ZStack协议栈由TI公司推出，支持多种硬件平台，如CC2530等。ZStack协议栈的安装文件包括协议栈中各层的部分源程序。Documents文件夹内包含与协议栈相关的帮助和学习文档；Projects文件夹内包含与工程相关的库文件、配置文件等，其中基于ZStack协议栈的工程应放在“Texas Instruments\ZStack-CC2530-2.4.0-1.4.0\Projects\zstack\Samples”下。

打开ZStack协议栈提供的示例工程，可以看到如图3.1所示的协议栈目录结构。

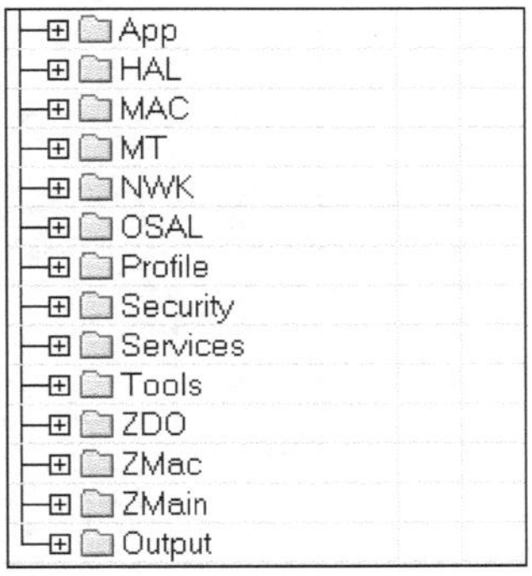

App
HAL
MAC
MT
NWK
OSAL
Profile
Security
Services
Tools
ZDO
ZMac
ZMain
Output

图3.1 ZStack协议栈目录结构

ZStack协议栈的开发主要涉及HAL目录和App目录。HAL目录主要针对具体的硬件进行修改，App目录主要用于添加具体的应用程序。OSAL是ZStack协议栈特有的系统层，相当于一个简单的操作系统，用于对各层的任务进行管理，理解其工作原理对ZStack协议栈的开发是很重要的。下面对各层进行简要介绍。

（1）App（Application Programming）：应用层目录，用于创建不同的工程，该目录包含应用层和项目的主要内容。

（2）HAL（Hardware (H/W) Abstraction Layer）：硬件抽象层目录，该目录包含与硬件相关的配置，以及驱动和操作函数。

（3）MAC：MAC层目录，该目录包含MAC层的参数配置文件，以及MAC层的LIB

库的函数接口文件。

（4）MT（Monitor Test）：通过串口可控制各层，与各层进行直接交互，同时也可以将各层的数据通过串口传送到上位机，以便开发人员调试。

（5）NWK：网络层目录，该目录包含网络层配置参数文件及网络层库的函数接口文件。

（6）OSAL（Operating System (OS) Abstraction Layer）：相当于 ZStack 协议栈的操作系统。

（7）Profile：应用框架（Application Framework，AF）目录，该目录包含 AF 层的处理函数。ZStack 协议栈的 AF 为建立一个开发人员提供了设备描述所需的数据结构和辅助功能，是传入信息的终端多路复用器。

（8）Security：安全层目录，该目录包含安全层处理函数，如加密函数等。

（9）Services：地址处理函数目录，该目录包括地址模式的定义及地址处理函数。

（10）Tools：工程配置目录，该目录包括空间划分及 ZStack 协议栈的相关配置信息。

（11）ZDO（ZigBee Device Objects）：ZigBee 设备对象（ZDO）目录用于管理 ZigBee 设备，其中的 API 为应用程序的终端提供了管理 ZigBee 协调器、路由节点或终端节点的接口，包括创建、查找和加入一个 ZigBee 网络，绑定应用程序终端，以及安全管理。

（12）ZMac：MAC 层目录，该目录包括 MAC 层参数配置，以及 MAC 层 LIB 库函数的回调处理函数。

（13）ZMain：主函数目录，该目录包括入口函数及硬件配置文件。

（14）Output：输出文件目录，该目录是由 EW8051 IDE 自动生成的。

ZStack 协议栈的各层具有一定的关系，其体系结构如图 3.2 所示。

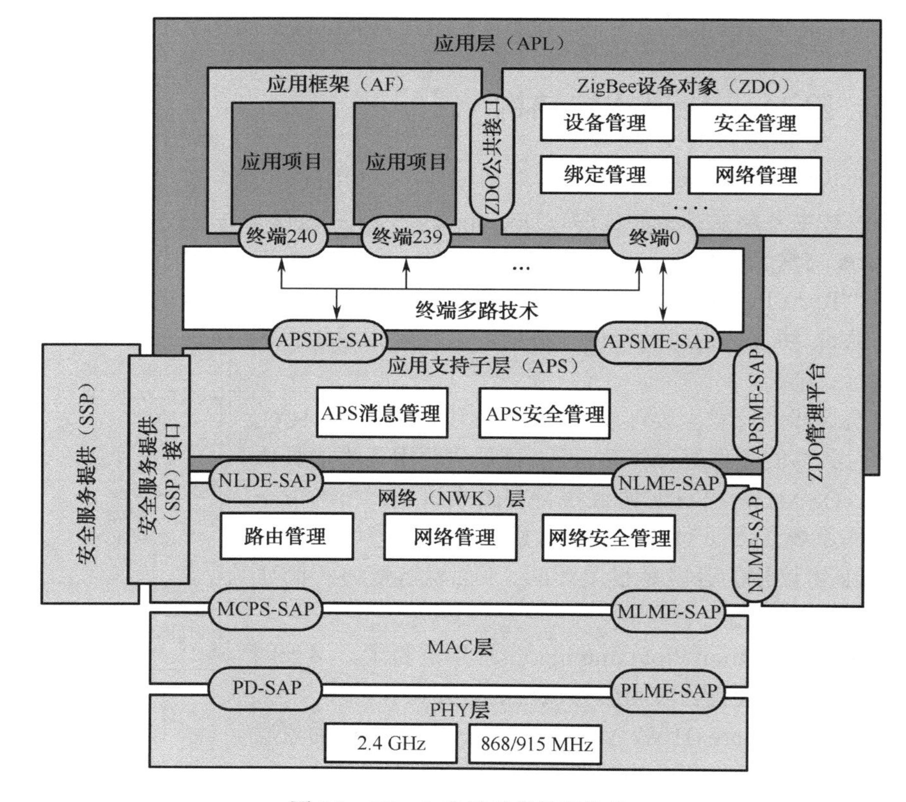

图 3.2　ZStack 协议栈的体系结构

3.1.2 ZStack 协议栈的工作流程

ZStack 协议栈是一个轮询式操作系统，其 main 函数在 ZMain 目录下的 ZMain.c 中。从总体上来说，该协议栈一共做了两件工作：一个是系统初始化，即由启动代码来初始化硬件系统，以及软件构架所需的各个模块；另一个是启动操作系统，如图 3.3 所示。

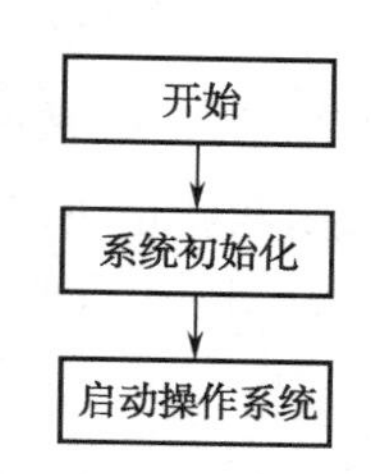

图 3.3 ZStack 协议栈的工作流程

1. 系统初始化

系统初始化主要是初始化硬件平台，以及软件架构所需的各个模块，为操作系统的运行做好准备，主要分为初始化系统时钟、检测芯片工作电压、初始化堆栈、初始化各个硬件模块、初始化 Flash 存储器、获取节点 MAC 地址、初始化非易失变量、初始化 MAC 层协议、初始化应用框架层、初始化操作系统等。ZStack 协议栈的系统初始化流程及对应的函数如图 3.4 所示。

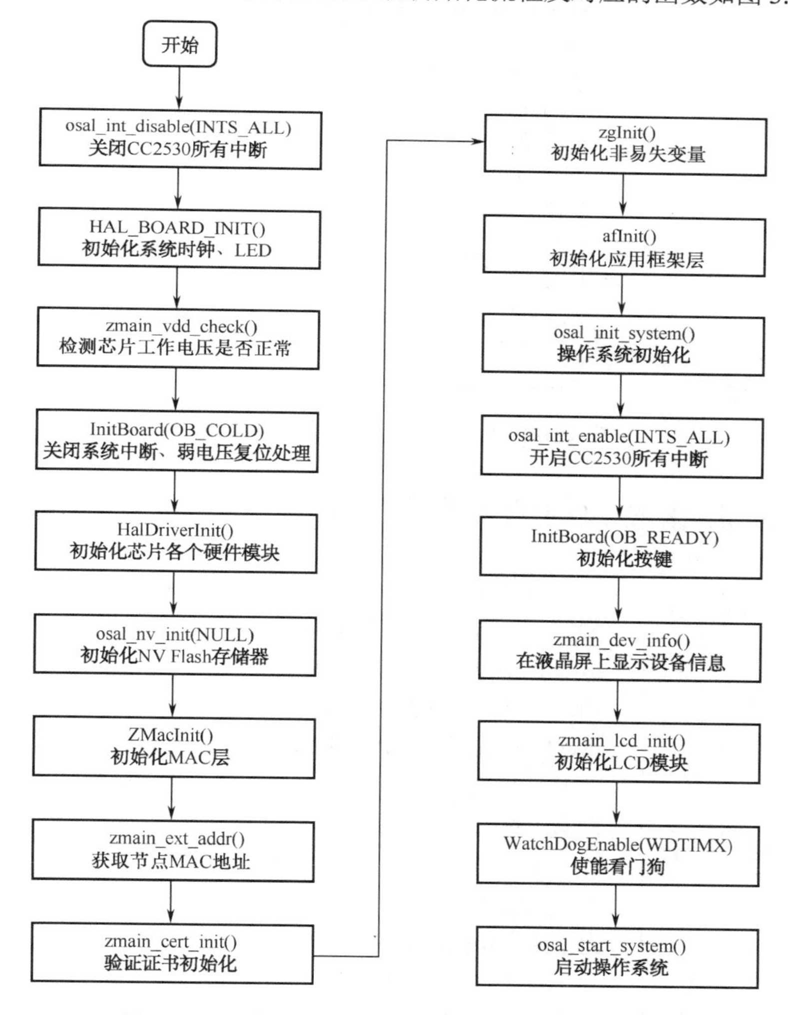

图 3.4 ZStack 协议栈的系统初始化流程及对应的函数

2．启动操作系统

系统初始化为操作系统的运行做好准备后，就可以开始执行操作系统入口程序，并彻底将硬件控制权交给操作系统。

```
osal_start_system();
```

该函数就是轮询式操作系统的主体部分，它所做的工作就是不断查询每个任务是否有事件发生。如果有事件发生就执行相应的函数；如果没有事件发生，就查询下一个任务。

3.1.3 ZStack 协议栈设备类型的选择

ZStack 协议栈中一般含有三种节点类型，分别是协调器、路由节点和终端节点。在 IAR 集成开发环境中打开 ZStack 协议栈官方提供的示例工程，在 Workspace 下拉列表中可以选择设备类型，如协调器、路由节点或终端节点，如图 3.5 所示。

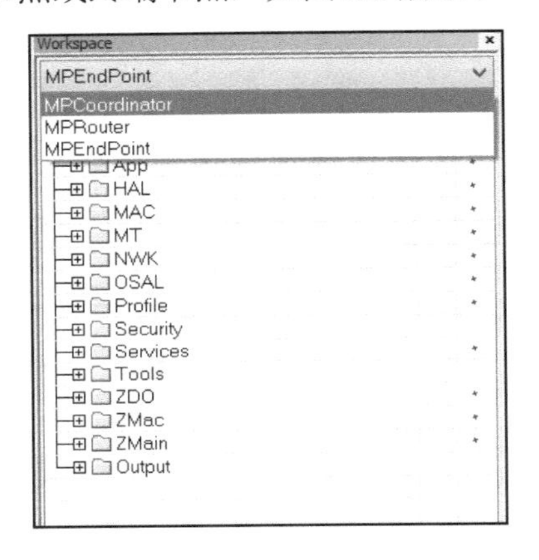

图 3.5　ZStack 协议栈中可选择的设备类型

3.1.4 ZStack 协议栈编译选项的配置

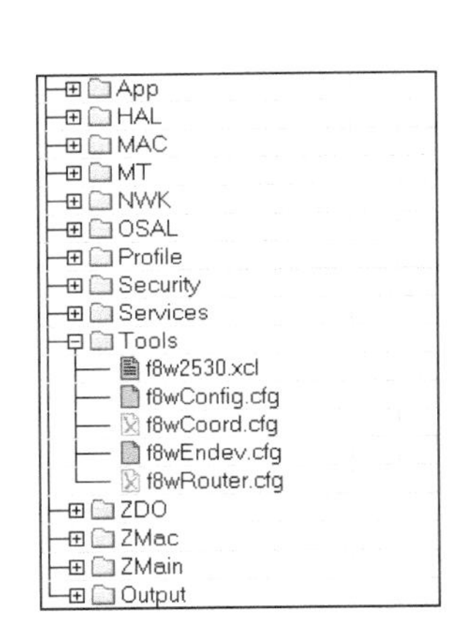

图 3.6　终端节点的配置文件

选择不同的设备类型后，ZStack 协议栈会自动选择相应的配置文件。例如：设备类型选择为终端节点时，将自动选择 f8wEndev.cfg、f8w2530.xcl 和 f8wConfig.cfg 配置文件，如图 3.6 所示；设备类型选择为协调器时，将自动选择 f8wCoord.cfg、f8w2530.xcl 和 f8wConfig.cfg 配置文件；设备类型选择为路由节点时，将自动选择 f8wRouter.cfg、f8w2530.xcl 和 f8wConfig.cfg 配置文件。

其实这些文件定义的就是一些工程中常用的宏定义，由于这些文件基本不需要用户改动，所以在此不做介绍，用户可参考 ZStack 协议栈的帮助文档。

在开发 ZStack 协议栈的例程时，有时需要自定义添加一些宏定义来使能或禁用某些功能，这些宏定义通常添加在 IAR 的工程文件中。下面进行简要介绍。

在 IAR 集成开发环境中，选择“Project→Options→C/C++Complier”中的“Processor”标签项，如图 3.7 所示。

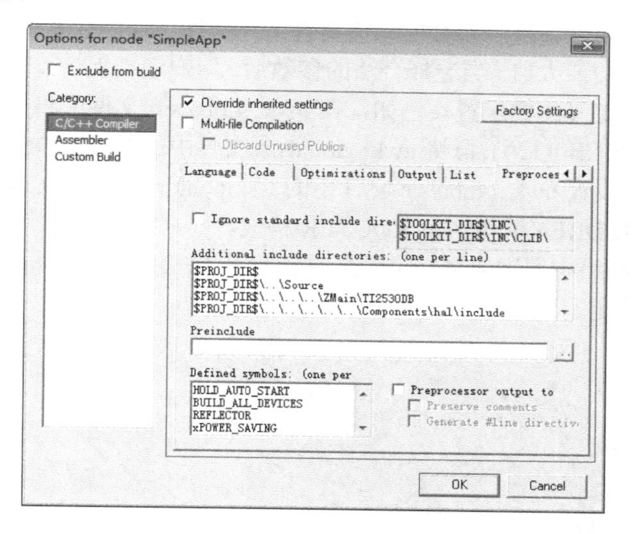

图 3.7　IAR 集成开发环境中的“Processor”标签项

在图 3.7 中，“Defined symbols”输入框中就是宏定义的编译选项。若想增加一个编译选项，只需要将相应的编译选项添加到列表框中即可；若想禁用一个编译选项，只需要在相应编译选项的前面增加一个 x 即可，如图 3.7 所示的“POWER_SAVING”选项被禁用（这一编译选项表示支持省电模式）。很多编译选项都可以作为开关量使用，用来选择源程序中的特定程序段，也可用于定义数字量，如添加“DEFAULT_CHANLIST”后即可用相应数值来覆盖默认设置（DEFAULT_CHANLIST 在 Tools 目录下的 f8wConfig.cfg 文件中配置，默认选择信道 11）。ZStack 协议栈支持大量的编译选项，读者可参考 ZStack 协议栈的帮助文档 ZStack Compile Options.pdf。

3.1.5　ZStack 协议栈的寻址

ZStack 协议栈定义了两种地址：64 位的扩展地址（IEEE 地址）和 16 位的网络短地址。扩展地址是全球唯一的，就像网卡地址一样，可由厂家设置或者用户烧写进芯片（本任务配套的节点用 RF Flash Programmer 就可以完成）。网络短地址是在设备加入 ZigBee 网络时由协调器分配的，在特定的网络中是唯一的，但不一定每次都一样，用于和网络中的其他设备相区别。

ZStack 协议栈为 ZigBee 网络提供了一种分布式寻址方案，可用来分配网络地址。该方案保证整个网络中所有节点分配的地址都是唯一的。这一点是必需的，因为只有这样才能保证将数据发送给它指定的节点，而不会出现混乱。同时，这个寻址方案本身的分布特性保证节点只能与其父辈节点通信来接收一个网络地址，不需要在整个网络范围内分配网络地址，这有助于提高网络的可测量性。ZStack 协议栈的网络地址分配由 MAX_DEPTH、MAX_ROUTERS 和 MAX_CHILDREN 三个参数决定，这也是 Profile 的一部分。MAX_DEPTH

代表网络最大深度，协调器为 0 级深度；MAX_CHILDREN 决定了一个协调器或路由节点能拥有几个子节点；MAX_ROUTERS 决定了一个协调器或路由节点能拥有几个路由功能的节点，是 MAX_CHILDREN 的子集。虽然不同的 Profile 参数值不同，用户可以针对具体的应用修改这些参数，但要保证这些参数的赋值要合法，即整个地址空间不能超过 216 个，这就限制了参数能够设置的最大值。当选择合法的参数后，用户还要保证不再使用标准的栈配置，取而代之的是网络自定义的栈配置。例如，在 nwk_globals.h 文件中将 STACK_PROFILE_ID 改为 NETWORK_SPECIFIC 后，再将 nwk_globals.h 文件中的 MAX_DEPTH 参数设置为合适的值；此外，还必须设置 nwk_globals.c 文件中的 Cskipchldrn 数组和 CskipRtrs 数组，这些数组的值由 MAX_CHILDREN 和 MAX_ROUTER 构成。

为了在 ZigBee 网络中发送数据，应用层需要调用 AF_DataRequest()函数，目的节点的类型由 afAddrType_t 决定，定义如下：

```
typedef struct {
    union
    {
        uint16 shortAddr;
    } addr;
    afAddrMode_t addrMode;
    byte endPoint;
} afAddrType_t;
```

ZStack 协议栈的寻址模式有以下几种，具体定义如下：

```
typedef enum {
    afAddrNotPresent = AddrNotPresent,
    afAddr16Bit = Addr16Bit,
    afAddrGroup = AddrGroup,
    afAddrBroadcast = AddrBroadcast
} afAddrMode_t;
```

（1）当 addrMode 设为 Addr16Bit 时，表示采用点播通信（比较常用），数据发送给网络中单个已知地址的节点。

（2）当 addrMode 设为 AddrNotPresent 时，表示应用程序不知道数据发送的目的地址，目的地址可以在绑定表中查询。如果查到多个表项就将数据发给多个目的地址，用于实现多播通信（关于绑定的相关内容，可参考 ZStack 协议栈的帮助文档）。

（3）当 addrMode 设为 AddrBroadcast 时，表示向同一网络中所有节点发送数据。广播地址有两种：一种是将目的地址设为 NWK_BROADCAST_SHORTADDR_DEVALL（0xFFFF），表明发给所有节点，包括睡眠节点；另一种是将目的地址设为 NWK_BROADCAST_SHORTADDR_DEVRXON（0xFFFD），不包括睡眠节点。

在应用中，常常需要获取节点的网络短地址或者扩展地址，有时还需要获取父节点的地址，常用的获取地址的函数如下：

```
NLME_GetShortAddr()                //获取该设备网络短地址
NLME_GetExtAddr()                  //获取 64 位扩展地址（IEEE 地址）
NLME_GetCoordShortAddr()           //获取父设备网络短地址
```

```
NLME_GetCoordExtAddr()                    //获取父设备 64 位扩展地址
```

3.1.6 OSAL 调度

为了方便任务管理，ZStack 协议栈定义了操作系统抽象层（Operation System Abstraction Layer，OSAL）。OSAL 完全构建在应用层上，主要采用轮询的方式，并引入了优先级，它的主要作用是隔离 ZStack 协议栈和特定硬件系统，用户无须过多了解具体平台的底层，就可以利用 OSAL 提供的丰富工具实现各种功能，包括任务的注册、初始化、启动、同步，多任务间的消息传递，中断处理，定时器控制，内存定位等。

OSAL 是通过 tasksEvents[idx]任务事件数组来判断事件是否发生的。在 OSAL 初始化时，tasksEvents[]数组被初始化为零，一旦系统中有事件发生，就用 osal_set_event()函数把 tasksEvents[taskID]赋值为对应的事件。不同的任务有不同的 taskID，这样任务事件数组 tasksEvents[]就可以表示系统中哪些任务存在没有处理的事件，就会调用相应的事件处理函数来处理对应的事件。任务是 OSAL 中很重要的概念，它是通过函数指针来调用的。任务的参数有两个：任务标识符（taskID）和对应的事件（event）。ZStack 协议栈中有 7 种默认的任务，它们存储在 taskArr 函数指针数组中，定义如下：

```
const pTaskEventHandlerFn tasksArr[] = {
        macEventLoop,
        nwk_event_loop,
        Hal_ProcessEvent,
#if defined( MT_TASK )
        MT_ProcessEvent,
#endif
        APS_event_loop,
        ZDApp_event_loop,
        SAPI_ProcessEvent
};
```

从 7 个事件的名字就可以看出，每种默认的任务对应的是 ZStack 协议栈不同的层次，而且根据 ZStack 协议栈的特点，这些任务按照从上到下的顺序反映了任务的优先级，如 macEventLoop 的优先级高于 nwk_event_loop。

深入理解 ZStack 协议栈中 OSAL 调度管理的关键是要理解系统任务、任务标识符和事件处理函数之间的关系。

图 3.8 所示为系统任务、任务标识符和事件处理函数之间的关系。其中 tasksArr 中存储了任务事件处理函数，tasksEvents 中存储了各任务对应的事件，由此便可得知任务与事件之间是多对多的关系，即多个任务对应着多个事件。当系统调用 osalInitTasks()函数进行任务初始化时，首先将 tasksEvents 中的各任务对应的事件置 0，也就是各任务没有事件。当调用了各层的任务初始化函数之后，系统就会调用 osal_set_event(taskID,event)函数将各层任务的事件存储到 tasksEvents 中。系统任务初始化结束之后就会轮询调用 osal_run_system()函数来执行系统中所有的任务，在执行任务过程中，任务标识符值越低的任务，其优先级越高。系统会判断各任务对应的事件是否发生，若发生则执行相应的事件处理函数。

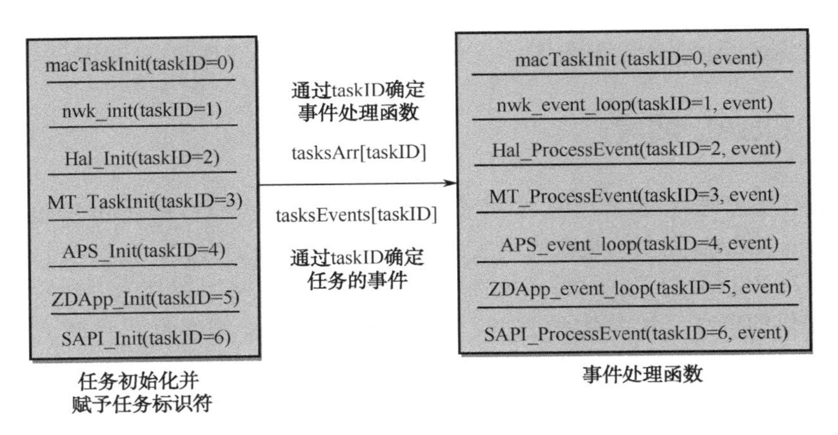

图 3.8　系统任务、任务标识符和事件处理函数之间的关系

根据上述的解析过程可知，系统是以死循环的形式工作的。和多任务操作系统类似，把 CPU 的运行分成 N 个时间片，在频率较高时感觉就是在同时执行多个任务。

3.1.7　ZStack 协议栈的信道配置

每一个 ZigBee 无线节点都有一个列表 DEFAULT_CHANLIST，该列表用于控制信道集合。对于协调器来说，这个列表用来扫描噪声最小的信道；对于终端节点和路由节点来说，这个列表用来扫描并加入一个存在的 ZigBee 网络。

1．配置 PANID 和要加入的 ZigBee 网络

通过信道配置可以控制 ZigBee 路由器和终端节点要加入哪个 ZigBee 网络。文件 f8wConfg.cfg 中的 ZDO_CONFIG_PAN_ID 参数可以设置为 0～0x3FFF 之间的一个值，协调器使用这个值作为它要启动网络的 PANID。而对于路由节点和终端节点来说，只要加入一个已经用这个参数配置了 PANID 的网络即可。如果要关闭这个功能，则只要将这个参数设置为 0xFFFF 即可。要更进一步控制加入过程，则需要修改 ZDApp.c 文件中的 ZDO_Network DiscoveryConfirmCB( )函数。

2．最大有效载荷的大小

在 ZStack 协议栈中，不同层次的最大有效载荷是不相同的。MAC 层的最大有效载荷为 102；NWK 层需要一个固定的帧头、一个有安全的帧头和一个没有安全的帧头；APS 层必须有一个可变的基于变量设置的帧头，包括 ZStack 协议栈版本、KVP 的使用和 APS 帧控制设置等。但用户不必根据前面的因素来计算最大有效载荷，AF 模块提供一个 API，允许用户通过该 API 查询 ZStack 协议栈的最大有效载荷或者最大传送单元（MTU）。调用函数 afDataReqMTU( )（见 af.h 文件）后会返回 MTU 或者最大有效载荷的大小，例如：

```
typedef struct   {
      uint8 kvp;
      APSDE_DataReqMTU_t aps;
}afDataReqMTU_t;
uint8 afDataReqMTU( afDataReqMTU_t* fields )
```

通常 afDataReqMTU_t 结构只需要设置 KVP 的值，这个值表明 KVP 是否被使用。

3.2　ZStack 协议栈工程解析

在“Texas Instruments\ZStack-CC2530-2.4.0-1.4.0\Projects\zstack\Samples”目录下可以看到 TI 官方提供的 3 个关于 ZStack 协议栈的例程，分别是 GenericApp、SampleApp 和 SimpleApp。本书所有的基于协议栈的项目均是在 SimpleApp 的基础上进行修改而实现的。本节通过解析 ZStack 协议栈工程来介绍 ZStack 协议栈的工作原理及工作流程。

下面以 ZigBee 多点自组织网络的开发为例来解析 ZStack 协议栈的工作原理及其工作流程，并对关键代码进行解释。

打开 ZigBee 多点自组织网络开发项目后，在 Workspace 下拉框选项中可以看到 3 个子工程，分别是协调器、路由节点和终端节点，如图 3.9 所示。通过选择不同的子工程，就可以选择不同的源文件和编译选项。

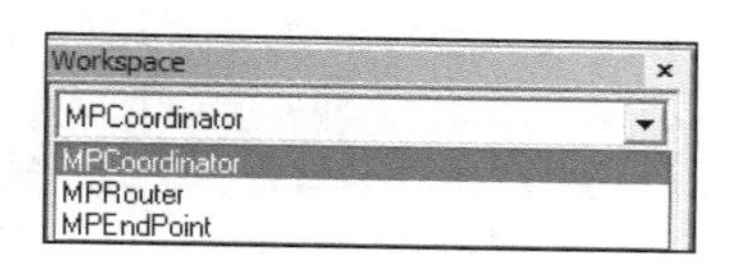

图 3.9　子工程选项

ZigBee 网络中一般含有三类节点类型：协调器（负责建立 ZigBee 网络、数据收发）、终端节点（数据采集、接收控制）和路由节点（在终端节点的基础上增加了路由转发的功能）。为了更容易理解 ZStack 协议栈的工作原理，这里先简单介绍协调器、终端节点和路由节点在 ZigBee 网络中的工作流程，如图 3.10 所示。

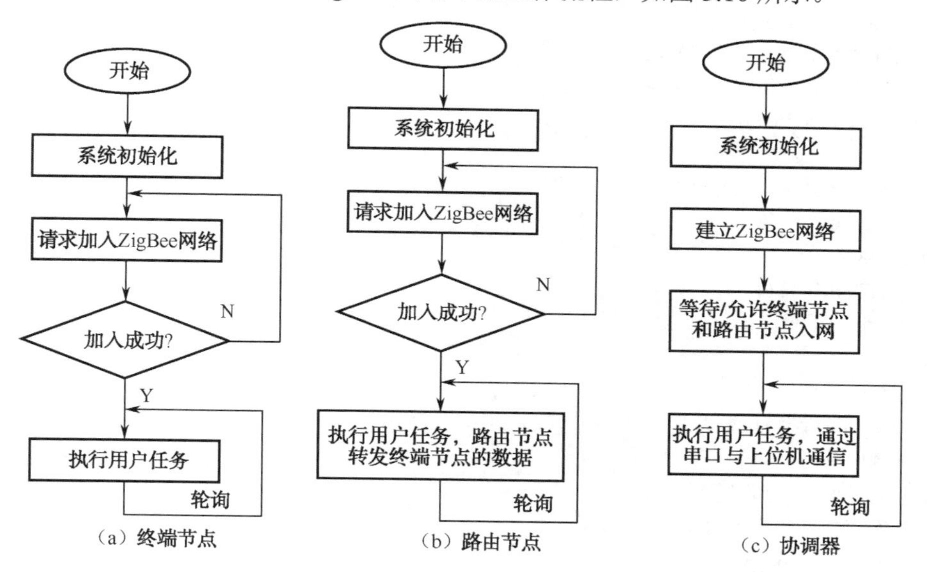

图 3.10　终端节点、路由节点和协调器在 ZigBee 网络中的工作流程

由图 3.10 可知，终端节点、路由节点和协调器的工作流程基本相同，只有在执行用户任务时稍有不同。下面根据图 3.10 来解析 ZStack 协议栈的工作流程。解析 ZStack 协议栈最简单、最直接的方法就是从工程的入口，即 main 函数开始解析。

1．ZStack 协议栈 OSAL 调度关键代码解析

在工程的“ZMain”目录下有一个 ZMain.c 文件，该文件中的 main 函数就是整个协议栈工程的入口，代码解析如下。

```
int main( void )
{
    //关闭所有中断
    osal_int_disable( INTS_ALL );
    //硬件初始化（系统时钟、LED）
     HAL_BOARD_INIT();
    //检测系统电源
    zmain_vdd_check();
    //初始化 I/O（关中断、系统弱电压复位处理）
    InitBoard( OB_COLD );
    //初始化硬件层驱动（ADC、DMA、LED、UART 等驱动）
    HalDriverInit();
    //初始化 NV 存储区（用于存储节点组网的网络信息，在掉电时不会丢失信息）
    osal_nv_init( NULL );
    //初始化 MAC 层
    ZMacInit();
    //将节点的扩展地址写入 NV 存储区
    zmain_ext_addr();
#if defined ZCL_KEY_ESTABLISH
    //初始化验证信息
    zmain_cert_init();
#endif
    //初始化基本的 NV 条目
    zgInit();
#ifndef NONWK
    //初始化应用层
    afInit();
#endif
    //初始化操作系统
    osal_init_system();
    //开中断
    osal_int_enable( INTS_ALL );
    //最后一次初始化板子
    InitBoard( OB_READY );
    //显示设备信息
    zmain_dev_info();
    //在 LCD 上显示设备信息
#ifdef LCD_SUPPORTED
    zmain_lcd_init();
#endif
#ifdef WDT_IN_PM1
    //使能看门狗
```

```
        WatchDogEnable( WDTIMX );
    #endif
        //启动操作系统
        osal_start_system();
        return 0;
    }
```

要想理解 ZStack 协议栈的工作原理，关键是要理解 main 函数中的 osal_init_system()和 osal_start_system()函数，其中 osal_init_system()函数的代码如下：

```
uint8 osal_init_system( void )
{
    //初始化内存分配系统
    osal_mem_init();
    //初始化消息队列
    osal_qHead = NULL;
    //初始化定时器
    osalTimerInit();
    //初始化电源管理系统
    osal_pwrmgr_init();
    //初始化系统任务
    osalInitTasks();
    //释放内存
    osal_mem_kick();
    return ( SUCCESS );
}
```

在 osal_init_system()函数中初始化了 ZStack 协议栈的核心功能，包括内存分配系统初始化、电源管理系统初始化、任务初始化和内存释放等功能。对开发人员来讲，最重要的是要理解其中的系统任务初始化函数 osalInitTasks()，分析该函数的代码可以发现，该函数初始化了 7 个系统任务，并为每个任务赋予了任务标识符 taskID。

```
void osalInitTasks( void )
{
    uint8 taskID = 0;
    tasksEvents = (uint16 *)osal_mem_alloc( sizeof( uint16 ) * tasksCnt);
    osal_memset( tasksEvents, 0, (sizeof( uint16 ) * tasksCnt));
    macTaskInit( taskID++ );
    nwk_init( taskID++ );
    Hal_Init( taskID++ );
#if defined( MT_TASK )
    MT_TaskInit( taskID++ );
#endif
    APS_Init( taskID++ );
    ZDApp_Init( taskID++ );
    //用户任务初始化，本书所有任务的自定义事件都是在该函数中处理的
    SAPI_Init( taskID );
}
```

通过将上述各任务的初始化函数展开之后可以发现：macTaskInit()、nwk_init()、APS_Init()任务的初始化函数代码不是开源的，TI 公司将这些关键代码封装成库，开发人员无法查看其中的代码；Hal_Init()、MT_TaskInit()和 SAPI_Init()等任务初始化函数的作用是对相应的任务信息进行注册，并调用 osal_set_event(uint8 task_id, uint16 event_flag)函数将各任务的事件添加到任务事件数组 tasksEvents[]中。下面以 SAPI_Init()函数为例来进行解析，代码如下：

```
void SAPI_Init( byte task_id )
{
    sapi_TaskID = task_id;                          //记录任务标识符
    sapi_bindInProgress = 0xffff;
    sapi_epDesc.task_id = &sapi_TaskID;
    sapi_epDesc.endPoint = 0;
#if ( SAPI_CB_FUNC )
    //节点描述信息赋值
    sapi_epDesc.endPoint = zb_SimpleDesc.EndPoint;
    sapi_epDesc.task_id = &sapi_TaskID;
    sapi_epDesc.simpleDesc = (SimpleDescriptionFormat_t *)&zb_SimpleDesc;
    sapi_epDesc.latencyReq = noLatencyReqs;
    //在 AF 中注册节点描述信息
    afRegister( &sapi_epDesc );
#endif
    //关闭允许回应标志
    afSetMatch(sapi_epDesc.simpleDesc→EndPoint, FALSE);
    //从 ZDApp 注册回调事件
    ZDO_RegisterForZDOMsg( sapi_TaskID, NWK_addr_rsp );
    ZDO_RegisterForZDOMsg( sapi_TaskID, Match_Desc_rsp );
    ZDO_RegisterForZDOMsg( sapi_TaskID, IEEE_addr_rsp);
#if ( SAPI_CB_FUNC )
#if (defined HAL_KEY) && (HAL_KEY == TRUE)
    //注册硬件抽象层的按键
    RegisterForKeys( sapi_TaskID );
    if ( HalKeyRead () == HAL_KEY_SW_5) {
        //当按下复位键时，系统复位并清除 NV 存储区
        uint8 startOptions = ZCD_STARTOPT_CLEAR_STATE | ZCD_STARTOPT_CLEAR_ CONFIG;
        zb_WriteConfiguration( ZCD_NV_STARTUP_OPTION,sizeof(uint8), &startOptions );
        zb_SystemReset();
    }
#endif //HAL_KEY
    //设置一个入口事件来启动任务
    osal_set_event(task_id, ZB_ENTRY_EVENT);
#endif
}
```

上述代码的最后调用了 osal_set_event(task_id, ZB_ENTRY_EVENT)函数，其作用是设置 1 个入口事件来启动任务，该函数的代码如下：

```
uint8 osal_set_event( uint8 task_id, uint16 event_flag )
{
    if ( task_id < tasksCnt ) {
        halIntState_t    intState;
```

```
            HAL_ENTER_CRITICAL_SECTION(intState);
            tasksEvents[task_id] |= event_flag;               //将事件存储到任务事件数组中
            HAL_EXIT_CRITICAL_SECTION(intState);
            return ( SUCCESS );
        } else {
            return ( INVALID_TASK );
        }
    }
```

通过上述代码分析可知，osal_set_event()函数的关键是将事件存储到任务事件数组中。解析完任务初始化代码之后，再来解析启动系统 osal_start_system()函数的代码，该函数的作用是轮询各个任务，并执行各任务的事件处理函数。

将 osal_start_system()函数展开之后，可以发现系统启动之后进入了一个死循环，并循环调用 osal_run_system()函数，代码如下：

```
void osal_start_system( void )
{
#if !defined ( ZBIT ) && !defined ( UBIT )
    for(;;)                                     //死循环
#endif
    {
        osal_run_system();                      //运行系统
    }
}
```

展开 osal_run_system()函数之后，可以发现该函数的主要作用是先遍历任务事件数组，遍历过程从优先级最高的任务开始，在遍历过程中会判断该任务是否有未执行完的事件，如果该任务有未执行完的事件，则跳出 while 循环，然后调用(tasksArr[idx])(idx, events)进入该任务的事件处理函数；如果在遍历中该任务的已经执行完毕，即没有事件，则继续循环检查下一个任务。当系统中的所有任务都执行完成后，系统会自动进入睡眠状态，以节约资源。代码如下：

```
void osal_run_system( void )
{
    uint8 idx = 0;

    osalTimeUpdate();                       //系统时间更新
    Hal_ProcessPoll();                      //硬件抽象层处理轮询（如 UART、TIMER 等）

    do {
        if (tasksEvents[idx]) {             //判断任务中是否有事件
            break;
        }
    } while (++idx < tasksCnt);
    if (idx < tasksCnt)                     //执行任务，优先执行任务标识符低的任务
    {
        uint16 events;
```

```
                halIntState_t intState;
                HAL_ENTER_CRITICAL_SECTION(intState);
                events = tasksEvents[idx];
                tasksEvents[idx] = 0;            //清除任务事件
                HAL_EXIT_CRITICAL_SECTION(intState);
                //执行任务，并返回该任务未完成的事件
                events = (tasksArr[idx])( idx, events );

                HAL_ENTER_CRITICAL_SECTION(intState);
                tasksEvents[idx] |= events;
                //将未处理的任务事件添加到任务事件数组中，以便下次继续执行
                HAL_EXIT_CRITICAL_SECTION(intState);
            }else{
#if defined( POWER_SAVING )
                //任务执行完成系统将自动进入睡眠状态
                osal_pwrmgr_powerconserve();
        }
#endif
        /*Yield in case cooperative scheduling is being used*/
#if defined (configUSE_PREEMPTION) && (configUSE_PREEMPTION == 0)
        {
            osal_task_yield();
        }
#endif
    }
```

通过对上述代码的分析可知，关键的代码在“events = (tasksArr[idx])(idx, events)”中，tasksArr 数组存储了各任务的事件处理函数，通过查看 tasksArr 数组的定义可以知道，系统定义了 7 个事件处理函数。

```
typedef unsigned short (*pTaskEventHandlerFn)( unsigned char task_id, unsigned short event );//函数指针
const pTaskEventHandlerFn tasksArr[] = {                        //函数指针数组
    macEventLoop,
    nwk_event_loop,
    Hal_ProcessEvent,
#if defined( MT_TASK )
    MT_ProcessEvent,
#endif
    APS_event_loop,
    ZDApp_event_loop,
    SAPI_ProcessEvent,
};
```

在上面 7 个任务的事件处理函数中，只能查看 Hal_ProcessEvent、MT_ProcessEvent、ZDApp_event_loop 和 SAPI_ProcessEvent 函数的代码，其余函数均被 TI 公司封装成库。系统调用(tasksArr[idx])(idx,events)其实就是调用 Hal_ProcessEvent(idx, events)、MT_ProcessEvent (idx, events)、ZDApp_event_loop(idx, events)和 SAPI_ProcessEvent(idx, events)等事件处理函

数。下面以 SAPI_ProcessEvent(idx, events)为例进行代码解析，解析如下：

```
uint16 SAPI_ProcessEvent( byte task_id, UINT16 events )
{
    osal_event_hdr_t *pMsg;
    afIncomingMSGPacket_t *pMSGpkt;
    afDataConfirm_t *pDataConfirm;
    if ( events &SYS_EVENT_MSG )          //系统消息事件，当节点接收到消息之后自动触发该事件
    {
        pMsg = (osal_event_hdr_t *) osal_msg_receive( task_id );
        while ( pMsg ){                   //判断消息是否为空
            switch ( pMsg→event ){        //消息过滤
            case ZDO_CB_MSG:
                SAPI_ProcessZDOMsgs( (zdoIncomingMsg_t *)pMsg );
            break;
            case AF_DATA_CONFIRM_CMD:
                //This message is received as a confirmation of a data packet sent.
                //The status is of ZStatus_t type [defined in ZComDef.h]
                //The message fields are defined in AF.h
                pDataConfirm = (afDataConfirm_t *) pMsg;
                SAPI_SendDataConfirm( pDataConfirm→transID,pDataConfirm→hdr.status );
            break;
            case AF_INCOMING_MSG_CMD:  //用户任务中接收的数据在此处理
                pMSGpkt = (afIncomingMSGPacket_t *) pMsg;
                SAPI_ReceiveDataIndication( pMSGpkt→srcAddr.addr.shortAddr,
                pMSGpkt→clusterId,pMSGpkt→cmd.DataLength, pMSGpkt→cmd.Data);
            break;
            case ZDO_STATE_CHANGE:
                //If the device has started up, notify the application
                if (pMsg→status == DEV_END_DEVICE || pMsg→status == DEV_ROUTER ||
                pMsg→status == DEV_ZB_COORD ) {
                    SAPI_StartConfirm( ZB_SUCCESS );
                }else   if (pMsg→status == DEV_HOLD || pMsg→status == DEV_INIT) {
                    SAPI_StartConfirm( ZB_INIT );
                }
            break;
            case ZDO_MATCH_DESC_RSP_SENT:
                SAPI_AllowBindConfirm(((ZDO_MatchDescRspSent_t *)pMsg)→nwkAddr );
            break;
            case KEY_CHANGE:
#if ( SAPI_CB_FUNC )
                zb_HandleKeys(((keyChange_t *)pMsg)→state, ((keyChange_t *)pMsg)→keys );
#endif
            break;
            case SAPICB_DATA_CNF:
                SAPI_SendDataConfirm((uint8)((sapi_CbackEvent_t *)pMsg)→data,
                                    ((sapi_CbackEvent_t *)pMsg)→hdr.status );
```

```
                break;
                case SAPICB_BIND_CNF:
                    SAPI_BindConfirm(((sapi_CbackEvent_t *)pMsg)→data,
                                          ((sapi_CbackEvent_t *)pMsg)→hdr.status );
                break;
                case SAPICB_START_CNF:
                    SAPI_StartConfirm( ((sapi_CbackEvent_t *)pMsg)→hdr.status );
                break;
                default:
                    //if ( pMsg→event >= ZB_USER_MSG )
                    {
                        void zb_HanderMsg(osal_event_hdr_t *msg);
                        zb_HanderMsg(pMsg);
                    }
                break;
            }
            //Release the memory
            osal_msg_deallocate((uint8 *) pMsg );
            //Next
            pMsg = (osal_event_hdr_t *) osal_msg_receive( task_id );
        }
        //Return unprocessed events
        return (events ^ SYS_EVENT_MSG);
    }
        if ( events &ZB_ALLOW_BIND_TIMER ){                    //允许绑定定时器
            afSetMatch(sapi_epDesc.simpleDesc→EndPoint, FALSE);
            return (events ^ ZB_ALLOW_BIND_TIMER);
        }
        if ( events &ZB_BIND_TIMER )                           //绑定定时器
        {
            //Send bind confirm callback to application
            SAPI_BindConfirm( sapi_bindInProgress, ZB_TIMEOUT );
            sapi_bindInProgress = 0xffff;
            return (events ^ ZB_BIND_TIMER);
        }
        if ( events &ZB_ENTRY_EVENT )                          //ZStack 协议栈入口事件
        {
            uint8 startOptions;
            //Give indication to application of device startup
#if ( SAPI_CB_FUNC )
            zb_HandleOsalEvent( ZB_ENTRY_EVENT );              //处理 ZStack 协议栈入口事件
#endif
            //LED off cancels HOLD_AUTO_START blink set in the stack
            HalLedSet (HAL_LED_4, HAL_LED_MODE_OFF);
            zb_ReadConfiguration( ZCD_NV_STARTUP_OPTION, sizeof(uint8), &startOptions );
            if ( startOptions & ZCD_STARTOPT_AUTO_START )  {
                zb_StartRequest();
```

```
            } else {
                //blink leds and wait for external input to config and restart
                HalLedBlink(HAL_LED_2, 0, 50, 500);
            }
            return (events ^ ZB_ENTRY_EVENT );
        }

        //This must be the last event to be processed
        if ( events & ( ZB_USER_EVENTS ) )                          //处理所有的用户任务事件
        {
            //User events are passed to the application
#if ( SAPI_CB_FUNC )
            zb_HandleOsalEvent( events );
#endif
        }
        return 0;
}
```

由上述代码可知，SAPI 的事件处理函数可以处理 SYS_EVENT_MSG、ZB_ALLOW_BIND_TIMER、ZB_BIND_TIMER、ZB_ENTRY_EVENT 和 ZB_USER_EVENTS 事件。在这些事件中，开发人员只需要理解 ZB_ENTRY_EVENT 和 ZB_USER_EVENTS 事件的处理过程就可以了。ZB_ENTRY_EVENT 事件为 ZStack 协议栈工程的入口事件，包括 ZigBee 入网的过程处理等；ZB_USER_EVENTS 为用户自定义事件，通过查看该事件的宏定义可得知该事件被宏定义为 0xFF，说明用户最多只能自定义 8 个用户事件，但 8 个自定义事件对于开发者来讲已经足够了。

在 ZB_ENTRY_EVENT 和 ZB_USER_EVENTS 事件处理过程中，最终都调用了 zb_HandleOsalEvent(events)函数，说明这两个事件的处理过程都集中在该函数内处理。如果要处理用户自定义事件，则需要在 zb_HandleOsalEvent()函数中实现相应的处理过程。这里以 ZitBee 多点自组织网络开发项目为例进行解析，其中协调器、路由节点和终端节点的用户自定义事件处理过程稍微不一样。

（1）协调器的用户事件处理函数。

```
void zb_HandleOsalEvent( uint16 event )
{
    uint8 startOptions;
    uint8 logicalType;
    if (event & ZB_ENTRY_EVENT) {   //处理 ZStack 协议栈工程入口事件
        zb_ReadConfiguration( ZCD_NV_LOGICAL_TYPE, sizeof(uint8), &logicalType );
        if ( logicalType != ZG_DEVICETYPE_COORDINATOR ) //设置节点类型为协调器
        {
            logicalType = ZG_DEVICETYPE_COORDINATOR;
            //将节点类型写入 NV 存储区
            zb_WriteConfiguration(ZCD_NV_LOGICAL_TYPE, sizeof(uint8), &logicalType);
        }
```

```
        zb_ReadConfiguration(ZCD_NV_STARTUP_OPTION, sizeof(uint8), &startOptions );
        if (startOptions != ZCD_STARTOPT_AUTO_START) {
            startOptions = ZCD_STARTOPT_AUTO_START;
            zb_WriteConfiguration(ZCD_NV_STARTUP_OPTION, sizeof(uint8), &startOptions );
        }
        //入口事件一直在触发，表明 ZigBee 网络正在建立，LED 闪烁
        HalLedSet( HAL_LED_2, HAL_LED_MODE_OFF );
        HalLedSet( HAL_LED_2, HAL_LED_MODE_FLASH );
    }
}
```

（2）路由节点的用户事件处理函数。

```
void zb_HandleOsalEvent( uint16 event )
{
    if (event & ZB_ENTRY_EVENT) {                          //处理 ZStack 协议栈工程入口事件
        uint8 startOptions;
        uint8 logicalType;
        zb_ReadConfiguration( ZCD_NV_LOGICAL_TYPE, sizeof(uint8), &logicalType );
        if ( logicalType != ZG_DEVICETYPE_ROUTER )     //设置节点类型为路由节点
        {
            logicalType = ZG_DEVICETYPE_ROUTER;
            //将节点类型写入 NV 存储区
            zb_WriteConfiguration(ZCD_NV_LOGICAL_TYPE, sizeof(uint8), &logicalType);
        }
        //Do more configuration if necessary and then restart device with auto-start
        //bit set
        //write endpoint to simple desc...dont pass it in start req..then reset
        zb_ReadConfiguration(ZCD_NV_STARTUP_OPTION, sizeof(uint8), &startOptions );
        if (startOptions != ZCD_STARTOPT_AUTO_START) {
            startOptions = ZCD_STARTOPT_AUTO_START;
            zb_WriteConfiguration(ZCD_NV_STARTUP_OPTION, sizeof(uint8), &startOptions );
        }
        HalLedSet( HAL_LED_2, HAL_LED_MODE_OFF ); //在组网过程中 LED 一直闪烁
        HalLedSet( HAL_LED_2, HAL_LED_MODE_FLASH );
    }
    if ( event & MY_START_EVT )            //启动 ZStack 协议栈事件（加入 ZigBee 网络）
    {
        zb_StartRequest();
    }
    if (event & MY_REPORT_EVT) {           //上报事件
        myReportData();
    osal_start_timerEx( sapi_TaskID, MY_REPORT_EVT, REPORT_DELAY );
    }
}
```

（3）终端节点的用户事件处理函数。

```
void zb_HandleOsalEvent( uint16 event )
{
    if (event & ZB_ENTRY_EVENT) {                          //处理 ZStack 协议栈工程入口事件
```

```
        uint8 startOptions;
            uint8 logicalType;
            zb_ReadConfiguration( ZCD_NV_LOGICAL_TYPE, sizeof(uint8), &logicalType );
        if ( logicalType != ZG_DEVICETYPE_ENDDEVICE )        //设置节点类型为终端节点
        {
            logicalType = ZG_DEVICETYPE_ENDDEVICE;
            //将节点类型写入 NV 存储区
            zb_WriteConfiguration(ZCD_NV_LOGICAL_TYPE, sizeof(uint8), &logicalType);
        }
        //Do more configuration if necessary and then restart device with auto-start
        //bit set
        //write endpoint to simple desc...dont pass it in start req..then reset
        zb_ReadConfiguration(ZCD_NV_STARTUP_OPTION, sizeof(uint8), &startOptions );
        if (startOptions != ZCD_STARTOPT_AUTO_START) {
            startOptions = ZCD_STARTOPT_AUTO_START;
            zb_WriteConfiguration(ZCD_NV_STARTUP_OPTION, sizeof(uint8), &startOptions );
        }

        HalLedSet( HAL_LED_2, HAL_LED_MODE_OFF );        //在组网过程中 LED 一直闪烁
        HalLedSet( HAL_LED_2, HAL_LED_MODE_FLASH );
    }
    if ( event & MY_START_EVT )      //启动 ZStack 协议栈事件（加入 ZigBee 网络）
    {
        zb_StartRequest();
    }
    if (event & MY_REPORT_EVT) {  //上报事件
        myReportData();
        osal_start_timerEx( sapi_TaskID, MY_REPORT_EVT, REPORT_DELAY );
    }
}
```

通过分析协调器、路由节点和终端节点的用户事件处理函数可知，协调器没有设置用户自定义的事件，路由节点、终端节点均自定义了 MY_START_EVT 和 MY_REPORT_EVT 事件，MY_START_EVT 事件的处理结果是重新启动 ZStack 协议栈，MY_REPORT_EVT 事件的处理结果是周期性地上报数据。上面的代码给出了这两个事件的处理过程，但并没有给出这两个事件的启动过程。在 MPEndPont.c 和 MPRouter.c 中有这样的一个函数，即 zb_StartConfirm (uint8 status)，该函数是一个回调函数，当 ZStack 协议栈的系统事件触发后，也就是 ZStack 协议栈启动后，会经过系统的一层层函数调用最后回调该函数，并将 ZStack 协议栈的启动状态结果赋值给该函数的 status 参数，在该函数的处理过程再根据 status 的值来触发不同的事件。zb_StartConfirm(uint8 status)函数的代码如下：

```
void zb_StartConfirm( uint8 status )
{
    if ( status == ZB_SUCCESS )                                //ZStack 协议栈启动成功（入网成功）
    {
        myAppState = APP_START;
```

```
            HalLedSet( HAL_LED_2, HAL_LED_MODE_ON );  //LED 常亮
            //设置定时器来触发用户自定义的事件
            osal_start_timerEx( sapi_TaskID, MY_REPORT_EVT, REPORT_DELAY );
        } else {
            //ZStack 协议栈启动失败，设置定时器来触发 MY_START_EVT 事件重启协议栈（重新入网）
            osal_start_timerEx( sapi_TaskID, MY_START_EVT, myStartRetryDelay );
        }
    }
```

上述代码的关键是路由节点和终端节点的 ZStack 协议栈启动后的回调函数，协调器的事件处理函数结果稍微不一样，由于在协调器中没有用户自定义的事件，所以在协调器建立 ZigBee 网络后，将 LED 点亮后就没有其他的操作了。下面是协调器的 ZStack 协议栈启动后回调函数的代码。

```
void zb_StartConfirm( uint8 status )
{
    //协调器成功建立 ZigBee 网络后，LED 点亮
    if ( status == ZB_SUCCESS )
    {
        myAppState = APP_START;
        //zb_AllowBind(0xff);
        HalLedSet( HAL_LED_2, HAL_LED_MODE_ON );
    }
}
```

本节在代码解析中介绍了 ZStack 协议栈中任务调度与事件处理的关系。任务的执行其实可以理解为在一个大循环里面一直调用各任务的事件处理函数。

综合 ZStack 协议栈的工作流程及多任务之间的调度关系，可以知道 ZStack 协议栈的工作流程。图 3.11 所示为 ZStack 协议栈的工作流程。

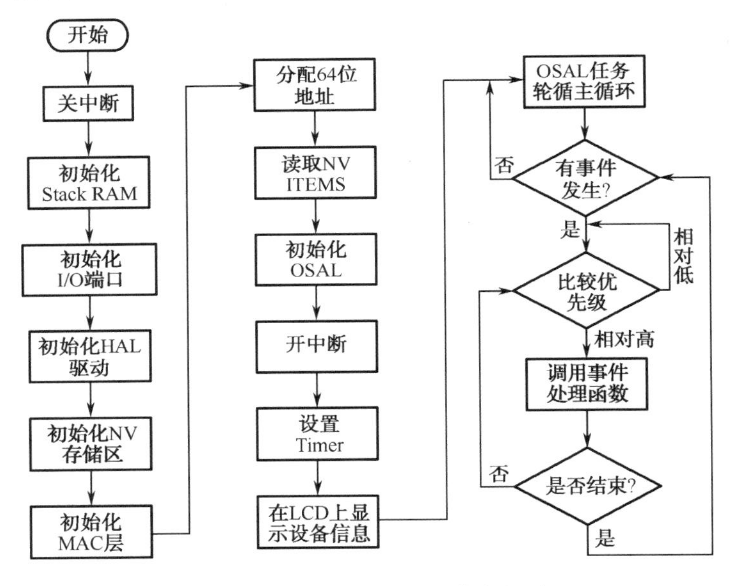

图 3.11　ZStack 协议栈工作流程图

2．ZStack 协议栈的数据接收和发送

下面继续解析 ZStack 协议栈的重要组成部分，即数据的接收和发送过程。

（1）接收数据。前文在分析事件处理过程时提到过接收数据函数，其代码如下：

```
uint16 SAPI_ProcessEvent( byte task_id, UINT16 events )
{
    osal_event_hdr_t *pMsg;
    afIncomingMSGPacket_t *pMSGpkt;
    afDataConfirm_t *pDataConfirm;

    if ( events &SYS_EVENT_MSG )          //系统事件，当节点接收到数据后自动触发该事件
    {
        pMsg = (osal_event_hdr_t *) osal_msg_receive( task_id );
        while ( pMsg )                     //判断消息是否为空
        {
            switch ( pMsg→event )          //消息过滤
            {
                ......
                case AF_INCOMING_MSG_CMD:    //数据接收在此处理
                pMSGpkt = (afIncomingMSGPacket_t *) pMsg;
                SAPI_ReceiveDataIndication( pMSGpkt→srcAddr.addr.shortAddr,
                    pMSGpkt→clusterId,pMSGpkt→cmd.DataLength, pMSGpkt→cmd.Data);
                .....
            }
        }
    }
}
```

在上述代码中，pMSGpkt 结构体存储了节点接收到的数据，事件处理过程中将数据直接赋值给了 SAPI_ReceiveDataIndication()函数的各个参数，一步步跟踪这个函数的调用过程，会发现，该函数在接收到数据之后又调用了_zb_ReceiveDataIndication()函数。继续跟踪_zb_ReceiveDataIndication()函数，发现该函数最终调用了 zb_ReceiveDataIndication()函数。zb_ReceiveDataIndication()函数需要开发人员编写数据处理的代码。这里以 ZigBee 多点自组织网络开发项目为例进行说明，协调器需要将接收到的数据通过串口传输到上位机，下面是协调器中数据的处理代码。

```
void zb_ReceiveDataIndication(uint16 source, uint16 command, uint16 len, uint8 *pData)
{
    char buf[32];
    HalLedSet( HAL_LED_1, HAL_LED_MODE_OFF );
    HalLedSet( HAL_LED_1, HAL_LED_MODE_BLINK );
    if (len==6 && pData[0]==0xff) {//打印数据，并将数据解析后赋值给 buf
        sprintf(buf, "DEVID:%02X SAddr:%02X%02X PAddr:%02X%02X",
                                        pData[5], pData[1], pData[2], pData[3], pData[4]);
        debug_str(buf);             //通过串口将数据传输到上位机
    }
}
```

（2）发送数据。ZStack 协议栈中数据发送只需要调用 zb_SendDataRequest()函数即可，下面是该函数的代码。

```
void zb_SendDataRequest ( uint16 destination, uint16 commandId, uint8 len,
                                        uint8 *pData, uint8 handle, uint8 txOptions, uint8 radius )
{
    afStatus_t status;
    afAddrType_t dstAddr;
    txOptions |= AF_DISCV_ROUTE;
    //设置目的地址
    if (destination == ZB_BINDING_ADDR)
    {
        dstAddr.addrMode = afAddrNotPresent;
    } else {
        //使用短地址
        dstAddr.addr.shortAddr = destination;
        dstAddr.addrMode = afAddr16Bit;

        if ( ADDR_NOT_BCAST != NLME_IsAddressBroadcast( destination ) ) {
            txOptions &= ~AF_ACK_REQUEST;
    }
}
    dstAddr.panId = 0;
    dstAddr.endPoint = sapi_epDesc.simpleDesc→EndPoint;
    //调用应用层API发送数据
    status = AF_DataRequest(&dstAddr, &sapi_epDesc, commandId, len, pData, &handle, txOptions, radius);
    if (status != afStatus_SUCCESS)
    {
        SAPI_SendCback( SAPICB_DATA_CNF, status, handle );
    }
}
```

3.3 ZigBee多点自组织网络的开发

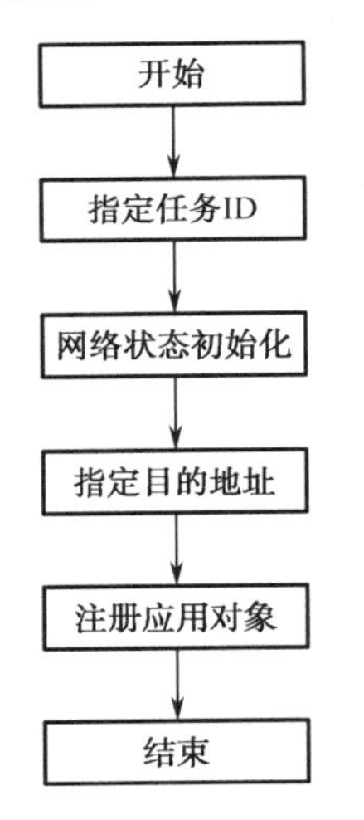

图 3.12　用户任务初始化流程

用户任务初始化流程如图 3.12 所示，在进行一系列的初始化操作后系统就进入事件轮询状态。对终端节点来说，若没有事件发生且编译选项设置为“POWER_SAVING”，则终端节点会进入睡眠状态。

协调器是 ZigBee 网络设备中最重要的一种，它负责构建 ZigBee 网络，主要包括选择信道，确定唯一的 PANID 并在网络中广播 PANID，为加入网络的路由节点和终端节点分配地址，维护路由表等。将 ZStack 协议栈的编译选项设置为“ZDO_COORDINATOR”，也就是在 IAR 集成开发环境中选择协调器，这时编译生成的文件就可以启动协调器。

协调器的初始化流程是：操作系统初始化函数

osal_start_system()调用 ZDAppInit()函数，ZDAppInit()函数调用 ZDOInitDevice()函数，ZDOInitDevice()函数调用 ZDApp_NetworkInit()函数，在 ZDApp_NetworkInit()函数中设置 ZDO_NETWORK_INIT 事件，在 ZDApp_event_loop 任务中对其进行处理。

协调器的工作流程是：

第一步，调用 ZDO_StartDevice()启动网络中的设备，再调用 NLME_NetworkFormationRequest()函数来申请组网，这一部分涉及网络层细节，无法看到代码，由 TI 公司封装成库文件，在库文件中处理。

第二步，如果 NLME_NetworkFormationRequest()函数申请组网成功，则调用 ZDO_NetworkFormationConfirmCB()函数并在该函数中设置 ZDO_NETWORK_START 事件；如果 NLME_NetworkFormationRequest()函数申请组网不成功，则调用 nwk_Status()函数。

第三步，在 ZDApp_event_loop 任务中调用 ZDApp_NetworkStartEvt()函数来处理 ZDO_NETWORK_START 事件，该函数会返回申请组网的结果。如果组网不成，则能量阈值会按 ENERGY_SCAN_INCREMENT 增加，并将 ZDApp_event_loop 任务中的事件 ID 设置为 ZDO_NETWORK_INIT，然后返回第二步；如果成功则设置 ZDO_STATE_CHANGE_EVT 事件并在 ZDApp_event_loop 任务中处理。

对于终端节点或路由节点，在调用 ZDO_StartDevice()函数后将调用 NLME_NetworkDiscoveryRequest()函数进行信道扫描，启动发现网络的过程，这一部分涉及网络层细节，无法看到代码，在库中处理。NLME_NetworkDiscoveryRequest()函数执行的结果会返回到 ZDO_NetworkDiscoveryConfirmCB()函数中，后者会返回选择的网络，设置事件 ZDO_NWK_DISC_CNF，并在 ZDApp_ProcessOSALMsg()函数中对该事件进行处理，然后调用 NLME_JoinRequest()函数加入指定的网络。若加入网络失败，则重新初始化网络，若加入网络成功则调用 ZDApp_ProcessNetworkJoin()函数设置 ZDO_STATE_CHANGE_EVT 事件，在对该事件的处理过程中将调用 ZDO_UpdateNwkStatus()函数，此函数会向用户自定义任务发送事件 ZDO_STATE_CHANGE。

本项目由 ZStack 的实例代码由 simpleApp 修改而来。首先介绍任务初始化的概念，由于自定义任务需要确定对应的节点和簇等信息，并且将这些信息在 AF 中注册，所以每个任务都要在初始化后才能进入 OSAL 的循环中。在 ZStack 协议栈工作流程图中，上层的初始化集中在 OSAL 初始化函数 osal_init_system()中，包括存储空间、定时器、电源管理和各任务的初始化。

任务 ID（taskID）是由 OSAL 分配的，为后续调用事件函数、定时器函数提供了参数。在启动时需要指定网络状态，之后才能触发 ZDO_STATE_CHANGE 事件、确定设备类型。目的地址分配包括寻址方式、节点号和地址的指定。本项目中的数据发送使用点播通信。由于涉及很多参数，ZStack 协议栈专门设计了 SimpleDescriptionFormat_t 这一结构体来方便设置，其中的成员如下：

- EndPoint：终端节点，其值为 1～240，用来接收数据。
- AppProfId：该域用于确定终端节点支持应用的 Profile 标识符，可从 ZigBee 联盟获取具体的 Profile 标识符。
- AppNumInClusters：指示终端节点所支持输入簇的数目。
- pAppInClusterList：指向输入簇标识符列表的指针。
- AppNumOutClusters：指示终端节点所支持输出簇的数目。
- pAppOutClusterList：指向输出簇标识符列表的指针。

本项目的 Profile 标识符采用默认设置，输入簇和输出簇设置为相同 MY_PROFILE_ID，设置完成后调用 afRegister()函数将应用信息在 AF 中注册，使设备知道该应用的存在，从而完成初始化。初始化完成后会进入 OSAL 轮询，一旦 zb_HandleOsalEvent 有事件被触发，就会得到及时的处理。事件号是一个以宏定义描述的数字，系统事件（SYS_EVENT_MSG）是强制的，其中包括了几个子事件的处理。例如：ZDO_CB_MSG 事件用于处理 ZDO 的响应；KEY_CHANGE 事件用于处理按键（针对 TI 官方的开发板）；AF_DATA_CONFIRM_CMD 事件作为发送数据后的确认；AF_INCOMING_MSG_CMD 是接收到数据后产生的事件，协调器在收到该事件后调用 SAPI_ReceiveDataIndication()函数，将接收到的数据通过 HalUARTWrite()向串口输出；ZDO_STATE_CHANGE 事件和网络状态相关，在此事件中，终端节点或路由节点发送的数据帧为 FF 源节点短地址（16 bit，可调用 NLME_GetShortAddr()函数获得）+父节点短地址（16 bit，可调用 NLME_GetCoordShortAddr()函数获得）+节点编号 ID（8 bit，为 MAC 地址的最低字节，可调用 NLME_GetExtAddr()函数获得，在启动节点前应先用 RF Programmer 将非 0xFFFFFFFFFFFFFFFF 的 MAC 地址写到 CC2530 芯片存放 MAC 地址的寄存器中），协调器不做任何处理，只是等待数据的到来。终端节点和路由节点在用户自定义事件 MY_REPORT_EVT 中发送数据并启动定时器来触发下一次 MY_REPORT_EVT 事件，实现周期性的数据发送（发送数据的周期由宏定义 REPORT_DELAY 确定）。

3.3.1 开发内容：多点自组织网络

本项目实现包含协调器、路由节点和终端节点在内的多点自组织网络。其中协调器负责建立 ZigBee 网络；路由节点和终端节点加入协调器建立的 ZigBee 网络后，周期性地将自己的短地址、父节点的短地址，以及自己的节点 ID 封装成网络信息包发送给协调器；协调器通过串口发送到 PC，利用 TI 公司提供串口监控工具就可以查看节点的组网信息。图 3.13 是多点自组织网络的数据流图。

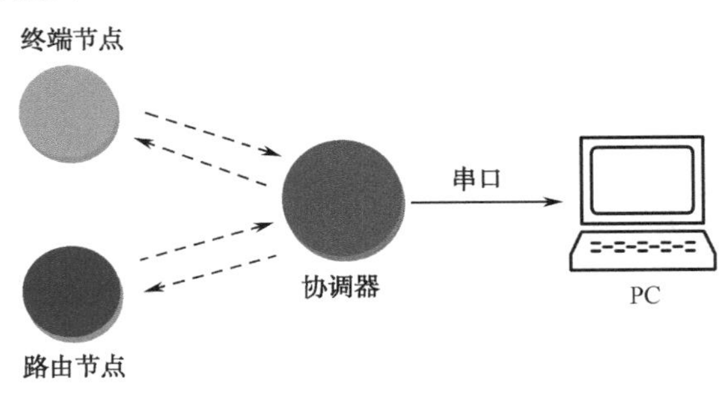

图 3.13　多点自组织网络的数据流图

注：当终端节点与协调器的位置发生变化时，终端节点可能会直接与路由节点相连，并将网络信息包发送给路由节点，再转发到协调器。

在本项目中，设定路由节点、终端节点每隔 10 s 向协调器发送自己的网络信息包，网络信息包的长度为 6 B，其格式如表 3.1 所示。

表 3.1　终端节点和路由节点的网络信息包格式

第 1 字节	第 2 字节	第 3 字节	第 4 字节	第 5 字节	第 6 字节
0xFF	本机网络地址高位	本机网络地址低位	父节点网络地址高位	父节点网络地址低位	设备 ID

下面分别对终端节点、路由节点和协调器的关键代码进行解析。

1. 终端节点和路由节点的关键代码

根据本项目的设计，当终端节点和路由节点加入 ZigBee 网络后，会每隔一段时间上报自己的网络信息，因此终端节点和路由节点的任务事件是一样的。根据 ZStack 协议栈的工作流程，在 MPEndPont.c 或 MPRouter.c 文件中可以看到，ZStack 协议栈成功启动后（协议栈启动后会调用 zb_StartConfirm()函数）设置了一个定时器，在该定时器中触发了自定义的 MY_REPORT_EVT 事件，其中 MY_REPORT_EVT 事件被宏定义为 0x0002。

第一次触发 MY_REPORT_EVT 事件的代码如下：

```
void zb_StartConfirm( uint8 status )
{
    if ( status == ZB_SUCCESS ){                    //ZStack 协议栈启动成功
        myAppState = APP_START;
        HalLedSet( HAL_LED_2, HAL_LED_MODE_ON );
        //设置定时器来触发自定义的 MY_REPORT_EVT 事件
        osal_start_timerEx( sapi_TaskID, MY_REPORT_EVT, REPORT_DELAY );
    } else{                                         //ZStack 协议栈启动失败重新启动
        //Try joining again later with a delay
        osal_start_timerEx( sapi_TaskID, MY_START_EVT, myStartRetryDelay );
    }
}
```

当定时器事件发生时就会触发 MY_REPORT_EVT 事件，触发 MY_REPORT_EVT 事件的函数入口为 MPEndPont.c 或 MPRouter.c 中的 zb_HandleOsalEvent()函数，在该函数中实现了事件处理过程，代码如下：

```
void zb_HandleOsalEvent( uint16 event )
{
    if (event & ZB_ENTRY_EVENT) {                   //ZigBee 入网事件
        ……
    }
    if ( event & MY_START_EVT ){                    //启动 ZStack 协议栈事件
        zb_StartRequest();
    }
    if (event & MY_REPORT_EVT) {                    //处理 MY_REPORT_EVT 事件
        myReportData();
        osal_start_timerEx( sapi_TaskID, MY_REPORT_EVT, REPORT_DELAY );
    }
}
```

通过上述代码可以看到，在处理 MY_REPORT_EVT 事件时调用了 myReportData()函数，然后又设置了一个定时器来触发 MY_REPORT_EVT 事件，这样做的目的是每隔一段时间触发一次 MY_REPORT_EVT 事件。了解 MY_REPORT_EVT 事件周期性触发的原理之后，再来看看 myReportData()函数实现了什么功能。下面是 myReportData()的代码。

```
static void myReportData(void)
{
    byte dat[6];
    uint16 sAddr = NLME_GetShortAddr();                    //读取本地节点的短地址
    uint16 pAddr = NLME_GetCoordShortAddr();               //读取协调器的短地址
    //在上报过程中 LED 闪烁一次
    HalLedSet( HAL_LED_1, HAL_LED_MODE_OFF );
    HalLedSet( HAL_LED_1, HAL_LED_MODE_BLINK );

    //数据封装
    dat[0] = 0xff;
    dat[1] = (sAddr>>8) & 0xff;                            //本地节点的短地址
    dat[2] = sAddr & 0xff;
    dat[3] = (pAddr>>8) & 0xff;                            //父节点的短地址
    dat[4] = pAddr & 0xff;
    dat[5] = MYDEVID;                                      //设备 ID
    //将数据发送给协调器（协调器的地址为 0x0000）
    zb_SendDataRequest(0, ID_CMD_REPORT, 6, dat, 0, AF_ACK_REQUEST, 0 );
}
```

2. 协调器的关键代码

协调器在接收到终端节点和路由节点发送的数据后通过串口发送给 PC。通过 3.2 节的 ZStack 协议栈工程解析可知，协调器在接收到数据之后，最终调用了 zb_ReceiveDataIndication()函数，该函数的代码如下：

```
void zb_ReceiveDataIndication( uint16 source, uint16 command, uint16 len, uint8 *pData   )
{
    char buf[32];
    //接收到数据之后 LED 闪烁 1 次
    HalLedSet( HAL_LED_1, HAL_LED_MODE_OFF );
    HalLedSet( HAL_LED_1, HAL_LED_MODE_BLINK );
    //对接收到的数据进行处理
    if (len==6 && pData[0]==0xff) {
        //将 pData 的数据复制到 buf
        sprintf(buf, "DEVID:%02X SAddr:%02X%02X PAddr:%02X%02X",
        pData[5], pData[1], pData[2], pData[3], pData[4]);
        debug_str(buf);                                    //将数据通过串口发送给 PC
    }
}
```

由于 ZStack 协议栈的运行涉及很多任务，而且也比较复杂，所以本项目将终端节点、路由节点和协调器的流程图进行了简化，简化后的流程如图 3.14 所示。

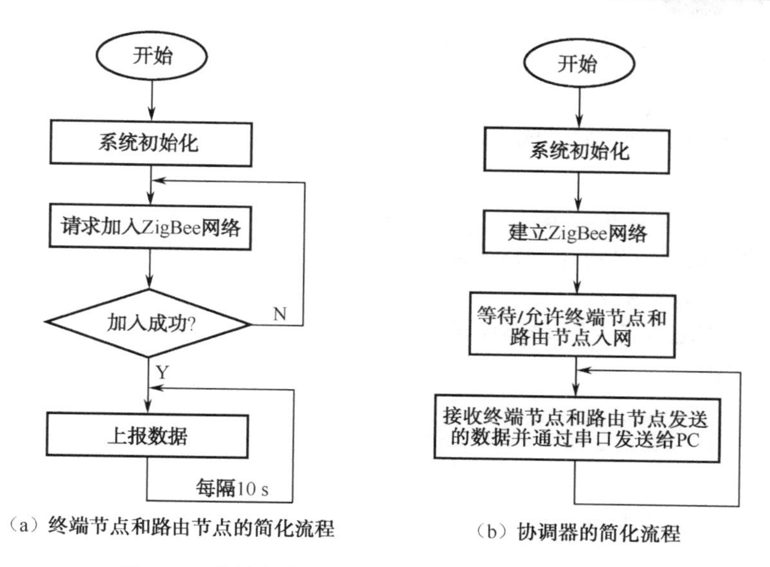

（a）终端节点和路由节点的简化流程　　（b）协调器的简化流程

图 3.14　终端节点、路由节点和协调器的简化流程

3.3.2　开发步骤

（1）确认已安装 ZStack 协议栈。如果没有安装，则需要安装 ZStack 协议栈，安装完后默认生成“C:\Texas Instruments\ZStack-CC2530-2.4.0-1.4.0”文件夹。

（2）准备 2 个 ZigBee 无线节点（节点 A 和 B）以及 1 个协调器，并设置为模式一，如图 3.15 所示。

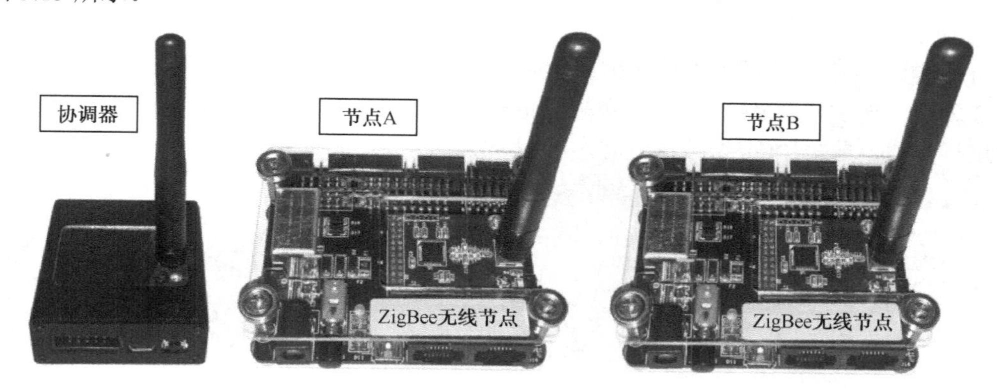

图 3.15　项目开发的硬件

（3）打开本项目的例程，将工程文件复制到“ZStack-CC2530-2.4.0-1.4.0\Projects\zstack\Samples”下，在 IAR 集成开发环境中打开“Networking \CC2530DB\ Networking.eww”。

（4）选择“MPCoordinator”后生成协调器代码，如图 3.16 所示，然后选择“Project→Rebuild All”重新编译工程。

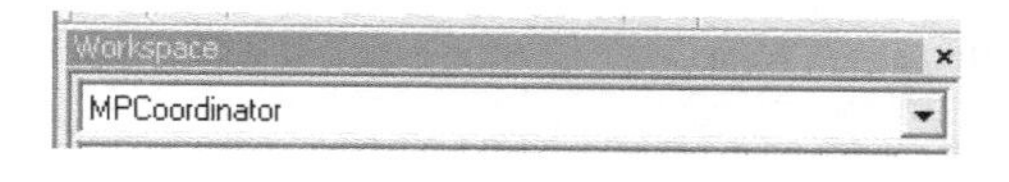

图 3.16　选择“MPCoordinator”

（5）将 CC2530 仿真器连接到协调器，然后选择“Project→Download and debug”将程序下载到此协调器。

（6）选择“MPEndPoint”后生成终端节点代码，如图 3.17 所示，然后选择“Project→Rebuild All”重新编译工程。

（7）将 CC2530 仿真器连接到第 1 个 ZigBee 无线节点（CC2530 节点板）并给 CC2530 节点板上电，然后选择“Project→Download and debug”将程序下载到此节点板。此节点板以下称为终端节点（节点 A）。

（8）选择“MPRouter”后生成路由节点代码，如图 3.18 所示，然后选择“Project→Rebuild All”重新编译工程。

图 3.17　选择“MPEndPoint”

图 3.18　选择“MPRouter”

（9）将 CC2530 仿真器连接到第 2 个 ZigBee 无线节点（CC2530 节点板）并给 CC2530 节点板上电，然后选择“Project→Download and debug”将程序下载到此节点板。此节点板以下称为路由节点（节点 B）。

（10）将协调器与 PC 连接起来。

（11）在 PC 端打开 ZTOOL 程序（“C:\Texas Instruments\ZStack-CC2530-2.4.0-1.4.0\Tools\Z-Tool”），如果提示“运行时”错误，需要安装.NET Framework（注意要以管理员身份运行）。

（12）启动 ZTOOL 后，配置连接的串口设备。选择“Tools→Settings”，在弹出的“Settings”对话框中选择“Serial Devices”标签项（会根据 PC 的硬件实际情况出现 COM 端口），如图 3.19 所示。

（13）配置 PC 与协调器连接的串口，通常为 COM1（需要根据实际连接情况选择）。以 COM3 为例，选中“COM3”，然后单击“Edit”按钮，在弹出的“COM3 Information”对话框中进行配置，单击“OK”按钮返回，如图 3.20 所示。

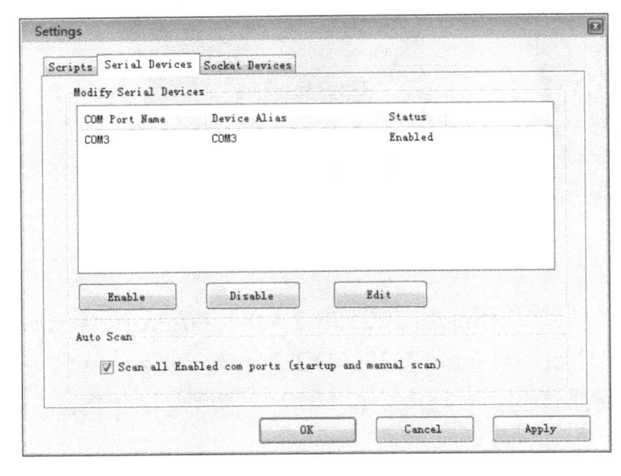

图 3.19　“Settings”对话框

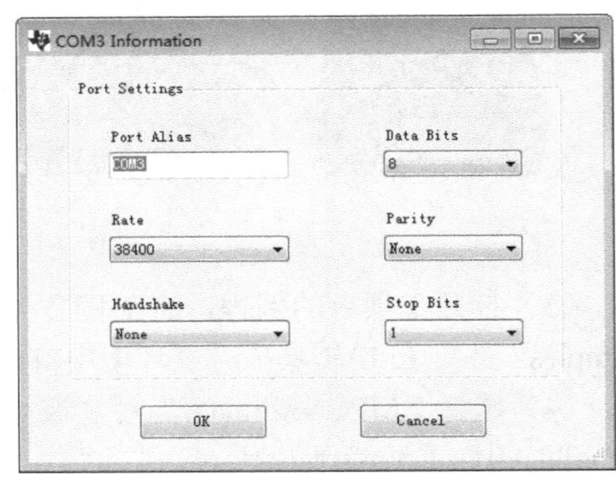

图 3.20　“COM3 Information”对话框

（14）将协调器的电源开关拨到“ON”，此时 LED1（D1）开始闪烁，当正确建立网络后，LED1 会常亮。

（15）当协调器建立网络后，将路由节点和终端节点的电源开关拨向“ON”，此时每个节点的 LED1 都开始闪烁，直到成功加入协调器建立的 ZigBee 网络为止，此时 LED1 常亮。

（16）当收发数据时，协调器和节点的 LED2 会闪烁。

（17）在 ZTOOL 程序界面中选择菜单“Tools→Scan for Devices”，可以查看 3 个节点的数据，如图 3.21 所示。

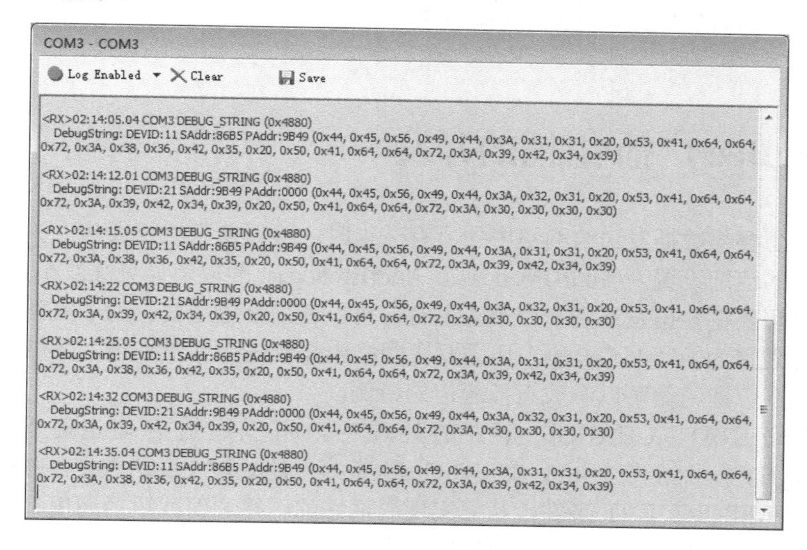

图 3.21　3 个节点的数据

（18）在进行多组实验时，可以先修改 PANID 再编译、烧写程序。修改 PANID 的方法如图 3.22 中的方框所示。

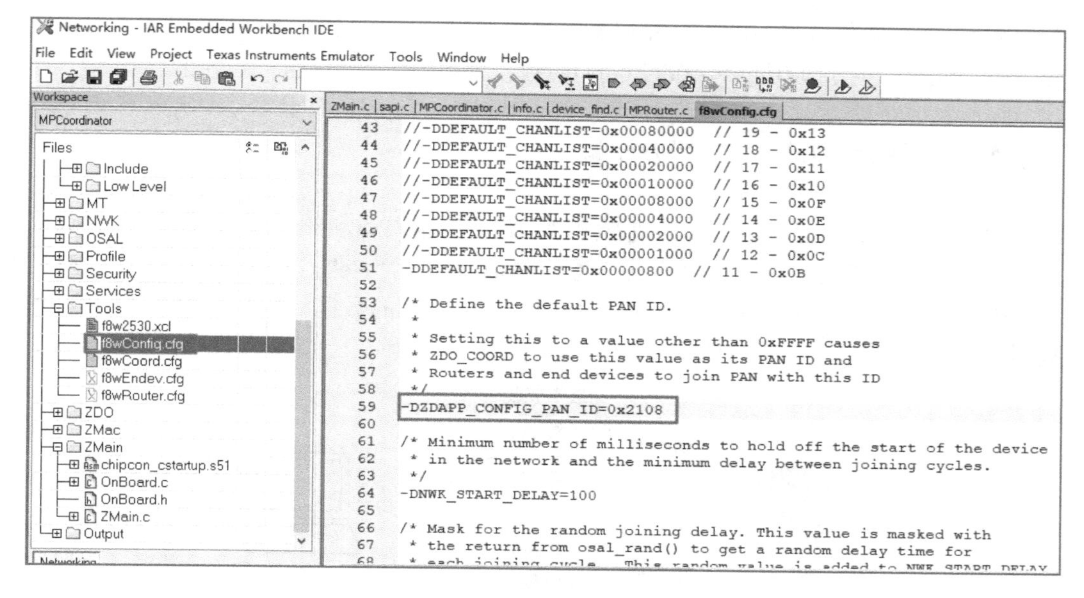

图 3.22　修改 PANID 的方法

3.3.3 开发小结

图 3.21 中有 2 个节点加入了网络，第 1 个节点的 DEVID 是 21，其地址为 9B49，父节点地址是 0000，即协调器；第 2 个节点的 DEVID 是 11，其地址为 86B5，父节点地址是 9B49，即第 1 个节点。读者可以尝试改变节点的位置，然后通过 ZTOOL 程序查看接收到的数据有什么不同。

3.4 ZigBee 广播/组播的开发

当应用层想要将数据发送给网络中的所有节点时，可以使用广播通信。为了实现广播通信，需要将目的地址设置为 AddrBroadcast，AddrBroadcast 的取值详见 2.2 节。

当应用层想要将数据发送到一个节点组时，可以使用组播通信。为了实现组播通信，需要将目的地址设置为 afAddrGroup，还需要在网络中需预先定义节点组，并将目标节点加入定义的节点组。广播通信可以看成组播通信的特例。

在对 ZDO_STATE_CHANGE 事件的处理中，可以通过启动定时器来触发事件 MY_REPORT_EVT，然后在对 MY_REPORT_EVT 事件的处理中发送数据，并再次启动定时器来触发 MY_REPORT_EVT 事件，从而实现周期性的广播通信或组播通信。为了实现组播通信，应当在终端节点或路由节点的程序中定义一个节点组（节点组的组号应与发送数据的目的地址一致）。在 ZStack 协议栈中，节点组是以链表的形式存在的，首先需要定义节点组的头节点，定义语句为“apsGroupItem_t*group_t;”；然后定义一个节点组 group1，定义语句为“aps_Group_t group1;”。在初始化函数中为节点组分配空间（调用 osal_mem_alloc()函数来分配空间），并初始化节点组的组号和组名，最后调用 aps_AddGroup()函数将这个节点组加入应用中。注意，为了使用 aps_AddGroup()函数，程序中应包含 aps_groups.h。

3.4.1 开发内容：广播/组播

本项目的流程是：协调器上电后进行组网操作，终端节点和路由节点上电后进行入网操作，接着协调器周期性地向所有的节点广播/组播数据（如“Hello ZigBee”），节点收到数据后通过串口发送到 PC，最后通过 ZTOOL 程序查看接收到的数据。图 3.23 所示是广播/组播的数据流。

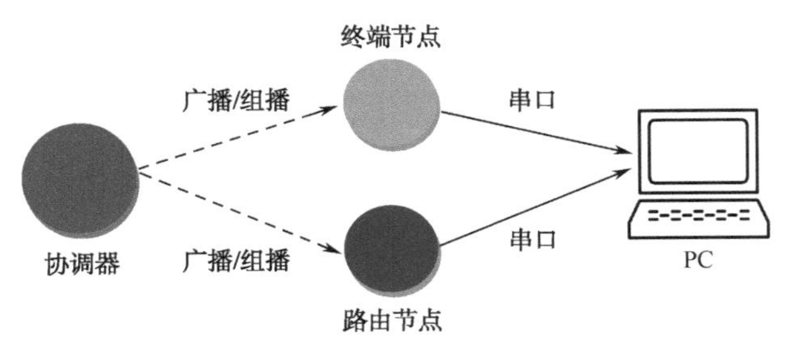

图 3.23 广播/组播的数据流

下面分别对终端节点、路由节点和协调器的关键代码进行解析。

1．终端节点和路由节点的关键代码

根据本项目的设计，先将终端节点和路由节点加入 ZigBee 网络，当接收到协调器发送的数据后就通过串口发送到 PC，因此终端节点和路由节点的任务事件是一样的。

终端节点和路由节点是通过调用 zb_ReceiveDataIndication()函数来接收数据的，该函数的代码如下：

```
void zb_ReceiveDataIndication(uint16 source, uint16 command, uint16 len, uint8 *pData   )
{
    char buf[64];
    //接收到数据后 LED 闪烁 1 次
    HalLedSet( HAL_LED_1, HAL_LED_MODE_OFF );
    HalLedSet( HAL_LED_1, HAL_LED_MODE_BLINK );
    //对接收到的数据进行处理
    if (len > 0) {
        osal_memcpy(buf, pData, len);                //将 pData 的数据复制到 buf
        buf[len] = 0;
        debug_str(buf);                              //将数据通过串口发送给 PC
    }
}
```

2．协调器的关键代码

协调器周期地向终端节点和路由节点广播/组播数据。根据 ZStack 协议栈的工作流程，在 MPCoordinator.c 文件中可以看到，ZStack 协议栈成功启动后（协议栈启动后会调用 zb_StartConfirm()函数）设置了一个定时器，在该定时器中触发了自定义事件 MY_BOCAST_EVT，其中 MY_BOCAST_EVT 事件被宏定义为 0x0002。

第一次触发 MY_BOCAST_EVT 事件的代码如下：

```
void zb_StartConfirm( uint8 status )
{
    //If the device sucessfully started, change state to running
    if ( status == ZB_SUCCESS ) {       //ZStack 协议栈启动成功
        myAppState = APP_START;
        HalLedSet( HAL_LED_2, HAL_LED_MODE_ON );
        //Set event timer to send data
        //设置定时器来触发自定义事件 MY_BOCAST_EVT
         osal_start_timerEx( sapi_TaskID, MY_BOCAST_EVT, REPORT_DELAY );
    } else    {        //ZStack 协议栈启动失败后重新启动
        //Try again later with a delay
        osal_start_timerEx( sapi_TaskID, MY_START_EVT, myStartRetryDelay );
    }
}
```

当定时器事件发生时，就会触发 MY_BOCAST_EVT 事件，触发 MY_BOCAST_EVT 事件的函数入口为 MPCoordinator.c 文件中的 zb_HandleOsalEvent()函数，在该函数中实现了事

件的处理过程，代码如下。

```
void zb_HandleOsalEvent( uint16 event )
{
    if (event & ZB_ENTRY_EVENT) {                    //ZigBee 入网事件
        ……
    }
    if (event & MY_BOCAST_EVT) {                     //触发 MY_BOCAST_EVT 事件
        myReportData();
        osal_start_timerEx( sapi_TaskID, MY_BOCAST_EVT, REPORT_DELAY );
    }
}
```

从上述代码可以看到，当触发 MY_BOCAST_EVT 事件时，系统会调用 myReportData()函数，然后又设置了一个定时器来触发 MY_BOCAST_EVT 事件，这样做的目的是每隔一段时间触发一次 MY_BOCAST_EVT 事件。了解了 MY_BOCAST_EVT 事件周期性触发的原理之后，再来看看 myReportData()函数实现了什么功能，下面是 myReportData()的代码。

```
static void myReportData(void)
{
    byte dat[] = "Hello ZigBee";
    //发送数据时 LED 闪烁一次
    HalLedSet( HAL_LED_1, HAL_LED_MODE_OFF );
    HalLedSet( HAL_LED_1, HAL_LED_MODE_BLINK );

#if defined( GROUP )                                 //组播
    if(afStatus_SUCCESS == AF_DataRequest(&Group_DstAddr, &sapi_epDesc,
                                ID_CMD_REPORT, sizeof dat,dat, 0, AF_ACK_REQUEST, 0))
    {
    } else {
    }
#else                                                //广播
    zb_SendDataRequest(0xffff, ID_CMD_REPORT,sizeof dat, dat,0,AF_ACK_REQUEST, 0);
#endif
}
```

从上述代码可以看出，在 myReportData()函数中，协调器发送数据的方式有广播和组播两种，本项目默认的是广播，当广播数据时，终端节点和路由节点都会收到协调器发送的数据。

如果需要组播数据，则需要配置如下信息：右键单击工程文件中“MPCoordinator”，在弹出的快捷菜单中选择“Options”，接着在弹出的对话框中选择“Category”栏中的“Options→C/C++ Compiler”，在“Preprocessor”标签项中添加“GROUP”宏定义，如图 3.24 所示。对工程文件“MPRouter”和“MPEndPoint”进行相同的处理。

在组播中，为了让终端节点和路由节点中只能一个节点接收到协调器发送的数据，可以通过改变 MPEndPoint.c 或者 MPRouter.c 文件中的 zb_HandleOsalEvent()函数的 Group1.ID 的值来决定哪个节点接收协调器发送的数据，只有当 Group1.ID 的值与 MPCoordinator.c 文件中 Group1.ID 的值相同时才能接收到数据。

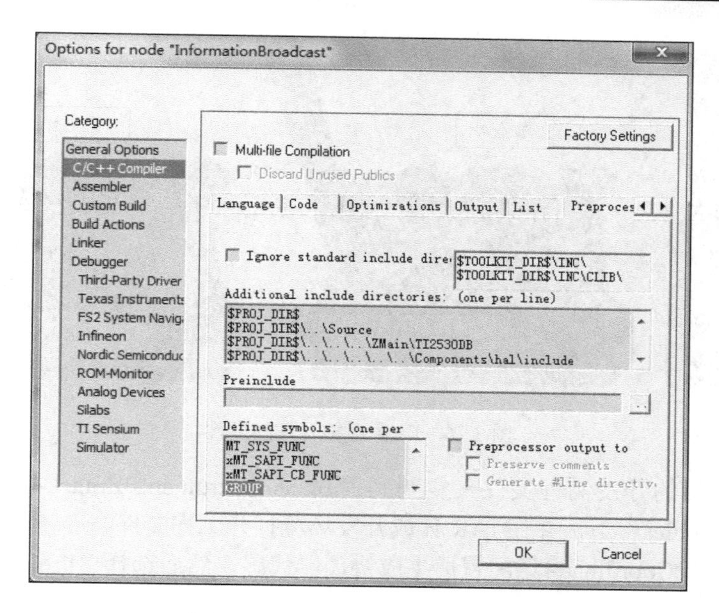

图 3.24　添加“GROUP”宏定义

在本项目中，终端节点、路由节点和协调器的简化流程如图 3.25 所示。

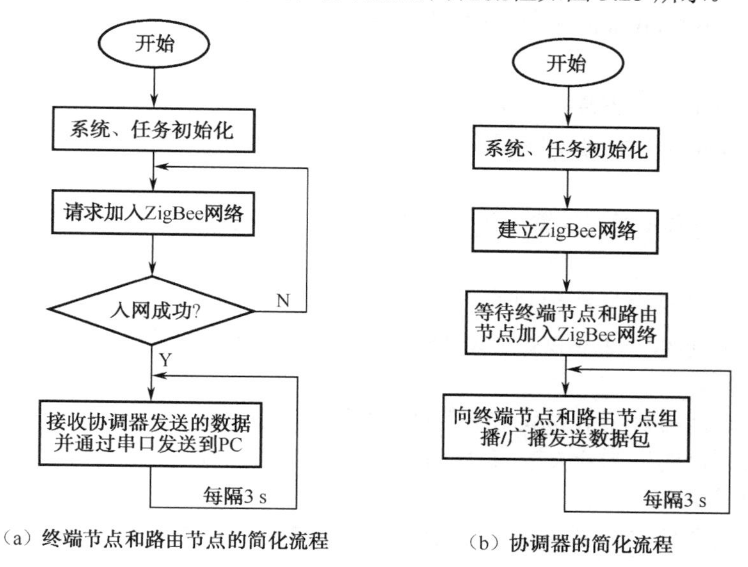

（a）终端节点和路由节点的简化流程　　（b）协调器的简化流程

图 3.25　终端节点、路由节点和协调器的简化流程

3.4.2　开发步骤

（1）确认已安装 ZStack 协议栈。

（2）准备 2 个 ZigBee 无线节点（节点 A、B）和 1 个协调器，并设置为模式一，如图 3.26 所示。

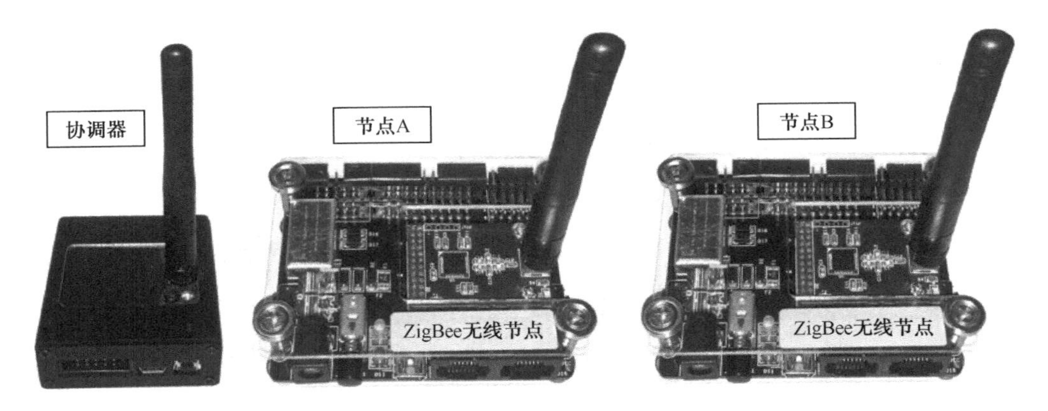

图 3.26　广播/组播开发的硬件

（3）将本项目的开发例程文件夹复制到“Texas Instruments\ZStack-CC2530-2.4.0-1.4.0\Projects\zstack\Samples”下，并在 IAR 集成开发环境打开工程文件。

（4）选择“MPCoordinator”配置后生成协调器代码，然后选择“Project→Rebuild All”重新编译工程。

（5）将 CC2530 仿真器连接到协调器，选择“Project→Download and debug”将程序下载到此节点板。

（6）选择“MPEndPoint”配置后生成终端节点代码，然后选择“Project→Rebuild All”重新编译工程。

（7）将 CC2530 仿真器连接到第 1 个 ZigBee 无线节点（CC2530 节点板），并为该节点板上电，选择“Project→Download and debug”将程序下载到此节点板。此节点板以下称为终端节点（节点 A）。

（8）选择“MPRouter”配置后生成路由节点代码，选择“Project→Rebuild All”重新编译工程。

（9）将 CC2530 仿真器连接到第 2 个 ZigBee 无线节点板（CC2530 节点板），并为该节点板上电，选择“Project→Download and debug”将程序下载到此节点板。此节点板以下称为路由节点（节点 B）。

（10）用串口线将终端节点或路由节点与 PC 连接起来。

（11）将协调器的电源开关拨向“ON”，此时 LED1（D1）开始闪烁，当建立好 ZigBee 网络后，LED1 会常亮。

（12）当协调器建立好 ZigBee 网络后，将终端节点和路由节点的电源开关拨向“ON”，此时每个节点的 LED1 开始闪烁，直到加入协调器建立的 ZigBee 网络为止，LED1 开始常亮。

（13）当进行收发数据时，协调器、终端节点和路由节点的 LED2 会闪烁。

（14）启动 ZTOOL 程序来查看与串口相连节点接收到的数据。用串口线连接协调器和终端节点或路由节点，查看它们接收到的数据，该数据是由协调器发出的，终端节点或路由节点接收到数据后通过串口显示出来。当广播数据时，串口显示的接收数据如图 3.27 所示。

说明：本项目默认的是广播，如果要进行组播，则需要依次在终端节点、路由节点和协调器工程中添加“Group”宏定义，重新编译工程后再按照上述步骤进行即可。

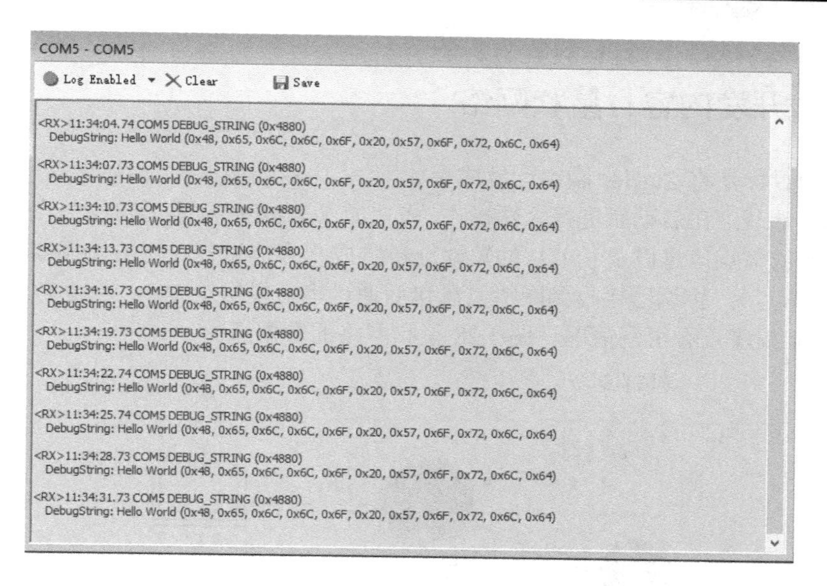

图 3.27　当广播数据时串口显示的接收数据

3.4.3　开发小结

当目的地址设置为广播模式时（假设终端节点和路由节点已成功入网），网络中所有的节点都能接收到协调器广播的数据。当目的地址设置为组播模式时（假设终端节点和路由节点已成功入网），网络中只有处于指定节点组内的节点才能接收到协调器组播的数据。

3.5　ZigBee 星状网络的开发

ZigBee 网络有三种拓扑结构，即星状、树状和网状拓扑结构，这三种网络拓扑结构均可在 ZStack 协议栈中实现。在星状网络中，所有节点只能与协调器直接通信，节点之间是无法直接通信的；在树状网络中，终端节点只能与它的父节点直接通信，路由节点可与它的父节点和子节点直接通信；在网状网络中，全功能节点之间是可以直接通信的。

在 ZStack 协议栈中，通过设置宏定义 STACK_PROFILE_ID 的值（在 nwk_globals.h 文件中定义）先选择不同控制模式（有三种控制模式，分别为 HOME_CONTROLS、GENERIC_STAR 和 NETWORK_SPECIFIC，默认模式为 HOME_CONTROLS），再选择不同的网络模式（NWK_MODE）。由于网络是由协调器组建的，因此只需要修改协调器的程序即可。此外，还可以通过设定数组 CskipRtrs 和 CskipChldrn 的值（在 nwk_globals.c 文件中定义）来进一步控制网络的形式，CskipChldrn 数组的值表示每一级可以加入子节点的最大数目，CskipRtrs 数组的值表示每一级可以加入路由节点的最大数目。例如，在星状网络中，定义“CskipRtrs[MAX_NODE_DEPTH+1]={5,0,0,0,0,0}”，“CskipChldrn[MAX_NODE_DEPTH+1]={10,0,0,0,0,0}”，这表示只有协调器才能允许节点加入，且协调器最多允许 10 个子节点加入，其中最多只能有 5 个路由节点，剩余为终端节点。本项目已通过宏定义（可在工程“Options”中的“Preprocessor”中定义）设定了数组的大小。

3.5.1 开发内容：星状网络

本项目的目标是将 ZigBee 网络配置成星状网络，先启动协调器，由协调器进行组网操作，路由节点和终端节点在启动后进行入网操作，成功加入 ZigBee 网络后路由节点和终端节点周期性地将自己的节点信息以及父节点的短地址封装成网络信息包发送给协调器（也称为汇聚节点或 Sink 节点），协调器接收到网络信息包后通过串口发送给 PC，通过 PC 上的 ZigBee Sensor Monitor 程序查看组网情况。图 3.28 星状网络的数据流。

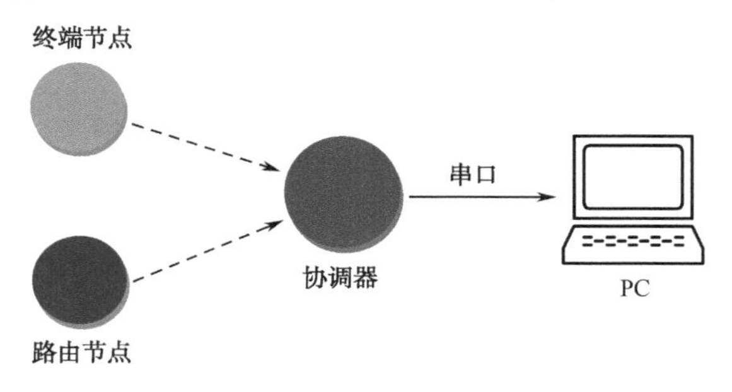

图 3.28 星状网络的数据流

在本项目中，路由节点和终端节点每隔 2 s 向协调器发送自己的网络信息包，下面分别对终端节点、路由节点和协调器的关键代码进行解析。

1．终端节点和路由节点的关键代码

根据本项目的设计，终端节点和路由节点在加入 ZigBee 网络后，每隔一段时间上报自己的网络信息包，因此终端节点和路由节点的任务事件是一样的。由 3.2 节可知，ZStack 协议栈成功启动后设置了一个定时器，当定时器事件发生后就会触发 MY_REPORT_EVT 事件，触发 MY_REPORT_EVT 事件的函数入口为 MPRouter.c 文件（或 MPEndPont.c 文件）中的 zb_HandleOsalEvent()函数，在该函数中实现了事件的处理过程，代码如下：

```
void zb_HandleOsalEvent( uint16 event )
{
    uint8 logicalType;
    if(event & SYS_EVENT_MSG)                                    //系统事件
    {
    }
    if( event & ZB_ENTRY_EVENT ) {                               //ZigBee 入网事件
        //入网成功后 LED 闪烁
        HalLedSet( HAL_LED_2, HAL_LED_MODE_OFF );
        HalLedBlink ( HAL_LED_2, 0, 50, 500 );
        logicalType = ZG_DEVICETYPE_ROUTER;                      //节点类型
        //将数据写入 NV 存储区
        zb_WriteConfiguration(ZCD_NV_LOGICAL_TYPE, sizeof(uint8), &logicalType);
         zb_StartRequest();                           //开启网络设备
    }
```

```
    if ( event & MY_START_EVT )    {
        //启动 ZStack 协议栈事件
        zb_StartRequest();
    }
    if ( event & MY_REPORT_EVT )       {
        //触发 MY_REPORT_EVT 事件
        if (appState == APP_BINDED) {
            //调用函数发送数据
            sendDummyReport();
            //启动定时器，触发 MY_REPORT_EVT 事件
            osal_start_timerEx( sapi_TaskID, MY_REPORT_EVT, myReportPeriod );
        }
    }
    if ( event & MY_FIND_COLLECTOR_EVT )  //触发 MY_FIND_COLLECTOR_EV 事件
    {
        zb_BindDevice( TRUE, DUMMY_REPORT_CMD_ID, (uint8 *)NULL );
    }
}
```

从上述代码可以看到，在处理 MY_REPORT_EVT 事件时调用了 sendDummyReport()函数（MPEndPont.c 文件中的 MY_REPORT_EVT 事件调用的是 sendReport()函数），然后又设置了一个定时器来触发 MY_REPORT_EVT 事件，这样做的目的是每隔一段时间就触发一次 MY_REPORT_EVT 事件。了解了 MY_REPORT_EVT 事件周期性触发的原理之后，再来看看 sendDummyReport()函数实现了什么功能，下面是 sendDummyReport()的代码解析过程。

```
static void sendDummyReport(void)
{
    uint8 pData[SENSOR_REPORT_LENGTH];
    static uint8 reportNr=0;
    uint8 txOptions;
    //上报过程中 LED 闪烁一次
    HalLedSet( HAL_LED_1, HAL_LED_MODE_OFF );
    HalLedSet( HAL_LED_1, HAL_LED_MODE_BLINK );
    //dummy report data
    pData[SENSOR_TEMP_OFFSET] =   0xFF;                    //温度
    pData[SENSOR_VOLTAGE_OFFSET] = 0xFF;                   //电压
    //父节点短地址的高位
    pData[SENSOR_PARENT_OFFSET] =   HI_UINT16(parentShortAddr);
    //父节点短地址的低位
    pData[SENSOR_PARENT_OFFSET+ 1] =   LO_UINT16(parentShortAddr);
    //Set ACK request on each ACK_INTERVAL report
    //If a report failed, set ACK request on next report
    if ( ++reportNr<ACK_REQ_INTERVAL && reportFailureNr==0 ) {
    txOptions = AF_TX_OPTIONS_NONE;
    } else    {
        txOptions = AF_MSG_ACK_REQUEST;
        reportNr = 0;
    }
```

```
    //将数据发送给协调器（协调器的地址为 0xFFFE）
    zb_SendDataRequest(0xFFFE, DUMMY_REPORT_CMD_ID, SENSOR_REPORT_LENGTH,
                        pData, 0, txOptions, 0 );
}
```

2. 协调器的关键代码

协调器在收到终端节点和路由节点发送的数据后通过串口发送给 PC。通过 3.2 节可知，协调器接收到数据之后调用了 zb_ReceiveDataIndication()函数，该函数的代码如下：

```
void zb_ReceiveDataIndication(uint16 source, uint16 command, uint16 len, uint8 *pData    )
{
    //处理数据格式
    gtwData.parent=BUILD_UINT16(pData[SENSOR_PARENT_OFFSET+1], Data[SENSOR_PARENT_OFFSET]);
    gtwData.source=source;
    gtwData.temp=*pData;
    gtwData.voltage=*(pData+1);

    //Flash LED 1 once to indicate data reception
    //接收到数据之后 LED 闪烁 1 次
    HalLedSet( HAL_LED_1, HAL_LED_MODE_OFF );
    HalLedSet( HAL_LED_1, HAL_LED_MODE_BLINK );

    //Send gateway report
    sendGtwReport(&gtwData);                        //发送网关数据
}
```

由于 ZStack 协议栈的运行涉及很多任务，而且也比较复杂，所以本项目将终端节点、路由节点和协调器的流程图进行了简化，简化后的流程如图 3.29 所示。

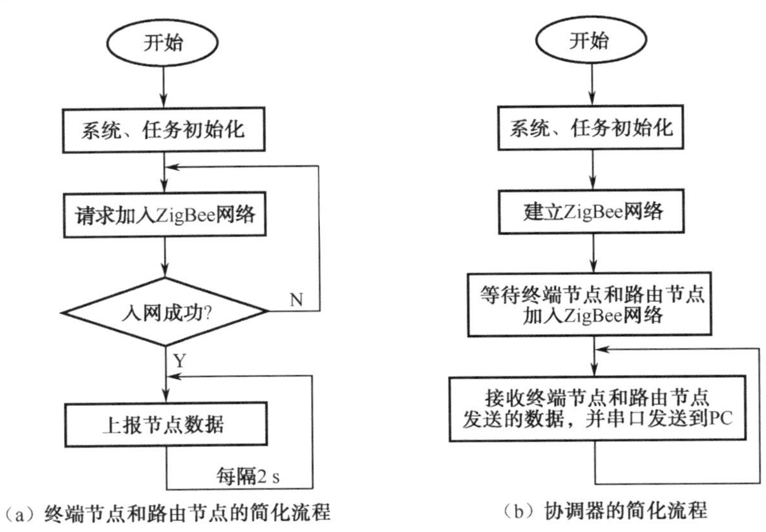

图 3.29　终端节点、路由节点和协调器的简化流程

3.5.2 开发步骤

（1）确认已安装ZStack协议栈。

（2）准备1个协调器和4个ZigBee无线节点（CC2530节点板），其中2个ZigBee无线节点作为路由节点、2个ZigBee无线节点作为终端节点，并设置为模式一，如图3.30所示。

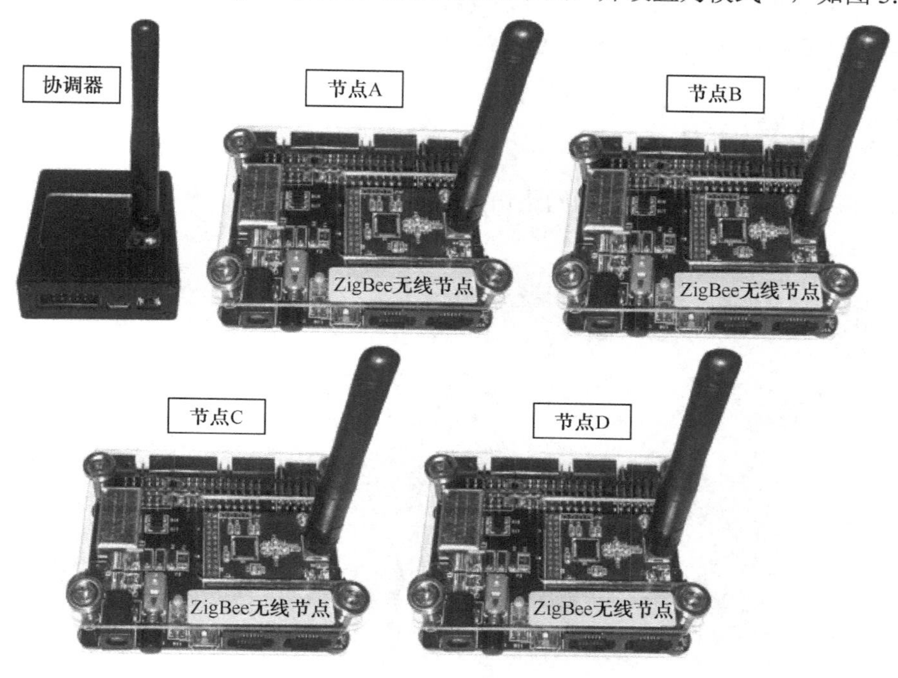

图3.30 星状网络开发的硬件

（3）将本项目工程文件复制到“Texas Instruments\ZStack-CC2530-2.4.0-1.4.0\Projects\zstack\Samples”下，并在IAR集成开发环境中打开工程文件。

（4）选择“MPCoordinator”配置后生成协调器代码，然后选择“Project→Rebuild All”重新编译工程。

（5）将CC2530仿真器连接到协调器，选择“Project→Download and debug”将程序下载到此节点板。

（6）选择“MPEndPoint”配置后生成终端节点代码，然后选择“Project→Rebuild All”重新编译工程。

（7）将CC2530仿真器连接到第1个ZigBee无线节点（CC2530节点板）并给该节点板上电，选择“Project→Download and debug”将程序下载到此节点板。用同样方式将程序下载到第2个ZigBee无线节点中。

（8）选择“MPRouter”配置后生成路由节点代码，然后选择“Project→Rebuild All”重新编译工程。

（9）将CC2530仿真器连接到第3个ZigBee无线节点（CC2530节点板）并给该节点板上电，选择“Project→Download and debug”将程序下载到此节点板。用同样方式将程序下载到第4个ZigBee无线节点中。

（10）用串口线将协调器连接到 PC。

（11）协调器的 LED1（D1）开始闪烁，当建立好 ZigBee 网络后，LED1 会常亮。

（12）在协调器建好 ZigBee 网络后，将 4 个 ZigBee 无线节点的电源开关拨向“ON”，此时每个 ZigBee 无线节点的 LED1 都开始闪烁，加入协调器建立的 ZigBee 网络后，LED1 开始常亮。

（13）当进行数据收发时，协调器和 ZigBee 无线节点的 LED2（D2）会闪烁。

（14）通过 ZigBee Sensor Monitor 查看组网情况。

3.5.3 开发小结

ZigBee Sensor Monitor 中显示的网络拓扑如图 3.31 所示。

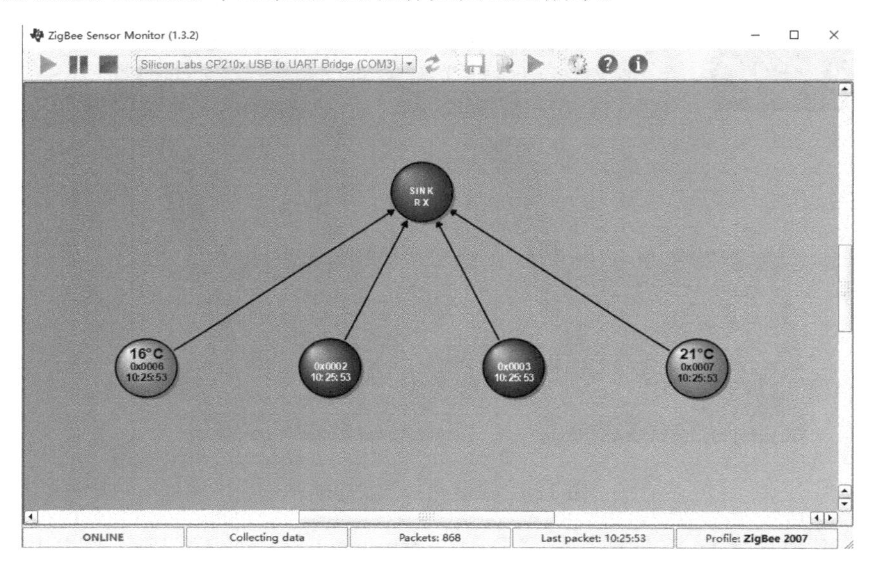

图 3.31 星状网络拓扑结构

3.6 ZStack 协议栈的分析与开发

3.6.1 开发内容：ZStack 协议栈的分析

本项目在协调器、路由节点和终端节点组网成功之后，在网络外添加一个监听节点，用 CC2530 仿真器连接监听节点和 PC。当网络中的节点进行通信时，监听节点就可以监听到网络中的数据，并通过 Packet Sniffer 软件可以对监听到的数据进行分析。图 3.32 所示为 ZStack 协议栈分析与开发项目的数据流。

Packet Sniffer 可用于捕获、滤除和解析 IEEE 802.15.4 MAC 层数据，并能够以二进制的形式存储数据。安装好 Packet Sniffer 之后，在桌面上会生成快捷方式，双击该快捷方式即可进入协议选择界面，如图 3.33 所示，在“Select Protocol and chip type”下拉框中选择“IEEE 802.15.4/ZigBee”，单击“Start”按钮进入 Packet Sniffer 的工作界面，如图 3.34 所示。

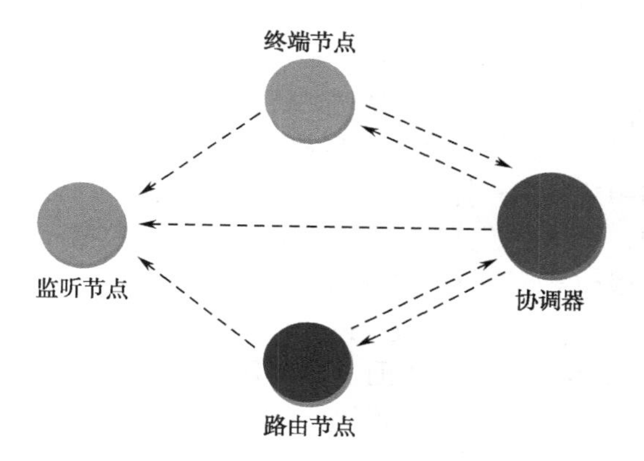

图 3.32 ZStack 协议栈分析与开发项目的数据流

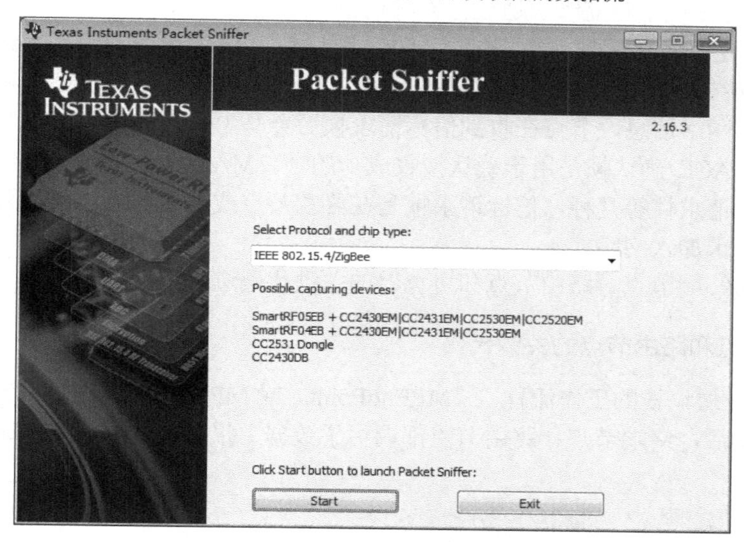

图 3.33 Packet Sniffer 的协议选择界面

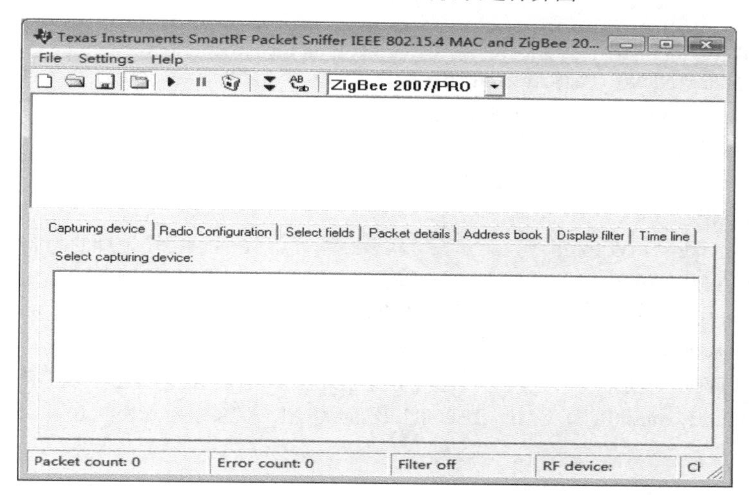

图 3.34 Packet Sniffer 的工作界面

Packet Sniffer 的工作界面有三个菜单，File 用于打开或保存抓取到的数据，Settings 用于进行一些软件设置，Help 用于查看软件信息和用户手册。

菜单栏下面是工具栏，工具栏上有 9 个按钮和 1 个下拉框。从左到右，9 个按钮的功能分别是：清除当前窗口中的数据，打开之前保存的一段数据，保存当前抓取到的数据，显示或隐藏底部的配置窗口，单击之后开始抓取数据，暂停抓取数据，清除抓取数据包开始之前保存的所有数据，禁止或使能滚动条，禁止或使能在显示窗口中显示小字体。下拉框用于选择监听的协议类型，有三个选项，分别是 ZigBee 2003、ZigBee 2006 及 ZigBee 2007/PRO，本项目选择 ZigBee 2007/PRO。工具栏下面的窗口分为两个部分，上半部分窗口为显示窗口，用于显示抓取到的数据，下半部分窗口为配置窗口。

Packet Sniffer 默认选择的信道为 0x0B，如果要监听其他信道的数据，可以在“Radio Configuration”标签项中将监听信道设置为其他值（信道 12～26）。

LR-WPAN 定义了信标帧、数据帧、ACK 确认帧、MAC 命令帧四种帧结构，用于处理 MAC 层之间的控制传输。信标帧的主要作用是实现网络中设备的同步工作和睡眠，包含了一些时序信息和网络信息，节点在收到信标请求帧后会马上广播一条信标帧。数据帧是用于数据传输的帧。ACK 确认帧是用于确认接收成功的帧。MAC 命令帧可分为信标请求帧、连接请求帧、数据请求帧等几种，信标请求帧是在终端节点或路由节点申请加入网络时广播的请求帧，用于请求加入网络。

下面分别对终端节点、路由节点和协调器的关键代码进行解析。

1．终端节点和路由节点的关键代码

根据 ZStack 协议栈的工作流程，在 MPEndPoint.c 或 MPRouter.c 文件中可以看到，ZStack 协议栈成功启动后，终端节点、路由节点都调用了数据上报函数 myReportData()，该函数的代码如下：

```
/*数据上报函数*/
static void myReportData(void)
{
    byte dat[6];
    uint16 sAddr = NLME_GetShortAddr();                       //获取终端节点的网络短地址
    uint16 pAddr = NLME_GetCoordShortAddr();                  //获取协调器的网络短地址
    HalLedSet( HAL_LED_1, HAL_LED_MODE_OFF );                 //关闭 LED1
    HalLedSet( HAL_LED_1, HAL_LED_MODE_BLINK );               //使 LED1 闪烁
    dat[0] = 0xff;
    dat[1] = (sAddr>>8) & 0xff;              //获取终端节点 16 位网络短地址的高 8 位
    dat[2] = sAddr & 0xff;                   //获取终端节点 16 位网络短地址的低 8 位
    dat[3] = (pAddr>>8) & 0xff;              //获取协调器 16 位网络短地址的高 8 位
    dat[4] = pAddr & 0xff;                   //获取协调器 16 位网络短地址的低 8 位
    dat[5] = MYDEVID;                        //设备 ID，终端节点 ID 为 0x21，路由节点 ID 为 0x11
    zb_SendDataRequest(0, ID_CMD_REPORT, 6, dat, 0, AF_ACK_REQUEST, 0);    //发送数据
}
```

2．协调器

协调器在接收到终端节点、路由节点发送的数据后对这些数据进行处理。通过 3.2 节

ZStack 协议栈工程解析可知，协调器接收到数据后调用了 zb_ReceiveDataIndication()函数，该函数的代码如下：

```
void zb_ReceiveDataIndication(uint16 source, uint16 command, uint16 len, uint8 *pData    )
{
    char buf[32];
    HalLedSet( HAL_LED_1, HAL_LED_MODE_OFF );                //关闭 LED1
    HalLedSet( HAL_LED_1, HAL_LED_MODE_BLINK );              //使 LED1 闪烁
    if (len==6 && pData[0]==0xff) {                          //如果数据包标识为 0xff
      sprintf(buf, "DEVID:%02X SAddr:%02X%02X PAddr:%02X%02X",pData[5], pData[1],
              pData[2], pData[3], pData[4]);                 //将接收到的数据 pData 存入 buf
      debug_str(buf);                                        //在调试中分析数据
    }
}
```

由于 ZStack 协议栈的运行涉及很多任务，而且也比较复杂，所以本项目对终端节点、路由节点和协调器的流程进行了简化，简化后的流程如图 3.35 所示。

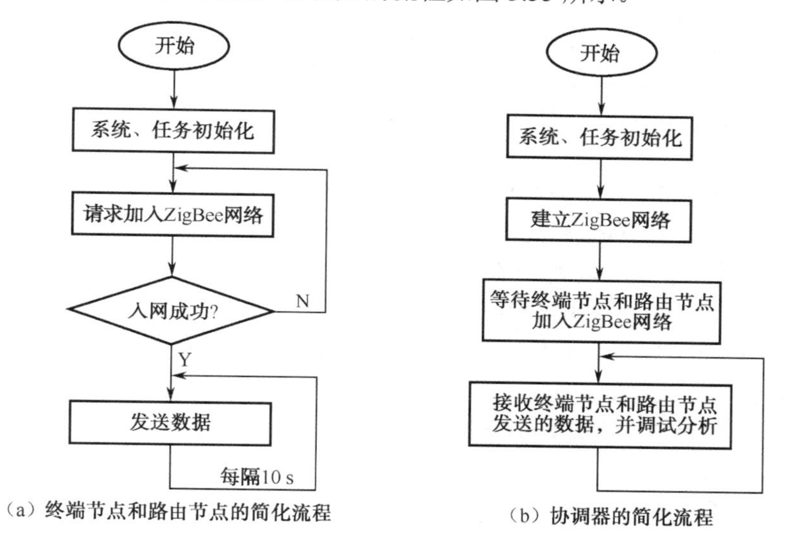

（a）终端节点和路由节点的简化流程　　（b）协调器的简化流程

图 3.35　终端节点、路由节点和协调器的简化流程

3.6.2　开发步骤

（1）确认已安装 ZStack 协议栈。

（2）准备 1 个协调器和 2 个 ZigBee 无线节点（CC2530 节点板），一个 ZigBee 无线节点作为路由节点，另一个 ZigBee 无线节点作为终端节点（设置为模式一）。ZStack 协议栈的分析与开发项目的硬件如图 3.36 所示。

（3）将本项目的工程文件复制到“Texas Instruments\ZStack-CC2530-2.4.0-1.4.0\Projects\zstack\Samples”下，并在 IAR 集成开发环境中打开工程文件。

（4）选择“MPCoordinator”配置后生成协调器代码，然后选择“Project→Rebuild All”重新编译工程。

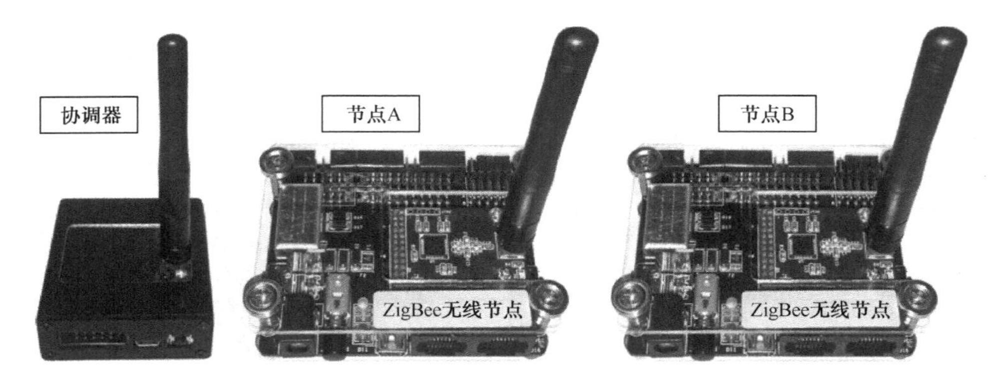

图 3.36　ZStack 协议栈的分析与开发项目的硬件

（5）将 CC2530 仿真器连接到协调器，选择“Project→Download and debug”将程序下载到协调器。

（6）选择“MPEndPoint”配置后生成终端节点代码，然后选择“Project→Rebuild All”重新编译工程。

（7）将 CC2530 仿真器连接到第 1 个 ZigBee 无线节点（CC2530 节点板），并为该节点板上电，选择“Project→Download and debug”将程序下载到此节点板。

（8）选择“MPRouter”配置后生成路由节点代码，然后选择“Project→Rebuild All”重新编译工程。

（9）将 CC2530 仿真器连接到第 2 个 ZigBee 无线节点（CC2530 节点板），并为该节点板上电，选择“Project→Download and debug”将程序下载到此节点板。

（10）将 CC2530 仿真器与协调器连接起来。

（11）为协调器上电，然后按下 CC2530 仿真器上的复位按键。

（12）打开 Packet Sniffer 软件，接下来在启动后的协议选择界面中按默认配置，然后单击“Start”按钮。

（13）协议栈选择“ZigBee 2007/PRO”，如图 3.37 所示。

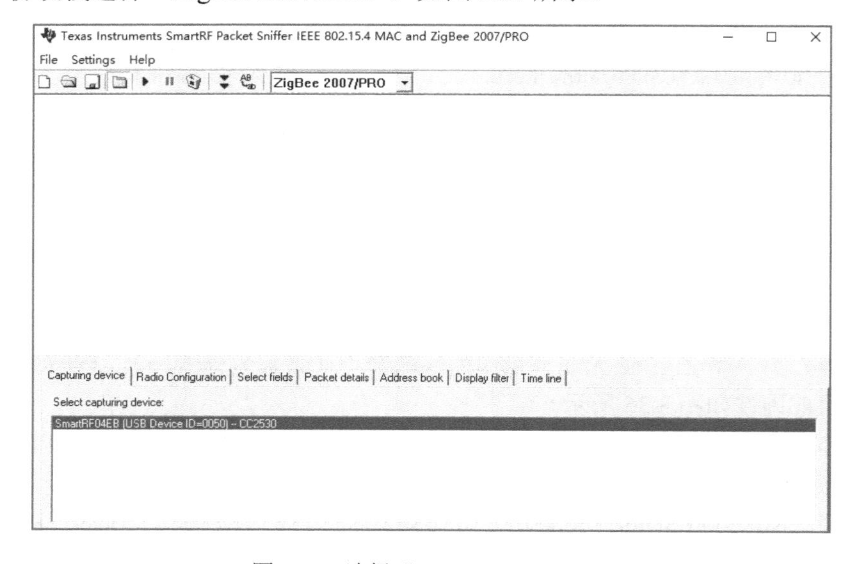

图 3.37　选择“ZigBee 2007/PRO”

（14）协调器 LED1（D1）开始闪烁，当建立好 ZigBee 网络后，LED1 会常亮。

（15）当协调器建好 ZigBee 网络后，将 ZigBee 无线节点的电源开关拨向“ON”，此时 ZigBee 无线节点的 LED1 开始闪烁，直到加入协调器建立的 ZigBee 网络后，LED1 开始常亮。

（16）当进行收发数据时，协调器和 ZigBee 无线节点的 LED2 会闪烁。

（17）单击 Packet Sniffer 工具栏中的“▸”按钮，可以查看 Packet Sniffer 抓取到的数据并进行分析。

3.6.3　开发小结

Packet Sniffer 抓取到的数据如图 3.38 所示。

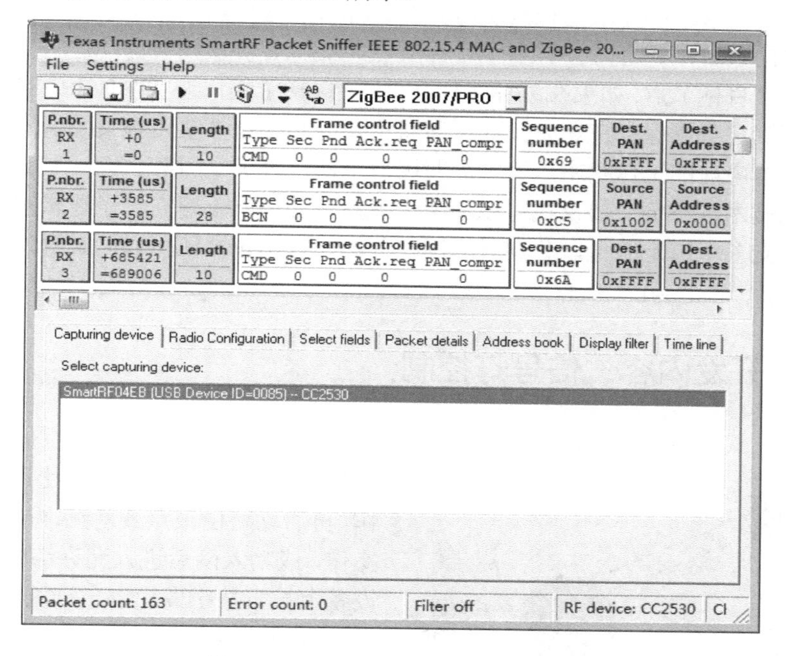

图 3.38　Packet Sniffer 抓取到的数据

下面以图 3.39 所示的数据为例进行分析。

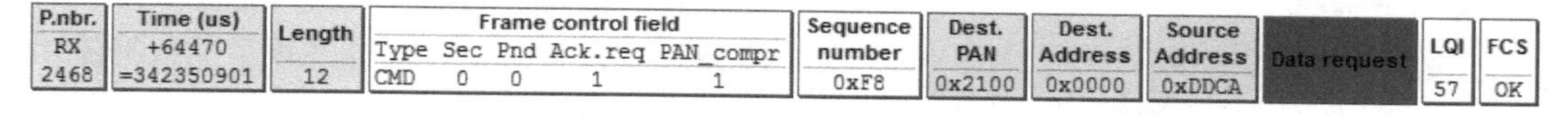

图 3.39　Packet Sniffer 抓取到的某个具体数据分析

- P.nbr.：RX 表示接收，2468 为接收到的数据编号。
- Time：+64470 表示距离上一次抓取数据的时间；=342350901 表示距离开始监听的时间。
- Length：数据长度。
- Frame control field：帧控制域，CMD 表示 MAC 命令帧。
- Sequence number：序号。
- Dest.PAN：目的 PANID。
- Dest.Address：目的地址。

- Source Address：源地址。
- Data request：表示 MAC 命令帧为数据请求帧。
- LQI：接收到的数据（帧）的能量与质量。
- FCS：校验。

3.7 ZStack 协议栈绑定技术的开发

如果在 ZStack 协议栈中对节点进行了绑定，则源节点可向目标节点发送数据，无须再通过 zb_SendDataRequest()函数来指定目标节点的地址，ZStack 协议栈将会根据发送数据的命令标识符，通过自身的绑定表查找到所对应的目标节点地址。

在绑定表的条目中，有时会有多个目标节点，ZStack 协议栈会自动地重复发送数据到绑定表指定的各个目标节点。如果在编译目标文件时，选择了编译选项“NV_RESTORE”，ZStack 协议栈则会把绑定条目保存在非易失性存储器里，因此在意外重启等突发情况发生时，系统能自动恢复到掉电前的工作状态，而不需要用户重新设置绑定服务。

通过绑定技术，ZStack 协议栈可以使两个节点在应用层上建立一条逻辑链路；也可以在一个节点上建立多个绑定服务，分别对应不同种类的数据包；还可以同时绑定多个目标节点（一对多绑定）。

3.7.1 开发内容：信号灯控制

本项目的目标是实现 ZStack 协议栈的绑定技术，先启动协调器，由协调器进行组网操作，再启动路由节点或者终端节点并进行入网操作，成功入网后进入允许绑定模式，在开关设备上按下按键发出绑定请求，使该开关设备绑定到管理设备上（处于绑定模式下）。当开关设备绑定成功时，开关设备上的 LED 点亮。开关设备上的按键被按下时将发送切换命令，切换管理设备上的 LED 状态。图 3.40 所示为 ZStack 协议栈绑定技术开发项目的数据流。

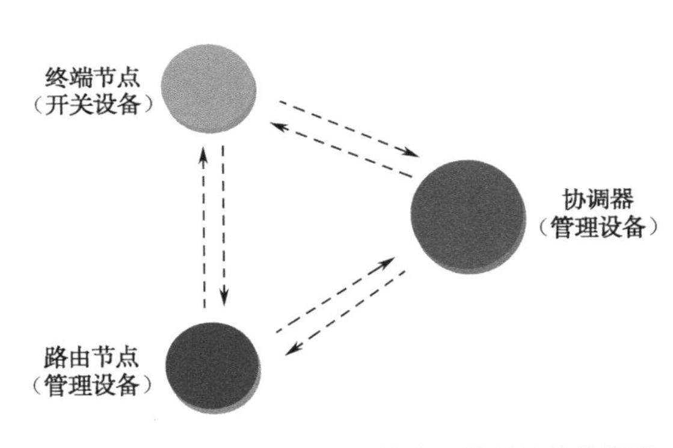

图 3.40 ZStack 协议栈绑定技术开发项目的数据流

在设置绑定服务时，有两种机制可供选择：如果目标节点的扩展地址（64 位地址）已知，则可通过 zb_BindDeviceRequest()函数建立绑定条目；如果目标节点的扩展地址未知，则可实施一个按键策略实现绑定，这时目标节点将首先进入一个允许绑定的状态，并通过 zb_AllowBindResponse()函数对绑定请求做出响应，然后在源节点中执行 zb_BindDeviceRequest()函数（目标地址设为无效）实现绑定。

此外，使用节点外部的委托工具（通常是协调器）也可实现绑定服务。注意，绑定服务只能在“互补”节点之间建立。这里的“互补”节点是指在两个节点的简单描述结构体（Simple Descriptor Structure）中注册了相同的命令标识符（command_id）并且方向相反（一个是输出指令 output，另一个是输入指令 input）。

下面结合本项目的设计，分别对终端节点、路由节点和协调器的关键代码进行解析。

1．终端节点（开关设备）的关键代码

根据 ZStack 协议栈的工作流程可知，在 Switch.c 中文件可以看到，ZStack 协议栈成功启动后终端节点在 zb_HandleKeys()函数中分别对按键 K1 和 K2 被按下事件进行了处理，代码如下：

```
/*按键被按下事件处理*/
if ( keys & HAL_KEY_SW_1 )                                          //如果按下按键 K1
{
    if ( myAppState == APP_START )    {                             //如果节点已入网
        zb_BindDevice(TRUE, TOGGLE_LIGHT_CMD_ID, NULL);            //发送绑定请求
    }
}
if ( keys & HAL_KEY_SW_2 )      {
    //如果按下按键 K2
    if ( myAppState == APP_START ) {                                //如果节点已入网
        //发送切换 LED 状态的切换命令，其中目标地址 0xFFFE 为无效值
        zb_SendDataRequest(0xFFFE, TOGGLE_LIGHT_CMD_ID, 0, (uint8 *)NULL, myAppSeqNumber, 0, 0 );
    }
}
```

如果绑定成功，则 ZStack 协议栈会自动回调 zb_BindConfirm()函数，其代码如下：

```
/*绑定成功回调函数*/
void zb_BindConfirm( uint16 commandId, uint8 status )
{
    //如果绑定成功且节点已入网
    if ( ( status == ZB_SUCCESS ) && ( myAppState == APP_START ) )
    {
        //点亮 LED1
        HalLedSet( HAL_LED_1, HAL_LED_MODE_ON );
    }
}
```

2．协调器和路由节点（管理设备）的关键代码

根据 ZStack 协议栈的工作流程，在 Controller.c 文件中可以看到，ZStack 协议栈成功启动后协调器和路由节点在 zb_HandleKeys()函数中对按键 K1 被按下事件进行处理，代码如下：

```
/*按键 K1 被按下事件处理*/
if ( keys & HAL_KEY_SW_1 )                                   //如果按下按键 K1
{
    if ( myAppState == APP_START    )                        //如果节点已入网
    {
        //允许绑定，其中参数为允许绑定的超时时间
        zb_AllowBind( myAllowBindTimeout );
```

```
        }
    }
```

管理设备对开关设备发送的命令进行处理。通过 3.2 节的 ZStack 协议栈工程解析可知，管理设备接收到命令后调用了 zb_ReceiveDataIndication()函数，该函数的代码如下：

```
void zb_ReceiveDataIndication( uint16 source, uint16 command, uint16 len, uint8 *pData    )
{
    if (command == TOGGLE_LIGHT_CMD_ID)  //如果接收到的命令为 TOGGLE_LIGHT_CMD_ID
    {
        //切换 LED1 的状态
        HalLedSet(HAL_LED_1, HAL_LED_MODE_TOGGLE);
    }
}
```

由于 ZStack 协议栈的运行涉及很多任务，而且也比较复杂，所以本项目对终端节点、路由节点和协调器的流程进行了简化，简化后的流程如图 3.41 所示。

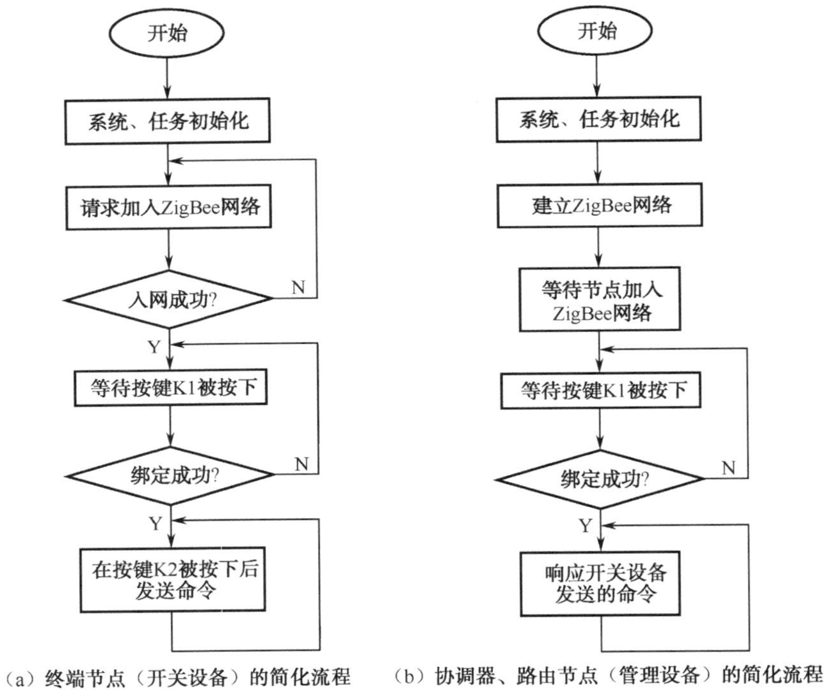

（a）终端节点（开关设备）的简化流程　（b）协调器、路由节点（管理设备）的简化流程

图 3.41　终端节点、协调器和路由节点的简化流程

3.7.2　开发步骤

（1）确认已安装 ZStack 协议栈。

（2）准备 1 个协调器和 2 个 ZigBee 无线节点（CC2530 节点板），一个 ZigBee 无线节点作为路由节点，另一个 ZigBee 无线节点作为终端节点（设置为模式一）。终端节点作为开关设备，协调器和路由节点作为管理设备。ZStack 协议栈绑定技术的开发项目的硬件如图 3.42 所示。

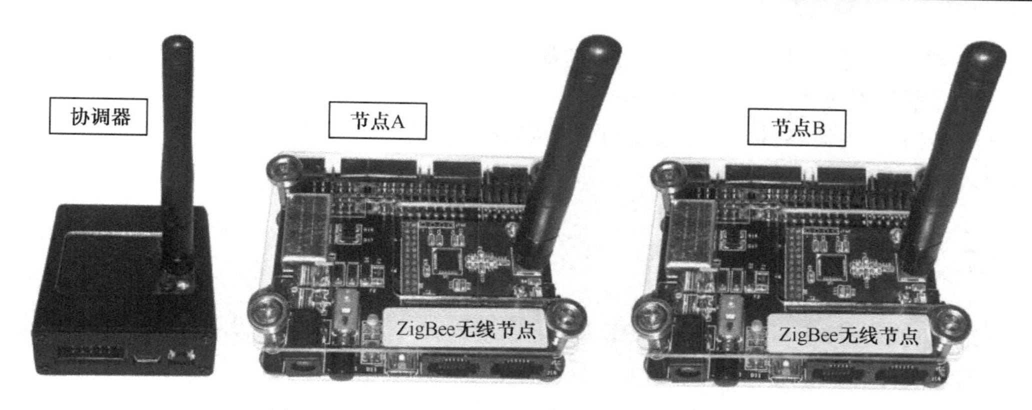

图 3.42　ZStack 协议栈绑定技术的开发项目的硬件

（3）将本项目工程文件复制到“Texas Instruments\ZStack-CC2530-2.4.0-1.4.0\Projects\zstack\Samples”下，并在 IAR 集成开发环境中打开工程文件。

（4）选择“ControllerEB-Coordinator”配置后生成协调器代码，如图 3.43 所示，然后选择“Project→Rebuild All”重新编译工程。

图 3.43　选择“ControllerEB-Coordinator”

（5）将 CC2530 仿真器连接到协调器，选择“Project→Download and debug”将程序下载到协调器。

（6）选择“SwitchEB”配置后生成终端节点代码，如图 3.44 所示，然后选择“Project→Rebuild All”重新编译工程。

图 3.44　选择“SwitchEB”

（7）将 CC2530 仿真器连接到第 1 个 ZigBee 无线节点（CC2530 节点板）并为该节点板上电，选择“Project→Download and debug”将程序下载到此节点板。

（8）选择“ControllerEB-Router”配置后生成路由节点代码，如图 3.45 所示，然后选择“Project→Rebuild All”重新编译工程。

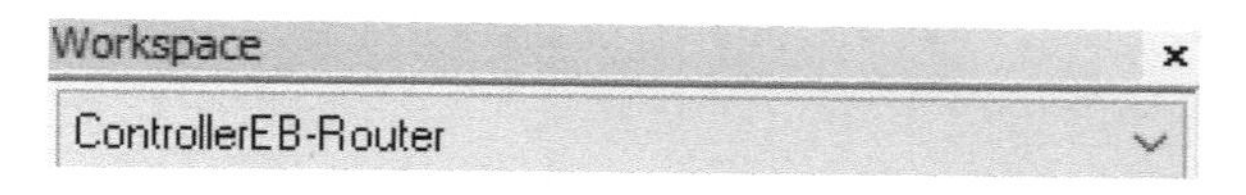

图 3.45　选择“ControllerEB-Router”

（9）建立绑定。可以在协调器和终端节点之间建立绑定，也可以在路由节点和终端节点之间建立绑定。绑定方法是：管理设备和开关设备成功启动后 LED 常亮，此时按下按键 K1 允许绑定，10 s 内按下按键 K2 后发出绑定请求进行绑定，绑定成功后，开关设备上的 LED 常亮。

（10）绑定之后就可以在建立绑定的设备之间发送命令，按下开关设备的按键 K2 发送命令，可以观察管理设备 LED 的状态变化。

（11）按下开关设备的 Reset 按键可以解除开关设备的所有绑定，读者可以按照步骤（9）和（10）重新绑定和传输命令。

3.7.3 开发小结

绑定成功后，按下开关设备的按键 K2 可以发送命令，观察管理设备 LED 在亮和灭之间变化。通过绑定技术，节点之间可以在不知道对方地址的情况下实现数据的传输。

第4章 ZigBee基础应用开发

本章通过智慧仓库系统的设计与实现，详细介绍 ZigBee 基础应用开发框架、ZigBee 采集类程序接口、ZigBee 控制类程序接口、ZigBee 安防类程序接口。通过本章的学习，读者可以设计智慧仓库系统的一些基本应用场景。

4.1 ZigBee 基础应用开发框架

本节主要介绍 ZigBee 基础应用开发框架，通过智慧仓库系统来介绍节点程序的开发。

4.1.1 开发目标

本节的开发目标是帮助读者理解 ZStack 协议栈的工作原理、SAPI 框架的关键函数接口，学习和掌握 SAPI 框架的使用方法，使读者能够基于 ZigBee 基础应用开发框架快速地进行 ZigBee 的开发。

4.1.2 原理学习

1. SAPI 框架函数接口分析

1）SAPI 框架任务事件处理

TI 公司在提供 ZStack 协议栈的同时还提供了多个 ZStack 协议栈的示例，通过这些示例可以初步了解 ZStack 协议栈的使用，可以快速实现 ZigBee 的开发。

ZStack 协议栈提供了通用软件模板（GenericApp）、样例软件模板（SampleApp）、简单软件模板（SimpleApp）和协议栈工程模板（Template）。其中最为常用的是 SimpleApp，该模板是基于 SAPI 框架开发的，提供了控制节点（SimpleControllerED）、汇聚节点（SimpleCollectorED）、传感器节点（SimpleSensorED）和开关节点（SimpleSwitchED）的通用示例。Template 是基于 SimpleApp 开发的协议栈工程模板，实现了传感器驱动层和 SAPI 框架应用层的分离，让程序结构变得更加清晰。

Template 项目例程如图 4.1 所示，对用户而言，了解 sapi.c 和 sapi.h 中的关键函数，以及

AppCommon.c 中 API 的使用方法是学习 ZStakc 协议栈和 SAPI 框架的重点。

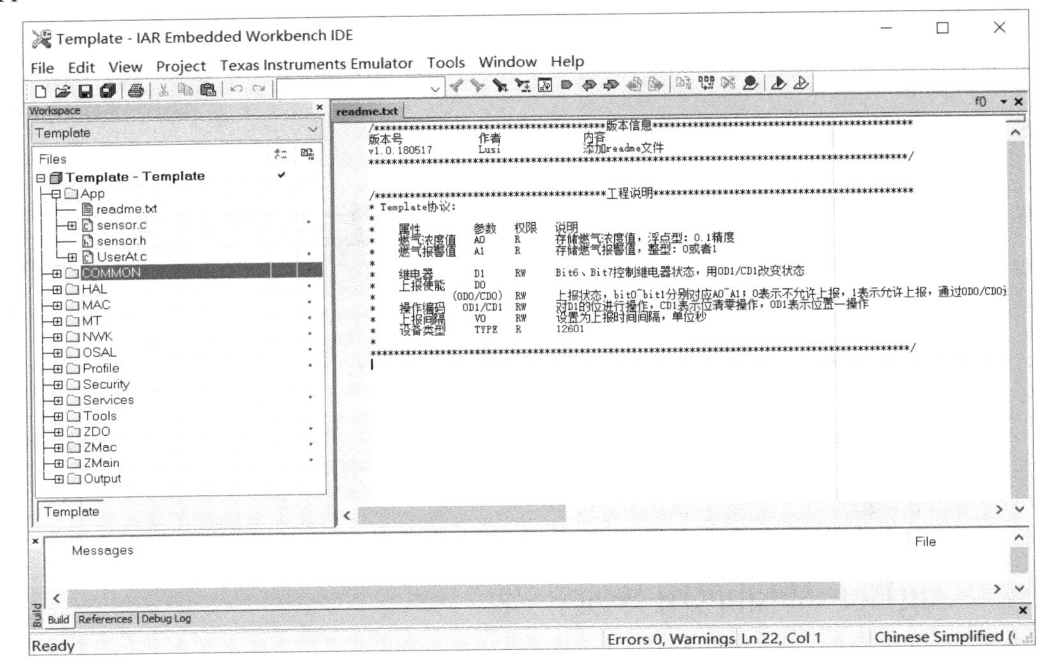

图 4.1　Template 项目例程

下面分析 SAPI 框架中的关键代码和函数。

在 SAPI 框架下，事件的处理是在 SAPI_ProcessEvent()函数中完成的，在该函数中完成了消息队列、绑定、组网、重启等事件的处理，这些事件都是用于配置和处理系统信息的事件，均由系统自主完成，在开发和应用中无须关注这些事件，需要关注的是用户任务初始化的进入事件和系统循环处理用户任务的事件。SAPI_ProcessEvent()函数的关键代码如下：

```
UINT16 SAPI_ProcessEvent( byte task_id, UINT16 events )
{
    osal_event_hdr_t *pMsg;                         //定义消息队列指针
    afIncomingMSGPacket_t *pMSGpkt;                 //定义一个指向接收消息结构体的指针
    afDataConfirm_t *pDataConfirm;                  //定义一个指向发送数据包的指针

    if ( events & SYS_EVENT_MSG )                                   //处理系统事件
    {
        pMsg = (osal_event_hdr_t *) osal_msg_receive( task_id );    //获取消息队列
        ......                                                      //在此处处理系统消息
        return (events ^ SYS_EVENT_MSG);                            //返回未完成的任务事件
    }

    if ( events & ZB_ALLOW_BIND_TIMER )                             //处理系统允许定时绑定事件
    {
        ......                                                      //处理允许绑定内容
        return (events ^ ZB_ALLOW_BIND_TIMER);                      //返回未完成的任务事件
```

```
        }
        if ( events & ZB_BIND_TIMER )                              //处理系统定时绑定
        {
            ......                                                 //处理绑定内容
            return (events ^ ZB_BIND_TIMER);
        }
        if ( events & ZB_ENTRY_EVENT )                             //处理 ZigBee 进入事件
        {
            uint8 startOptions;

            //指示设备启动的应用
            #if ( SAPI_CB_FUNC )
            zb_HandleOsalEvent( ZB_ENTRY_EVENT );                  //处理 ZigBee 初始化事件
            #endif
            HalLedSet (HAL_LED_4, HAL_LED_MODE_OFF);               //熄灭指示灯

            ......                                                 //处理系统配置更新
            return (events ^ ZB_ENTRY_EVENT );
        }

        if ( events & ZB_USER_EVENTS )               //循环处理用户任务事件（通常优先级最低）
        {
            //用户事件被传送给系统应用程序
            #if ( SAPI_CB_FUNC )
            zb_HandleOsalEvent( events );            //处理 ZigBee 初始化事件
            #endif
        }
        return 0;                                    //丢弃未知事件
    }
```

虽然上述代码中的事件较多，但用户只需要重点了解 ZB_ENTRY_EVENT 和 ZB_USER_EVENTS 事件即可。ZB_ENTRY_EVENT 事件通常只在系统配置参数改变时才会被触发，当系统配置参数完成后则不再触发该事件，因此传感器设备的初始化以及用户任务初始化均在该事件下处理。ZB_USER_EVENTS 事件用来处理用户自定义事件，如果在 ZB_USER_EVENTS 事件中重新定义了事件的系统触发时间，则只要系统时间到达时就会触发 ZB_USER_EVENTS 事件，从而处理用户自定义事件。

ZB_ENTRY_EVENT 事件和 ZB_USER_EVENTS 事件处理过程都调用了 zb_HandleOsalEvent()函数，该函数是在 SAPI 框架应用程序接口的基础上实现的。

2）SAPI 框架关键函数解析

SAPI 框架提供了多个函数，涵盖了系统重启、设备入网、设备查询、绑定、事件处理和数据收发等。在实际开发和应用中只需要关注关键的几个函数即可。

（1）SAPI 框架的事件处理函数。SAPI 框架的事件处理函数如表 4.1 所示。

表 4.1　SAPI 框架的事件处理函数

函　　数	说　　明
函数原型	void zb_HandleOsalEvent(uint16 event)
参数	event：需要被执行事件的掩码
返回值	无返回值
功能	当一个事件被触发时，系统将调用此函数处理

在 ZStack 协议栈初始化并启动事件循环后，最终会调用 zb_HandleOsalEvent()函数来处理事件，主要处理 ZB_ENTRY_EVENT 事件和 ZB_USER_EVENTS 事件（0x0001～0x000F）。ZB_ENTRY_EVENT 事件主要完成节点类型初始化及传感器初始化（通过 sensor.c 文件中的 sensorInit()函数实现）。ZB_USER_EVENTS 事件通过 sensor.c 文件中的 MyEventProcess()函数来处理用户事件，如触发传感器进行数据的循环上报。

```
/*********************************************************************************
* 名　称：zb_HandleOsalEvent()
* 功　能：SAPI 框架的事件处理函数，当事件被触发时调用这个函数
* 参　数：event 表示产生的任务事件
*********************************************************************************/
void zb_HandleOsalEvent( uint16 event )
{
    if (event & ZB_ENTRY_EVENT) {
        ……
        //节点类型初始化
        //传感器初始化
        sensorInit();
    }
    //触发用户自定义事件
    if (event & 0x000F) {
        //处理用户事件
        MyEventProcess( event );
    }
}
```

（2）ZigBee 无线节点入网函数。ZigBee 无线节点入网函数如表 4.2 所示。

表 4.2　ZigBee 无线节点入网函数

函　　数	说　　明
函数原型	void zb_StartConfirm(uint8 status)
参数	status：启动完成后的状态
返回值	无返回值
功能	当 ZStack 协议栈启动完成后，调用这个函数

ZStack 协议栈在节点入网成功后会调用 zb_StartConfirm()函数进行入网状态的确认，当入网成功后，程序会调用 sensor.c 文件中的 sensorLinkOn()函数发送入网成功通知。

```
/*********************************************************************************
* 名　称：zb_StartConfirm()
* 功　能：当 ZStack 协议栈启动完成后，调用这个函数
* 参　数：status_启动完成后的状态
*********************************************************************************/
void zb_StartConfirm( uint8 status )
{
    if ( status == ZB_SUCCESS )                                    //入网成功
    {
        printf("AppCommon->zb_StartConfirm(): Join ZigBee Net Success!\r\n");
        HalLedSet( HAL_LED_2, HAL_LED_MODE_ON );
        mLinkStatus = 1;
        //入网成功后调用
        sensorLinkOn();
    }else{
    }
}
```

（3）ZigBee 数据发送请求函数。ZigBee 数据发送请求函数如表 4.3 所示。

表 4.3　ZigBee 数据发送请求函数

函　数	说　明
函数原型	void zb_SendDataRequest (uint16 destination, uint16 commandId, int8 len, uint8 *pData, uint8 handle, uint8 ack, uint8 radius)
参数	destination：数据发送的目的地址，可用的目的地址有设备的 16 位短地址、广播地址和绑定的设备地址。 commandId：与消息一起发送的命令 ID，如果使用绑定设备作为目标，则此参数还指示要使用的绑定类型。 Len：要发送的数据长度。 *pData：要发送的数据。 handle：用于识别发送数据请求的句柄。 ack：如果要对发送的数据进行应答确认则要设置为 TRUE。 radius：在数据丢失之前数据可以通过的最大路由器数量
返回值	无返回值
功能	向目的地址发送数据

ZStack 协议栈的 SAPI 框架通过 zb_SendDataRequest()函数实现无线数据包的上报，在 sensor.c 文件中的 sensorUpdate()函数会把传感器采集的数据打包后发送给协调器。

```
/*********************************************************************************
* 名　称：sensorUpdate()
* 功　能：处理主动上报的数据
*********************************************************************************/
void sensorUpdate(void)
{
    char pData[32];
```

```
    char *p = pData;
    //光照度采集（0～1000 之间的随机数）
    lightIntensity = (uint16)(osal_rand()%1000);
    sprintf(p, "lightIntensity=%.1f", lightIntensity);
    zb_SendDataRequest( 0, 0, strlen(p), (uint8*)p, 0, 0, AF_DEFAULT_RADIUS );
    HalLedSet( HAL_LED_1, HAL_LED_MODE_OFF );
    HalLedSet( HAL_LED_1, HAL_LED_MODE_BLINK );

    printf("sensor->sensorUpdate(): lightIntensity=%.1f\r\n", lightIntensity);
}
```

其中，zb_SendDataRequest()函数的代码如下：

```
void zb_SendDataRequest ( uint16 destination, uint16 commandId, uint8 len,
                          uint8 *pData, uint8 handle, uint8 txOptions, uint8 radius )
{
    afStatus_t status;
    afAddrType_t dstAddr;

    txOptions |= AF_DISCV_ROUTE;

    //设置目的地址
    if (destination == ZB_BINDING_ADDR)
    {
        //绑定
        dstAddr.addrMode = afAddrNotPresent;
    } else {
        //使用短地址
        dstAddr.addr.shortAddr = destination;
        dstAddr.addrMode = afAddr16Bit;

        if ( ADDR_NOT_BCAST != NLME_IsAddressBroadcast( destination ) )
        {
            txOptions &= ~AF_ACK_REQUEST;
        }
    }
    dstAddr.panId = 0;
    dstAddr.endPoint = sapi_epDesc.simpleDesc->EndPoint;
    //调用应用层 API 发送数据
    status = AF_DataRequest(&dstAddr, &sapi_epDesc, commandId, len, pData, &handle, txOptions,
radius);
    if (status != afStatus_SUCCESS)
    {
        SAPI_SendCback( SAPICB_DATA_CNF, status, handle );
    }
}
```

（4）处理接收到的数据函数。在 SAPI 框架的事件处理过程中可以处理接收到的数据，如下所示：

```
UINT16 SAPI_ProcessEvent( byte task_id, UINT16 events )
{
    osal_event_hdr_t *pMsg;
    afIncomingMSGPacket_t *pMSGpkt;
    afDataConfirm_t *pDataConfirm;
    if ( events & SYS_EVENT_MSG )         //系统事件，当节点接收到数据后自动触发该事件
    {
        pMsg = (osal_event_hdr_t *) osal_msg_receive( task_id );
        while ( pMsg )                    //判断消息是否为空
        {
            switch ( pMsg->event )        //消息过滤
            {
                ......
                case AF_INCOMING_MSG_CMD:   //接收到的数据在此处理
                pMSGpkt = (afIncomingMSGPacket_t *) pMsg;
                SAPI_ReceiveDataIndication( pMSGpkt->srcAddr.addr.shortAddr, pMSGpkt->clusterId,
                                            pMSGpkt->cmd.DataLength, pMSGpkt->cmd.Data);
                ......
            }
        }
    }
}
```

在上述代码中，pMSGpkt 结构体存储了节点接收到的数据，在事件处理过程中将数据的内容直接赋值给 SAPI_ReceiveDataIndication()函数的各个参数。一步步跟踪这个函数的调用过程，可发现该函数最终调用了 zb_ReceiveDataIndication()函数，如表 4.4 所示。

表 4.4　zb_ReceiveDataIndication()函数

函　数	说　明
函数原型	void zb_ReceiveDataIndication(uint16 source, uint16 command, uint16 len, uint8 *pData　)
参数	source：数据发送源的短地址。 command：与数据相关联的指令 ID。 len：数据长度。 *pData：存放接收数据的数据指针
返回值	无返回值
功能	当接收到其他节点发送的数据时，系统调用这个函数对数据进行处理

当接收到其他节点发送的数据后，ZStack 协议栈会调用 zb_ReceiveDataIndication()函数进行数据处理。

```
/*******************************************************************************
 * 名　称：zb_ReceiveDataIndication()
 * 功　能：当接收到其他节点发送的数据后，调用该函数进行数据处理
 * 参　数：source 表示数据发送源的短地址；command 表示指令 ID；len 表示接收到的数据长度；*pData
表示接收到的数据
```

```
*******************************************************************************/
void zb_ReceiveDataIndication( uint16 source, uint16 command, uint16 len, uint8 *pData )
{
    uint16 pAddr = NLME_GetCoordShortAddr();

    /* 处理接收到的数据 */
    HalLedSet( HAL_LED_1, HAL_LED_MODE_OFF );
    HalLedSet( HAL_LED_1, HAL_LED_MODE_BLINK );
    printf("AppCommon->zb_ReceiveDataIndication(): Receive ZigBee Data!\r\n");

    //处理接收到的无线数据包 APP_DATA
    if (command == 0) {                       //如果 command 为 0，则说明是 ZigBee 数据
        ZXBeeInfRecv((char*)pData, len);      //处理接收到的数据
    }
}
```

2. 传感器应用接口分析

1）智云框架

智云框架是在传感器应用程序接口和 SAPI 框架的基础上搭建起来的，通过合理地调用传感器应用程序接口，可以使 ZigBee 的项目开发形成一套系统的开发逻辑。具体的传感器应用程序接口是在 sensor.c 文件中实现的，如表 4.5 所示。

表 4.5 传感器应用程序接口

函数名称	函数说明
sensorInit()	传感器初始化
sensorLinkOn()	节点入网成功调用函数
sensorUpdate()	传感器数据上报
sensorControl()	传感器控制函数
sensorCheck()	传感器状态监测及处理函数
ZXBeeInfRecv()	解析接收到的传感器控制指令函数
MyEventProcess()	自定义事件处理函数，启动定时器触发 MY_REPORT_EVT 事件

2）智云框架下传感器应用程序解析

智云框架下 ZigBee 无线节点工程是基于 SAPI 框架开发的，传感器应用程序的执行流程如图 4.2 所示。

智云框架为 ZStack 协议栈的上层应用提供了分层的软件设计结构，将传感器的私有操作部分封装到 sensor.c 文件中，用户任务中的处理事件和节点类型则在 sensor.h 文件中设置。sensor.h 文件中事件宏定义如下：

```
/*******************************************************************************
* 文  件：sensor.h
*******************************************************************************/
```

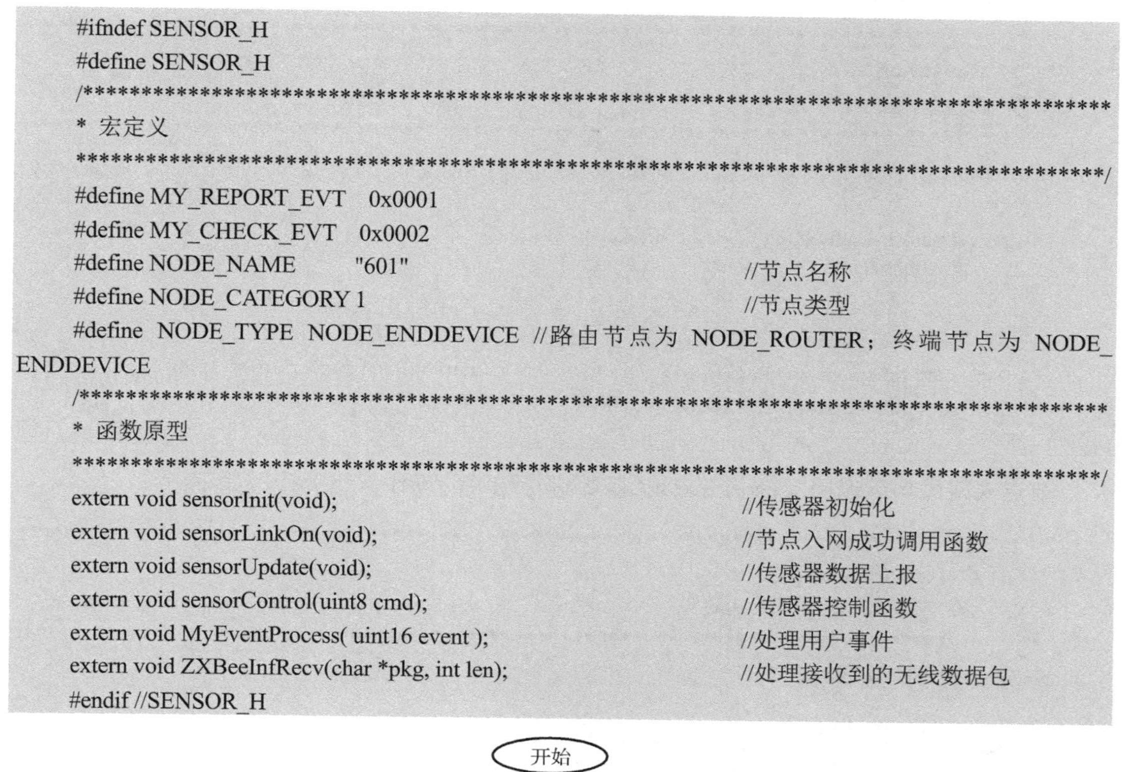

```
#ifndef SENSOR_H
#define SENSOR_H
/*********************************************************************************************
* 宏定义
*********************************************************************************************/
#define MY_REPORT_EVT   0x0001
#define MY_CHECK_EVT   0x0002
#define NODE_NAME          "601"                                    //节点名称
#define NODE_CATEGORY 1                                             //节点类型
#define  NODE_TYPE  NODE_ENDDEVICE  //路由节点为 NODE_ROUTER；终端节点为 NODE_
ENDDEVICE
/*********************************************************************************************
* 函数原型
*********************************************************************************************/
extern void sensorInit(void);                                      //传感器初始化
extern void sensorLinkOn(void);                                    //节点入网成功调用函数
extern void sensorUpdate(void);                                    //传感器数据上报
extern void sensorControl(uint8 cmd);                              //传感器控制函数
extern void MyEventProcess( uint16 event );                        //处理用户事件
extern void ZXBeeInfRecv(char *pkg, int len);                      //处理接收到的无线数据包
#endif //SENSOR_H
```

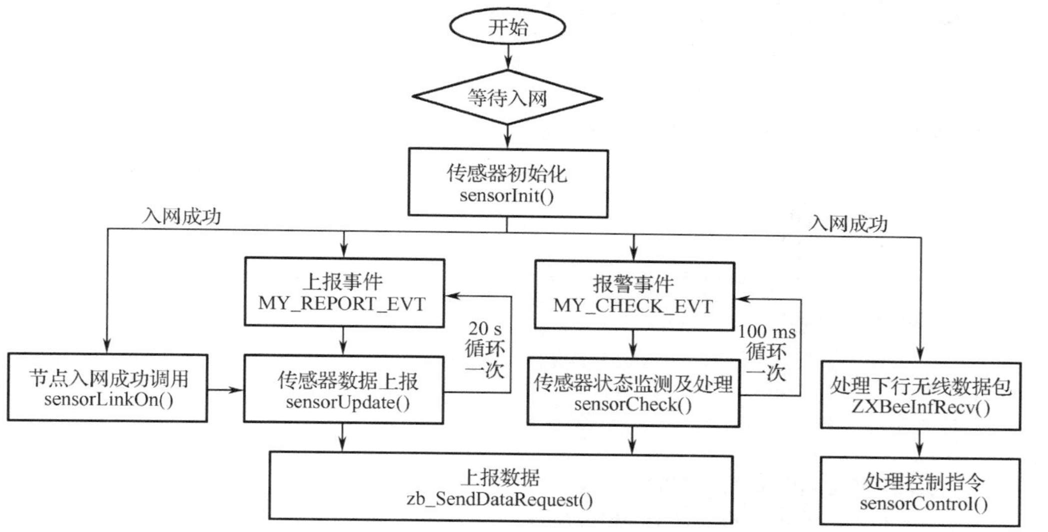

图 4.2　传感器应用程序的执行流程

sensor.h 文件定义了用户事件，用户事件主要是上报事件（MY_REPORT_EVT）和报警事件（MY_CHECK_EVT）。上报事件用于对传感器采集的数据进行上报，报警事件用于对安防类传感器监测到的危险信息进行响应。另外，sensor.h 文件还定义了节点类型，可以将节点设置为路由节点（NODE_ROUTER）或者终端节点（NODE_ENDDEVICE），同时还声明了智云框架下的传感器应用程序接口。

sensorInit()函数用于初始化传感器，相关代码如下：

```
/*********************************************************************************************
* 名　称：sensorInit()
* 功　能：传感器初始化
*********************************************************************************************/
void sensorInit(void)
{
    printf("sensor->sensorInit(): Sensor init!\r\n");
    //传感器初始化
    ……
    //启动定时器，触发 MY_REPORT_EVT 事件和 MY_CHECK_EVT 事件
    osal_start_timerEx(sapi_TaskID, MY_REPORT_EVT, (uint16)((osal_rand()%10) * 1000));
    osal_start_timerEx(sapi_TaskID, MY_CHECK_EVT, 100));
}
```

节点入网成功后调用 sensorLinkOn()函数进行相关的操作，相关代码如下：

```
/*********************************************************************************************
* 名　称：sensorLinkOn()
* 功　能：节点入网成功调用函数
*********************************************************************************************/
void sensorLinkOn(void)
{
    printf("sensor->sensorLinkOn(): Sensor Link on!\r\n");
    sensorUpdate();        //入网成功后上报一次传感器数据
}
```

sensorUpdate()函数用于对传感器数据进行更新和打包上报，相关代码如下：

```
/*********************************************************************************************
* 名　称：sensorUpdate()
* 功　能：上报数据
*********************************************************************************************/
void sensorUpdate(void)
{
    char pData[32];
    char *p = pData;

    //光照度采集（0～1000 之间的随机数）
    lightIntensity = (uint16)(osal_rand()%1000);

    //更新采集数值
    sprintf(p, "lightIntensity=%.1f", lightIntensity);
    zb_SendDataRequest( 0, 0, strlen(p), (uint8*)p, 0, 0, AF_DEFAULT_RADIUS );
    HalLedSet( HAL_LED_1, HAL_LED_MODE_OFF );
    HalLedSet( HAL_LED_1, HAL_LED_MODE_BLINK );

    printf("sensor->sensorUpdate(): lightIntensity=%.1f\r\n", lightIntensity);
}
```

MyEventProcess()函数用于实现用户定义事件的启动和处理，相关代码如下：

```
/*********************************************************************************************
* 名　称：MyEventProcess()
* 功　能：自定义事件处理
* 参　数：event 表示事件的编号
*********************************************************************************************/
void MyEventProcess( uint16 event )
{
    if (event & MY_REPORT_EVT) {
        sensorUpdate();                                               //传感器数据上报
        //启动定时器，触发 MY_REPORT_EVT 事件
        osal_start_timerEx(sapi_TaskID, MY_REPORT_EVT, 20*1000);
    }
    if (event & MY_CHECK_EVT) {
        sensorCheck();                                                //传感器状态监测及处理
        //启动定时器，触发 MY_CHECK_EVT 事件
        osal_start_timerEx(sapi_TaskID, MY_CHECK_EVT, 100);
    }
}
```

ZXBeeInfRecv()函数用于对节点接收到的数据进行处理，相关代码如下：

```
/*********************************************************************************************
* 名　称：ZXBeeInfRecv()
* 功　能：处理节点接收到的数据
* 参　数：*pkg 表示接收到的数据；len 表示数据的长度
*********************************************************************************************/
void ZXBeeInfRecv(char *pkg, int len)
{
    uint8 val;
    char pData[16];
    char *p = pData;
    char *ptag = NULL;
    char *pval = NULL;

    printf("sensor->ZXBeeInfRecv(): Receive ZigBee Data!\r\n");

    ptag = pkg;
    p = strchr(pkg, '=');
    if (p != NULL) {
        *p++ = 0;
        pval = p;
    }
    val = atoi(pval);

    //控制指令解析
    if (0 == strcmp("cmd", ptag)){                    //对 D0 位进行操作，CD0 表示位清 0 操作
```

```
            sensorControl(val);
        }
}
```

sensorControl()函数用于实现对控制设备的操作，相关代码如下：

```
/*********************************************************************************************
* 名    称：sensorControl()
* 功    能：传感器控制
* 参    数：cmd 表示控制指令
*********************************************************************************************/
void sensorControl(uint8 cmd)
{
    //根据 cmd 参数处理对应的控制程序
    if(cmd == 1){
        RELAY = ON;                                             //开启继电器 1，模拟电机开
        printf("sensor->sensorControl(): Motor ON\r\n");
    }
    else if(cmd == 0){
        RELAY = OFF;                                            //关闭继电器 1，模拟电机关
        printf("sensor->sensorControl(): Motor OFF\r\n");
    }
}
```

通过实现 sensor.c 文件中具体的应用程序接口，可快速地进行 ZigBee 项目的开发。

4.1.3 开发实践：构建 ZigBee 基础应用开发框架

1. 开发设计

本项目的目标是构建 ZigBee 基础应用开发框架，本项目在仓库湿度采集系统的基础上增加了调节功能（通过继电器来实现调节功能），通过具体的实例来介绍 ZStack 协议栈的工作原理和关键函数，帮助读者掌握 SAPI 框架函数接口的使用方法，从而快速地实现 ZigBee 项目的开发。

本项目的节点携带了两种传感器，一种为湿度传感器（软件模拟，产生随机数），另一种为继电器。湿度传感器用于采集仓库内的湿度，继电器可作为受控设备来调节仓库中的环境参数。

本项目的实现分为两个部分，分别为硬件功能设计和软件逻辑设计。

1）硬件功能设计

根据前面的分析可知，本项目具有两种传感器，其中，湿度传感器用于采集湿度信息，由于本项目重点分析 SPAI 框架的函数以及传感器应用程序接口的使用，因此湿度信息是由 CC2530 的随机数发生器产生的；继电器作为受控设备可以对仓库环境进行调节。仓库湿度采集和调节系统的硬件框图如图 4.3 所示。

从图 4.3 中可以得知，湿度信息使用 CC2530 内部的随机数发生器产生的虚拟数据，而继电器通过 I/O 进行控制。继电器的硬件连接如图 4.4 所示。

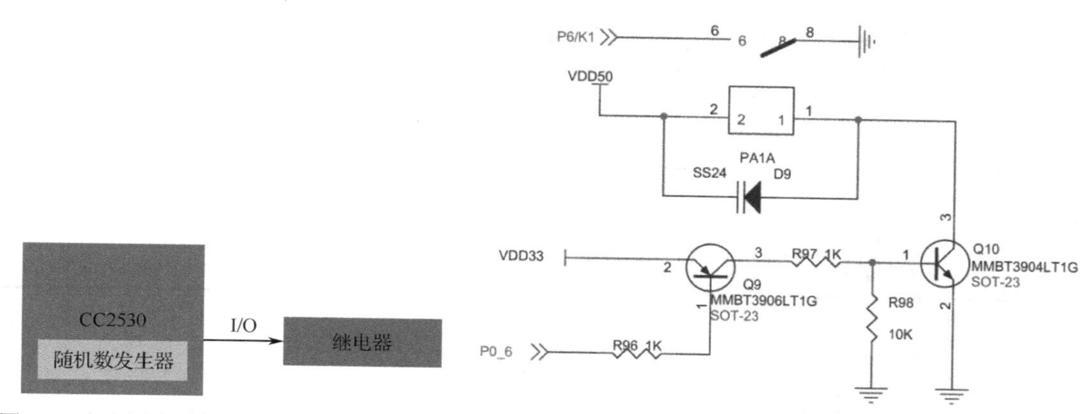

图 4.3　仓库湿度采集和调节系统的硬件框图　　　　图 4.4　继电器的硬件连接

继电器由 CC2530 的 P0_6 引脚控制，P0_6 引脚输出低电平时继电器闭合，P0_6 引脚输出高电平时继电器断开。

2）软件逻辑设计

软件逻辑设计应符合 ZStack 协议栈的工作流程。ZigBee 无线节点首先进行入网操作，在入网完成后，再进行传感器的初始化和用户任务的初始化。当触发用户自定义事件时，更新传感器数据并上报。当节点接收到传感器上报的数据时，如果接收数据为继电器控制指令，则执行继电器控制操作。

ZigBee 无线节点示例程序 ZigBeeApiTest 是基于 SAPI 框架开发的，其详细程序流程如图 4.5 所示。

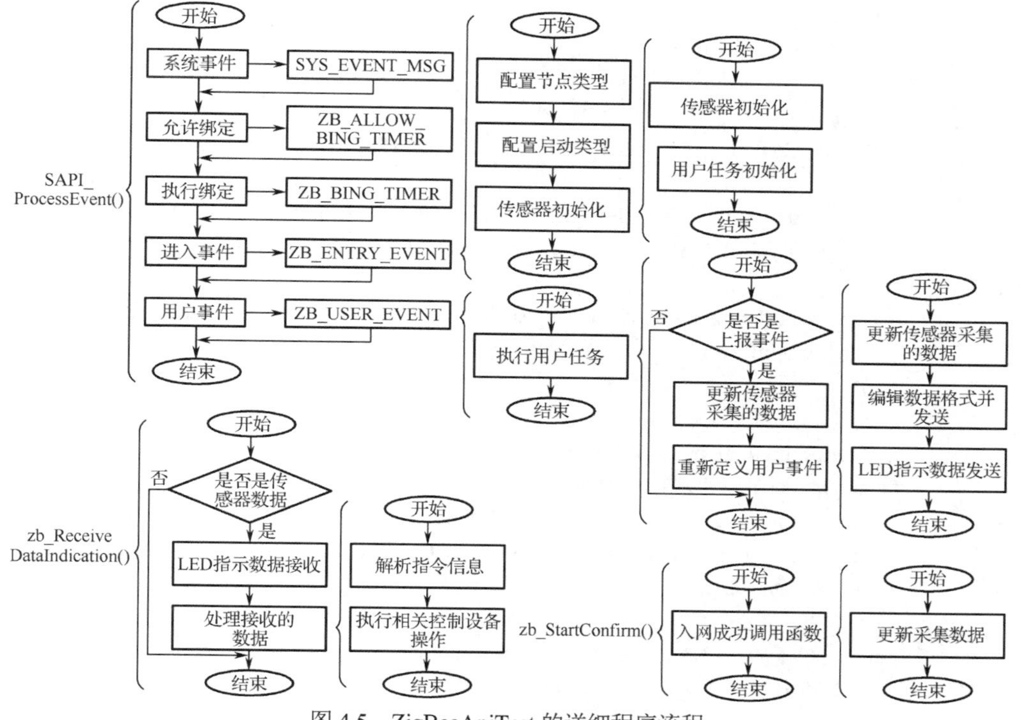

图 4.5　ZigBeeApiTest 的详细程序流程

为了实现 ZigBee 无线节点数据的远程与本地识别，需要设计一套通信协议。仓库湿度采集和调节系统的通信协议如表 4.6 所示。

表 4.6 仓库湿度采集和调节系统的通信协议

数据方向	协议格式	说明
上行（节点往应用层发送数据）	humiIntensity=X	X 表示采集到的湿度数据
下行（应用层往节点发送指令）	cmd=X	X 为 0 表示关闭继电器，X 为 1 表示开启继电器

2. 功能实现

1）SAPI 框架的关键函数

SAPI 框架的关键函数是在 AppCommon.c 文件中定义的，理解该文件有助于读者理解 SAPI 框架。

（1）ZStack 系统事件处理函数的代码如下：

```
/*******************************************************************************************
* 名称：zb_HandleOsalEvent()
* 功能：SAPI 事件处理函数，当事件被触发时会调用这个函数
* 参数：event 表示被触发的事件
*******************************************************************************************/
void zb_HandleOsalEvent( uint16 event )
{
    if (event & ZB_ENTRY_EVENT) {
        uint8 startOptions;
        uint8 selType = NODE_TYPE;

        at_init();
        printf("AppCommon->zb_HandleOsalEvent(): ZB_ENTRY_EVENT trigger!\r\n");

        zb_ReadConfiguration( ZCD_NV_LOGICAL_TYPE, sizeof(uint8), &logicalType );
        if ( logicalType !=ZG_DEVICETYPE_ENDDEVICE && logicalType !=ZG_DEVICETYPE_
ROUTER ) {
            zb_WriteConfiguration(ZCD_NV_LOGICAL_TYPE, sizeof(uint8), &selType);
            zb_SystemReset();
        }

        zb_ReadConfiguration( ZCD_NV_STARTUP_OPTION, sizeof(uint8), &startOptions );
        if (startOptions != ZCD_STARTOPT_AUTO_START) {
            startOptions = ZCD_STARTOPT_AUTO_START;
            zb_WriteConfiguration( ZCD_NV_STARTUP_OPTION, sizeof(uint8), &startOptions );
            zb_SystemReset();
        }
        osal_nv_read( ZCD_NV_PANID, 0, sizeof( panid ), &panid );
        HalLedSet( HAL_LED_2, HAL_LED_MODE_FLASH );                    //网络灯开始闪烁
```

```
        //传感器初始化
        sensorInit();
    }

    if (event & __AT_EVT) {                                   //触发 AT 指令事件
        at_proc();
    }
    if (event & 0x000F) {                                     //触发用户自定义事件
        printf("AppCommon->zb_HandleOsalEvent(): MyEvent trigger!\r\n");
        MyEventProcess( event );
    }
}
```

（2）ZStack 协议栈启动成功后调用的函数代码如下：

```
/*********************************************************************************************
* 名称：zb_StartConfirm()
* 功能：当 ZStack 协议栈启动成功后调用这个函数
* 参数：status 表示 ZStack 协议栈启动后的状态
*********************************************************************************************/
void zb_StartConfirm( uint8 status )
{
    if ( status == ZB_SUCCESS )                               //入网成功
    {
        printf("AppCommon->zb_StartConfirm(): Join ZigBee Net Success!\r\n");
        HalLedSet( HAL_LED_2, HAL_LED_MODE_ON );
        mLinkStatus = 1;
        //节点入网成功后调用
        sensorLinkOn();
    } else {
    }
}
```

（3）处理节点接收到的数据函数，代码如下：

```
/*********************************************************************************************
* 名称：zb_ReceiveDataIndication()
* 功能：当节点接收到数据后，调用这个函数
* 参数：source 表示数据发送源的短地址；commandID 表示命令 ID；len 表示接收到的数据长度；pData
表示接收到的数据
*********************************************************************************************/
void zb_ReceiveDataIndication( uint16 source, uint16 command, uint16 len, uint8 *pData    )
{
    uint16 pAddr = NLME_GetCoordShortAddr();

    /* 处理接收到的数据 */
    HalLedSet( HAL_LED_1, HAL_LED_MODE_OFF );
    HalLedSet( HAL_LED_1, HAL_LED_MODE_BLINK );
```

```
        printf("AppCommon->zb_ReceiveDataIndication(): Receive ZigBee Data!\r\n");

        //处理接收到的无线数据包 APP_DATA
        if (command == 0) { //如果 command 为 0 则是 ZXBee 数据
            if (logicalType != ZG_DEVICETYPE_COORDINATOR) { //通过 AT 指令发送到串口
                at_notify_data((char *)pData, len);
            }
            ZXBeeInfRecv((char*)pData, len);     //交给 ZXBee 接口处理接收数据
        }
}
```

（4）节点发送数据的函数，代码如下：

```
/*********************************************************************************************
* 名称：sensorUpdate()
* 功能：上报数据
*********************************************************************************************/
void sensorUpdate(void)
{
    char pData[32];
    char *p = pData;

    //湿度采集（0~100 之间的随机数）
    humiIntensity = (uint16)(osal_rand()%100);

    //更新湿度值
    sprintf(p, " humiIntensity =%.1f", humiIntensity);
    zb_SendDataRequest( 0, 0, strlen(p), (uint8*)p, 0, 0, AF_DEFAULT_RADIUS );
    HalLedSet( HAL_LED_1, HAL_LED_MODE_OFF );
    HalLedSet( HAL_LED_1, HAL_LED_MODE_BLINK );

    printf("sensor->sensorUpdate():humiIntensity =%.1f\r\n", humiIntensity);
}
```

（5）用户自定义事件处理函数，代码如下：

```
/*********************************************************************************************
* 名称：MyEventProcess()
* 功能：处理自定义的事件
* 参数：event 表示事件编号
*********************************************************************************************/
void MyEventProcess( uint16 event )
{
    if (event & MY_REPORT_EVT) {
        printf("sensor->MyEventProcess(): MY_REPORT_EVT trigger!\r\n");
        sensorUpdate();                                              //传感器数据上报
        //启动定时器，触发事件 MY_REPORT_EVT
        osal_start_timerEx(sapi_TaskID, MY_REPORT_EVT, 20*1000);
```

```
        }
    }
```

2）传感器应用层程序接口关键函数

传感器应用程序接口的函数是 sensor.c 文件中定义的，理解该文件有助于读者设计传感器的应用。

（1）传感器初始化函数，代码如下：

```
/*********************************************************************************************
* 名称：sensorInit()
* 功能：初始化传感器
*********************************************************************************************/
void sensorInit(void)
{
    printf("sensor->sensorInit(): Sensor init!\r\n");
    //初始化湿度传感器
    //初始化继电器
    P0SEL &= ~0xC0;                                        //配置引脚为 GPIO 模式
    P0DIR |= 0xC0;                                         //配置控制引脚为输入模式

    //启动定时器，触发事件 MY_REPORT_EVT
    osal_start_timerEx(sapi_TaskID, MY_REPORT_EVT, (uint16)((osal_rand()%10) * 1000));
}
```

（2）节点入网成功后调用的函数，代码如下：

```
/*********************************************************************************************
* 名称：sensorLinkOn()
* 功能：节点入网成功调用函数
*********************************************************************************************/
void sensorLinkOn(void)
{
    printf("sensor->sensorLinkOn(): Sensor Link on!\r\n");
    sensorUpdate();
}
```

（3）传感器数据上报函数，代码如下：

```
/*********************************************************************************************
* 名称：sensorUpdate()
* 功能：上报传感器采集的数据
*********************************************************************************************/
void sensorUpdate(void)
{
    char pData[32];
    char *p = pData;

    //湿度数据（0～100 之间的随机数）
```

```
    humiIntensity = (uint16)(osal_rand()%100);

    //更新值
    sprintf(p, " humiIntensity =%.1f", humiIntensity);
    zb_SendDataRequest( 0, 0, strlen(p), (uint8*)p, 0, 0, AF_DEFAULT_RADIUS );
    HalLedSet( HAL_LED_1, HAL_LED_MODE_OFF );
    HalLedSet( HAL_LED_1, HAL_LED_MODE_BLINK );

    printf("sensor->sensorUpdate():humiIntensity =%.1f\r\n", humiIntensity);
}
```

（4）处理收到的数据，代码如下：

```
/*********************************************************************************************
* 名称：ZXBeeInfRecv()
* 功能：处理接收到数据
* 参数：*pkg 表示接收到的数据; len 表示接收到的数据长度
*********************************************************************************************/
void ZXBeeInfRecv(char *pkg, int len)
{
    uint8 val;
    char pData[16];
    char *p = pData;
    char *ptag = NULL;
    char *pval = NULL;

    printf("sensor->ZXBeeInfRecv(): Receive ZigBee Data!\r\n");

    ptag = pkg;
    p = strchr(pkg, '=');
    if (p != NULL) {
        *p++ = 0;
        pval = p;
    }
    val = atoi(pval);

    //控制命令解析
    if (0 == strcmp("cmd", ptag)){                  //对 D0 的位进行操作，CD0 表示位清零操作
        sensorControl(val);
    }
}
```

（5）处理接收到的控制命令，代码如下：

```
/*********************************************************************************************
* 名称：sensorControl()
* 功能：传感器控制
* 参数：cmd 表示控制命令
```

```
*************************************************************************************/
void sensorControl(uint8 cmd)
{
    //根据 cmd 参数处理对应的控制程序
    if(cmd == 1){
        RELAY = ON;                                                    //开启继电器
        printf("sensor->sensorControl(): Motor ON\r\n");
    } else if(cmd == 0){
        RELAY = OFF;                                                   //关闭继电器
        printf("sensor->sensorControl(): Motor OFF\r\n");
    }
}
```

3）协调器数据处理函数

协调器数据处理函数是在 Coordinator.c 文件中定义的，理解该文件有助于读者设计协调器的应用。

（1）协调器接收上位机发送的串口数据的函数是 zb_HanderMsg()。协调器接收到的上位机发送的数据有两种，一种是上位机发给路由节点和终端节点的数据，另一种是上位机发给协调器的数据。地址非 0 表示协调器接收到的数据是上位机通过协调器发给路由节点和终端节点的数据，协调器直接将数据转发给路由节点和终端节点；地址 0 或 0xFFFF 表示协调器接收到的数据是上位机发给它本身的数据，这时协调器调用 processCommand()函数进行处理。zb_HanderMsg()函数的代码如下：

```
void zb_HanderMsg(osal_event_hdr_t *msg)
{
    mtSysAppMsg_t *pMsg = (mtSysAppMsg_t*)msg;
    uint16 dAddr;
    uint16 cmd;
    uint16 addr = NLME_GetShortAddr();
    HalLedSet( HAL_LED_1, HAL_LED_MODE_OFF );
    HalLedSet( HAL_LED_1, HAL_LED_MODE_BLINK );
    if (pMsg->hdr.event == MT_SYS_APP_MSG) {
        //if (pMsg->appDataLen < 4) return;
        dAddr = pMsg->appData[0]<<8 | pMsg->appData[1];  //提取地址
        cmd = pMsg->appData[2]<<8 | pMsg->appData[3];    //提取命令
        if (dAddr != 0) {
            //地址非 0 表示协调器接收到的数据是上位机发给路由节点和终端节点的数据，协调器直
接将数据转发给路由节点和终端节点
            zb_SendDataRequest(dAddr,cmd,pMsg->appDataLen-4,pMsg->appData+4,0,AF_ACK_REQUEST,
                                                  AF_DEFAULT_RADIUS );
        }
        if (dAddr == 0 || dAddr == 0xffff) {
            //地址 0 或 0xFFFF 表示协调器接收到的数据是上位机发给它本身的数据，这时协调器调
用 processCommand()函数进行处理
            processCommand(cmd, pMsg->appData+4, pMsg->appDataLen-4);
        }
```

```
    }
}
```

（2）协调器接收节点发送的数据函数是 zb_ReceiveDataIndication()，协调器将数据打包后通过串口发送给上位机。该函数的代码如下：

```
void zb_ReceiveDataIndication( uint16 source, uint16 command, uint16 len, uint8 *pData   )
{
    HalLedSet( HAL_LED_1, HAL_LED_MODE_OFF );
    HalLedSet( HAL_LED_1, HAL_LED_MODE_BLINK );
    mtOSALSerialData_t* msg = (mtOSALSerialData_t*)osal_msg_allocate(sizeof(mtOSALSerialData_t)+
len+4);
    if (msg) {
        msg->hdr.event = MT_SYS_APP_RSP_MSG;
        msg->hdr.status = len+4;
        msg->msg = (byte*)(msg+1);
        msg->msg[0] = (source>>8)&0xff;
        msg->msg[1] = source&0xff;
        msg->msg[2] = (command>>8)&0xff;
        msg->msg[3] = command&0xff;
        osal_memcpy(msg->msg+4, pData, len);
        osal_msg_send( MT_TaskID, (uint8 *)msg );
    }
}
```

（3）协调器接收节点发送的命令的函数是 processCommand()，代码如下：

```
static void processCommand(uint16 cmd, byte *pData, uint8 len)
{
    int i;
    uint16 pid;
    byte dat[64];
    byte rlen = 1;
    int ret;

    switch (cmd) {
        case 0x0000:                                        //ZXBee 数据
        process_package((char*)pData, len);
        break;
        case 0x0101:                                        //通过 MAC 地址寻找对应的节点
        {
            uint8 *pExtAddr = pData;
            MT_ReverseBytes( pExtAddr, Z_EXTADDR_LEN );
            ZMacGetReq( ZMacExtAddr, dat );                 //获取当前节点的 MAC 地址
#if USE_SYS_FIND_DEVICE
            zb_FindDeviceRequest(ZB_IEEE_SEARCH, pExtAddr);
#else
            if (TRUE == osal_memcmp(pExtAddr, dat, Z_EXTADDR_LEN) ||      //如果 MAC 地址匹配
```

```
                TRUE == osal_memcmp(pData, "\x00\x00\x00\x00\x00\x00\x00\x00", Z_EXTADDR_LEN))
                {
                    ret = 0;
                    zb_FindDeviceConfirm(ZB_IEEE_SEARCH, pExtAddr, (unsigned char *)&ret);
                } else {
                    my_FindDevice(ZB_IEEE_SEARCH, pExtAddr);
                }
#endif
            }
            break;
            case 0x0102:                                    //通过网络地址寻找对应的节点
            {
                uint16 shortAddr = (pData[0]<<8) | pData[1];
                uint16 sa = NLME_GetShortAddr();            //获取当前节点的网络地址
                if (shortAddr == sa) {                      //如果网络地址匹配
                    ZMacGetReq( ZMacExtAddr, dat );         //获取当前节点的 MAC 地址
                    zb_FindDeviceConfirm(ZB_NWKA_SEARCH, (unsigned char *)&sa, dat);
                } else {
#if USE_SYS_FIND_DEVICE
                    ZDP_IEEEAddrReq( shortAddr, ZDP_ADDR_REQTYPE_SINGLE, 0, 0 );
#else
                    my_FindDevice(ZB_NWKA_SEARCH, (uint8*)pData);
#endif
                }
            }
            break;

            case ID_CMD_WRITE_REQ:                          //写入指令
            for (i=0; i<len; i+=2) {
                pid = pData[i]<<8 | pData[i+1];
                ret = paramWrite(pid, &pData[i+2]);
                if (ret <= 0) {
                    dat[0] = 1;
                    zb_ReceiveDataIndication( 0, ID_CMD_WRITE_RES, 1, dat );
                    return;
                }
                i += ret;
            }
            dat[0] = 0;
            zb_ReceiveDataIndication( 0, ID_CMD_WRITE_RES, 1, dat);
            break;
            case ID_CMD_READ_REQ:                           //读取指令
            for (i=0; i<len; i+=2) {
                pid = pData[i]<<8 | pData[i+1];
                dat[rlen++] = pData[i];
                dat[rlen++] = pData[i+1];
                ret = paramRead(pid, dat+rlen);
```

```
            if (ret <= 0) {
                dat[0] = 1;
                zb_ReceiveDataIndication( 0, ID_CMD_READ_RES, 1, dat );
                return;
            }
            rlen += ret;
        }
        dat[0] = 0;
        zb_ReceiveDataIndication( 0, ID_CMD_READ_RES, rlen, dat );
        break;
    }
}
```

（4）协调器处理接收到的数据的函数是 process_package()，代码如下：

```
static void process_package(char *pkg, int len)
{
    char *p;
    char *ptag = NULL;
    char *pval = NULL;

    char *pwbuf = wbuf+1;

    if (pkg[0] != '{' || pkg[len-1] != '}') return;
    pkg[len-1] = 0;
    p = pkg+1;
    do {
        ptag = p;
        p = strchr(p, '=');
        if (p != NULL) {
            *p++ = 0;
            pval = p;
            p = strchr(p, ',');
            if (p != NULL) *p++ = 0;
            if (process_command_call != NULL) {
                int ret;
                ret = process_command_call(ptag, pval, pwbuf);
                if (ret > 0) {
                    pwbuf += ret;
                    *pwbuf++ = ',';
                }
            }
        }
    } while (p != NULL);
    if (pwbuf - wbuf > 1) {
        wbuf[0] = '{';
```

```
            pwbuf[0] = 0;
            pwbuf[-1] = '}';
            uint16 cmd = 0;
            zb_ReceiveDataIndication( 0, cmd, pwbuf-wbuf, (uint8 *)wbuf );
        }
    }
```

（5）协调器处理节点上报处理数据的函数是 my_report_proc()，代码如下：

```
static void my_report_proc(void)
{
    sprintf(wbuf, "{PN=");
    //read_al(wbuf+strlen(wbuf), -1);
    read_nb(wbuf+strlen(wbuf), -1);
    if (strlen(wbuf) == 4) {
        sprintf(wbuf+4, "NULL");
    }
    sprintf(wbuf+strlen(wbuf), ",TYPE=%d%d%s}", NODE_CATEGORY, logicalType, NODE_NAME);
    zb_ReceiveDataIndication(0/*source*/, 0/*cmd*/, strlen(wbuf), (uint8*)wbuf);
}
```

（6）协调器在查找完设备的确定函数是 zb_FindDeviceConfirm()，代码如下：

```
void zb_FindDeviceConfirm( uint8 searchType, uint8 *searchKey, uint8 *result )
{
    byte res[Z_EXTADDR_LEN+2];

    if (ZB_IEEE_SEARCH == searchType) {                      //通过 MAC 地址寻找对应的节点
        osal_memcpy(res, searchKey, Z_EXTADDR_LEN);
        res[Z_EXTADDR_LEN] = result[1];
        res[Z_EXTADDR_LEN+1] = result[0];
        MT_ReverseBytes( res, Z_EXTADDR_LEN );
        zb_ReceiveDataIndication(0, 0x0101, 8+2,    res);
    }
    if (ZB_NWKA_SEARCH == searchType) {                      //通过网络地址寻找对应的节点
        res[0] = searchKey[1];
        res[1] = searchKey[0];
        osal_memcpy(res+2, result, Z_EXTADDR_LEN);
        MT_ReverseBytes( res+2, Z_EXTADDR_LEN );             //MAC 地址反转
        zb_ReceiveDataIndication(0, 0x0102, 8+2,    res); //网络地址在前、MAC 地址在后，发送给网关
    }
}
```

3．开发验证

（1）在 IAR 集成开发环境中打开 ZigBeeApiTest 工程，进行程序的开发、调试，可通过设置断点来理解 SAPI 框架的函数调用关系，如图 4.6 所示。

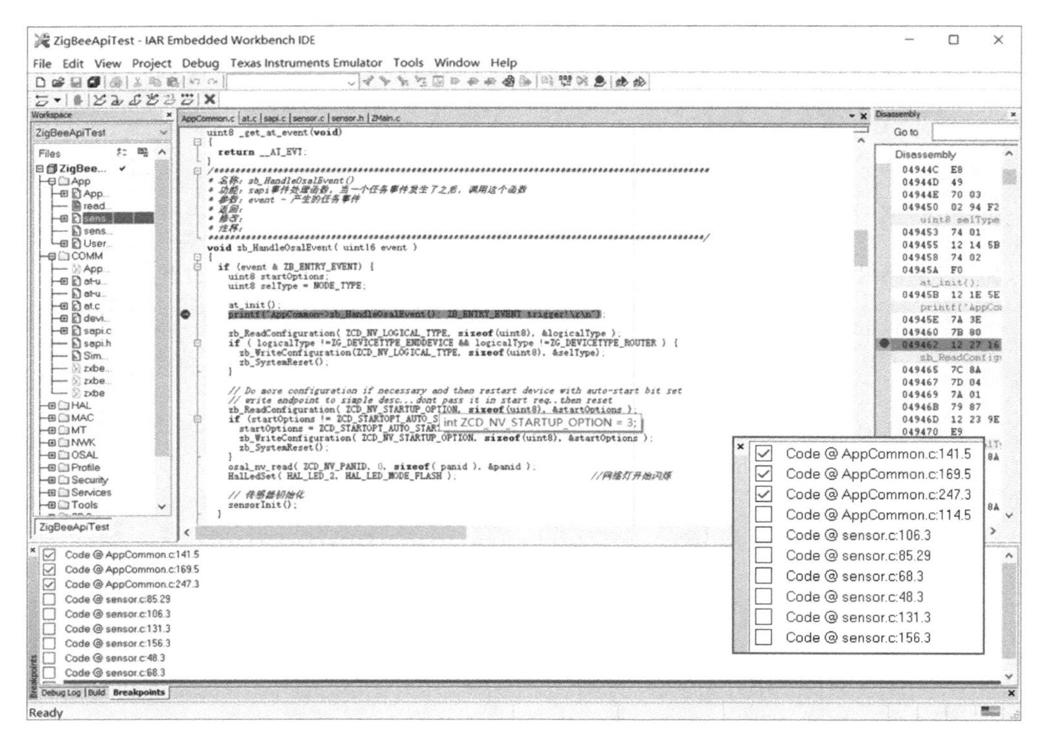

图 4.6　在 IAR 集成开发环境中打开 ZigBeeApiTest 工程

（2）根据程序的设定，传感器节点会每隔 20 s 上报一次湿度数据到应用层（湿度数据是通过随机数发生器产生的）。同时上位机通过 ZCloudTools 工具发送电机控制指令（cmd=1 表示开启电机，cmd=0 表示关闭电机），可以对传感器节点中的电机（由继电器模拟）进行控制。通过 xLabTools 和 ZCloudTools 工具可以完成传感器节点数据的分析和调试，如图 4.7 和图 4.8 所示。

数据记录

```
[11:31:25 ZigBee] —> sensor->MyEventProcess(): MY_REPORT_EVT trigger!
[11:31:25 ZigBee] —> sensor->sensorUpdate(): humiIntensity=55.0
[11:31:45 ZigBee] —> AppCommon->zb_HandleOsalEvent(): MyEvent trigger!
[11:31:45 ZigBee] —> sensor->MyEventProcess(): MY_REPORT_EVT trigger!
[11:31:45 ZigBee] —> sensor->sensorUpdate(): humiIntensity=84.0
[11:32:05 ZigBee] —> AppCommon->zb_HandleOsalEvent(): MyEvent trigger!
[11:32:05 ZigBee] —> sensor->MyEventProcess(): MY_REPORT_EVT trigger!
[11:32:05 ZigBee] —> sensor->sensorUpdate(): humiIntensity=91.0
[11:32:25 ZigBee] —> AppCommon->zb_HandleOsalEvent(): MyEvent trigger!
[11:32:25 ZigBee] —> sensor->MyEventProcess(): MY_REPORT_EVT trigger!
[11:32:25 ZigBee] —> sensor->sensorUpdate(): humiIntensity=34.0
[11:32:29 ZigBee] —> AppCommon->zb_ReceiveDataIndication(): Receive ZigBee Data!
[11:32:29 ZigBee] —> +RECV:17
[11:32:29 ZigBee] —> [Hex]7B 54 59 50 45 3D 3F 2C 54 50 4E 3D 31 32 2F 33 7D
[11:32:29 ZigBee] —> sensor->ZXBeeInfRecv(): Receive ZigBee Data!
[11:32:45 ZigBee] —> AppCommon->zb_HandleOsalEvent(): MyEvent trigger!
[11:32:45 ZigBee] —> sensor->MyEventProcess(): MY_REPORT_EVT trigger!
[11:32:45 ZigBee] —> sensor->sensorUpdate(): humiIntensity=23.0
[11:33:05 ZigBee] —> AppCommon->zb_HandleOsalEvent(): MyEvent trigger!
[11:33:05 ZigBee] —> sensor->MyEventProcess(): MY_REPORT_EVT trigger!
[11:33:05 ZigBee] —> sensor->sensorUpdate(): humiIntensity=9.0
[11:33:17 ZigBee] —> AppCommon->zb_ReceiveDataIndication(): Receive ZigBee Data!
[11:33:17 ZigBee] —> +RECV:7
[11:33:17 ZigBee] —> [Hex]7B 63 6D 64 3D 31 7D
[11:33:17 ZigBee] —> sensor->ZXBeeInfRecv(): Receive ZigBee Data!
[11:33:24 ZigBee] —> AppCommon->zb_ReceiveDataIndication(): Receive ZigBee Data!
[11:33:24 ZigBee] —> +RECV:7
[11:33:24 ZigBee] —> [Hex]7B 63 6D 64 3D 31 7D
[11:33:24 ZigBee] —> sensor->ZXBeeInfRecv(): Receive ZigBee Data!
[11:33:25 ZigBee] —> AppCommon->zb_HandleOsalEvent(): MyEvent trigger!
[11:33:25 ZigBee] —> sensor->MyEventProcess(): MY_REPORT_EVT trigger!
[11:33:25 ZigBee] —> sensor->sensorUpdate(): humiIntensity=71.0
[11:33:45 ZigBee] —> AppCommon->zb_HandleOsalEvent(): MyEvent trigger!
[11:33:45 ZigBee] —> sensor->MyEventProcess(): MY_REPORT_EVT trigger!
[11:33:45 ZigBee] —> sensor->sensorUpdate(): humiIntensity=73.0
```

图 4.7　传感器节点数据的分析和调试（一）

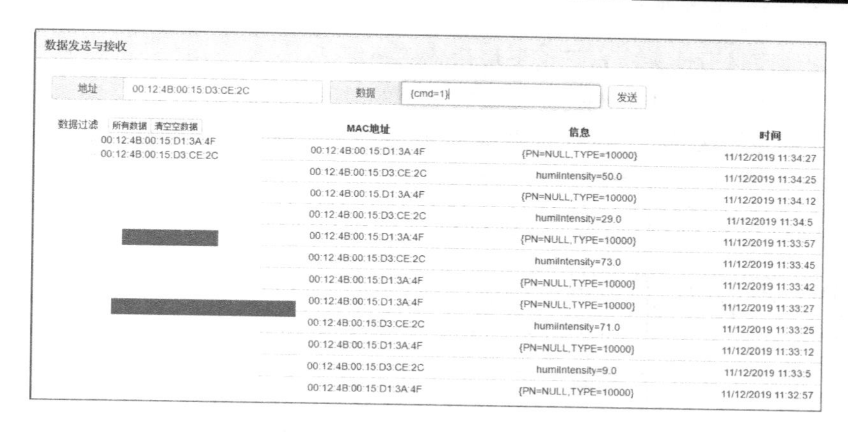

图 4.8　传感器节点数据的分析和调试（二）

4.2　ZigBee 仓库湿度采集系统的开发与实现

环境信息的采集与上报是智慧仓库系统中的一个重要的环节，传感器节点将采集的数据发送到远程控制设备，远程控制设备会根据获取的数据进行操作，从而对仓库内的环境进行调节。

本节主要讲述物联网采集类应用的开发，通过 ZigBee 仓库湿度采集系统的开发与实现，帮助读者理解 ZigBee 采集类程序的逻辑和接口。

4.2.1　开发目标

本节的开发目标是：理解 ZigBee 数据发送应用场景，掌握 ZigBee 采集类程序接口的使用，掌握 ZigBee 数据通信协议设计，完成仓库湿度采集系统的开发与实现。

4.2.2　原理学习：ZigBee 采集类程序接口

1. ZigBee 采集类程序的逻辑分析

1）ZigBee 采集类应用场景分析

由于具有自组网、低功耗、低成本的特性，ZigBee 网络能够在大范围的区域进行数据采集。例如，可以通过 ZigBee 网络实时地对农作物生长环境的温/湿度、光照度、CO_2 浓度等参数进行采集。

传感器节点将采集的数据通过 ZigBee 网络在协调器汇总，可以为数据分析和处理提供数据支撑。ZigBee 采集类应用场景有很多，如温室大棚温/湿度和光照度采集、城市低洼涵洞隧道内涝检测、桥梁振动信号采集、空气质量采集等。ZigBee 采集类应用场景众多，但要如何实现采集类程序的设计呢？下面将对 ZigBee 采集类程序的逻辑进行分析。

ZigBee 采集类程序的逻辑如图 4.9 所示，主要包括以下 4 种逻辑事件。

- 定时器循环事件用于定时查询当前传感器数据；

- 根据软件逻辑设计来决定是否上报传感器数据；
- 根据软件逻辑设计来控制传感器数据上报的时间间隔；
- 接收远程的查询指令并反馈传感器最新的数据。

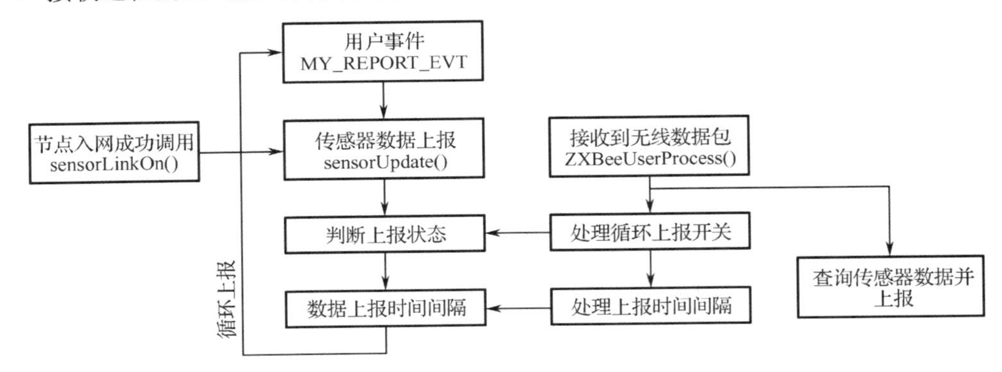

图 4.9　ZigBee 采集类程序的逻辑

下面上述 4 种逻辑事件进行分析。

（1）**定时器循环事件用于定时查询当前传感器数据**。ZigBee 网络中的传感器节点能够完成环境信息的采集和上报，可以根据设定的参数周期性地进行数据的上报更新。在实际的应用场景中，应当结合应用需求和传感器节点的能耗来设定一个比较合适的数据上报时间间隔。例如，在农业大棚中对室内温度的监测可以每 15 分钟更新一次数据。数据采集得越频繁，传感器节点的能耗就越高。另外，如果在一个网络中多个传感器节点频繁地发送数据，还会对网络的数据通信造成压力，严重时还会造成网络阻塞、丢包等不良后果。因此传感器数据循环上报需要注意两点：传感器数据循环上报的时间间隔和发送的数据量。

（2）**根据软件逻辑设计来决定是否上报传感器数据**。在进行无线数据收发时，传感器节点需要较多的能耗，所以在实际应用中可根据需求关闭传感器数据的上报，以节约能耗。例如，在农业大棚中可以采集 CO_2 浓度、温/湿度、光照度、土壤水分、土壤 pH 值等数据，在夜晚时，可以关闭光照度数据的上报。

（3）**根据软件逻辑设计来控制传感器数据上报的时间间隔**。能够远程设定传感器数据上报的时间间隔是采集类节点的辅助功能，这种功能通常运用在物联网自动化应用场景。例如，当农业大棚工作在自动模式时，如果 CO_2 浓度超出阈值，系统将会启动通风功能以降低 CO_2 浓度；当通风系统处于工作状态时，CO_2 浓度将持续变化，此时为了实现对 CO_2 浓度的精确控制通风，系统就需要了解更详细的 CO_2 浓度变化数据，这就需要提高 CO_2 浓度采集频率，此时就需要设定采集 CO_2 浓度的传感器数据上报的时间间隔，将数据上报的时间间隔变短以实现数据的快速更新。

（4）**接收远程的查询指令并反馈传感器最新的数据**。接收到查询指令后能够立刻响应并反馈传感器最新的数据是采集类节点的必要功能，这种操作通常出现在人为场景。例如，当管理员需要实时了解环境信息时，就可以发出查询指令来获取实时数据，如果这时采集类节点不能及时响应操作，管理员就无法得到实时的数据，可能会对应急操作造成影响，从而造成经济损失。

2）ZigBee采集类程序通信协议的设计

在一个完整的物联网综合系统中，数据贯穿了感知层、网络层、服务层和应用层，数据在这四层之间层层传递，因此需要设计一种合适的通信协议来完成数据的封装与通信。

感知层用于产生数据，网络层在对数据进行解析后将其发送给服务层，服务层需要对数据进行分解、分析、存储和调用，应用层需要从服务层获取经过分析的数据。在整个过程中，要使数据能够在每一层被正确识别，就需要设计一套完整的通信协议。

通信协议是指通信双方为了完成通信或服务所必须遵循的规则和约定。通过通信信道和设备连接多个不同地理位置的数据通信系统，要使其能够协同工作，实现数据交换和资源共享，就必须使用共同的"语言"，交流什么、如何交流及何时交流，必须遵循某种互相都能接受的规则，这个规则就是通信协议。

采集类节点要将采集到的数据进行打包上报，并能够让远程设备识别，或者远程设备向采集类节点发送的数据能够被采集类节点响应，就需要定义一套通信协议，这套协议对于采集类节点和远程设备都是约定好的。只有在这样一套协议下，才能够建立和实现采集类节点与远程设备之间的数据交互。

采集类程序通信协议类JSON格式，格式为"{[参数]=[值],[参数]=[值]…}"。

- 每条数据以"{"作为起始字符；
- "{}"内的多个参数以","分隔；
- 数据上行的格式为"{value=12,status=1}"；
- 数据下行查询指令的格式为"{value=?,status=?}"。

采集类程序通信协议如表4.7所示。

表4.7 采集类程序通信协议

数据方向	协议格式	说明
上行（节点往应用层发送数据）	{sensorValue=X}	X表示传感器采集到的数据
下行（应用层往节点发送指令）	{sensorValue=?}	查询传感器数据，返回{sensorValue =X}，X表示传感器采集到的数据

2. ZigBee采集类程序接口分析

1）ZigBee传感器应用程序接口

传感器应用程序是在sensor.c文件中实现的，包括传感器初始化函数（sensorInit()）、节点入网调用函数（sensorLinkOn()）、传感器数据上报函数（sensorUpdate()）、处理下行的用户指令函数（ZXBeeUserProcess()）、用户事件处理函数（MyEventProcess()），如表4.8所示。

表4.8 传感器应用程序接口

函数名称	函数说明
sensorInit()	传感器初始化
sensorLinkOn()	节点入网成功调用
sensorUpdate()	传感器数据上报
ZXBeeUserProcess()	处理下行的用户指令
MyEventProcess()	处理用户事件

远程数据采集功能建立在无线传感器网络之上，在建立无线传感器网络后，才能够进行传感器的初始化。传感器初始化完成后需要初始化用户任务，此后在每次执行任务时，传感器都会采集一次数据，并将传感器采集到的数据添加到设计好的通信协议中，然后通过无线传感器网络发送至协调器，最终数据通过服务器和互联网被用户所使用。为了保证数据的实时更新，还需要设置传感器数据上报的时间间隔，如每 20 s 上报一次等。

采集类传感器应用程序流程如图 4.10 所示。

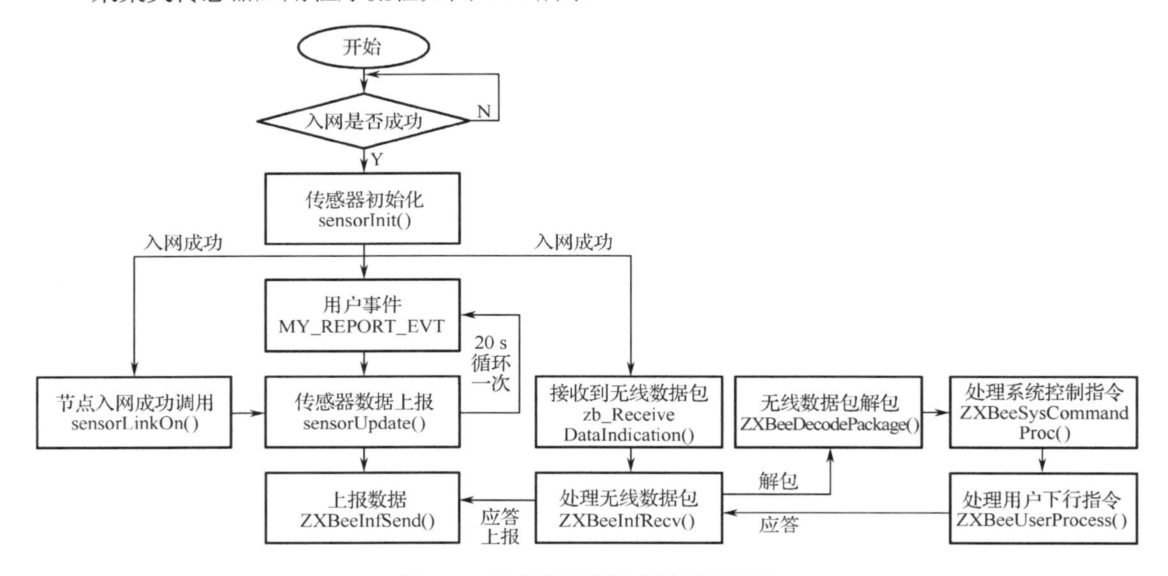

图 4.10 采集类传感器应用程序流程

2）ZigBee 无线数据包的收发

无线数据包的收发处理是在 zxbee-inf.c 文件中实现的，包括无线数据包的收发函数，如表 4.9 所示。

表 4.9 无线数据包的收发函数

函数名称	函数说明
ZXBeeInfSend()	节点发送无线数据包给协调器
ZXBeeInfRecv()	处理节点收到无线数据包

（1）ZXBeeInfSend()函数的代码如下：

```
/*********************************************************************************************
* 名   称：ZXBeeInfSend()
* 功   能：节点将无线数据包发送给协调器
* 参   数：*p 表示要发送的无线数据包；len 表示无线数据包的长度
*********************************************************************************************/
void ZXBeeInfSend(char *p, int len)
{
    HalLedSet( HAL_LED_1, HAL_LED_MODE_OFF );
    HalLedSet( HAL_LED_1, HAL_LED_MODE_BLINK );
```

```
    zb_SendDataRequest( 0, 0, len, (uint8*)p, 0, 0/*AF_ACK_REQUEST*/, AF_DEFAULT_RADIUS );
}
```

（2）ZXBeeInfRecv()函数的代码如下：

```
/*********************************************************************************************
* 名　称：ZXBeeInfRecv()
* 功　能：节点收到无线数据包
* 参　数：*pkg 表示收到的无线数据包；len 表示无线数据包的长度
*********************************************************************************************/
void ZXBeeInfRecv(char *pkg, int len)
{
    char *p = ZXBeeDecodePackage(pkg, len);      //对收到的无线数据包进行解析，并返回应答数据
    if (p != NULL) {
        ZXBeeInfSend(p, strlen(p));              //将返回的应答数据发送给协调器
    }
}
```

3）ZigBee 无线数据包解析

根据约定的通信协议，需要对无线数据进行封包、解包操作，无线数据的封包、解包相关函数是在 zxbee.c 文件中实现的，封包函数为 ZXBeeBegin()、ZXBeeAdd、ZXBeeEnd，解包函数为 ZXBeeDecodePackage，如表 4.10 所示。

表 4.10　无线数据包解析函数

函数名称	函数说明
ZXBeeBegin()	添加通信协议的帧头"{"
ZXBeeEnd()	添加通信协议的帧尾"}"，并返回封包后的指针
ZXBeeAdd()	在无线数据包中添加数据
ZXBeeDecodePackage()	对接收到的无线数据包进行解包

（1）ZXBeeBegin()函数的代码如下：

```
/*********************************************************************************************
* 名称：ZXBeeBegin()
* 功能：添加通信协议的帧头"{"
*********************************************************************************************/
int8 ZXBeeBegin(void)
{
    wbuf[0] = '{';                      //添加"{"
    wbuf[1] = '\0';
    return 1;
}
```

（2）ZXBeeEnd()函数的代码如下：

```
/*********************************************************************************************
* 名称：ZXBeeEnd()
```

```
* 功能：添加通信协议的帧尾“}”，并返回封包后的指针
* 参数：wbuf 表示返回封包后的指针
*********************************************************************************************/
char* ZXBeeEnd(void)
{
    int offset = strlen(wbuf);
    wbuf[offset-1] = '}';                          //添加“}”
    wbuf[offset] = '\0';                           //添加无线数据包的结束符
    if (offset > 2) return wbuf;
    return NULL;
}
```

（3）ZXBeeAdd()函数的代码如下：

```
/*********************************************************************************************
* 名称：ZXBeeAdd()
* 功能：在无线数据包中添加数据
* 参数：tag 表示变量；val 表示值
* 返回：len 表示数据长度
*********************************************************************************************/
int8 ZXBeeAdd(char* tag, char* val)
{
    sprintf(&wbuf[strlen(wbuf)], "%s=%s,", tag, val);      //在无线数据包中添加数据
    return strlen(wbuf);
}
```

（4）ZXBeeDecodePackage()函数的代码如下：

```
/*********************************************************************************************
* 名称：ZXBeeDecodePackage()
* 功能：对接收到的无线数据包进行解包
* 参数：pkg 表示接收到的无线数据包；len 表示无线数据包的长度
* 返回：p 表示返回的无线数据包
*********************************************************************************************/
char* ZXBeeDecodePackage(char *pkg, int len)
{
    char *p;
    char *ptag = NULL;
    char *pval = NULL;
    if (pkg[0] != '{' || pkg[len-1] != '}') return NULL;      //判断帧头、帧尾格式
    ZXBeeBegin();                                           //为返回的指令添加帧头
    pkg[len-1] = 0;
    p = pkg+1;                                              //去掉帧头、帧尾
    do {
        ptag = p;
        p = strchr(p, '=');                                 //判断键值对内的“=”
        if (p != NULL) {
            *p++ = 0;                                       //提取“=”左边的 ptag
```

```
                pval = p;                                //指针指向 pval
                p = strchr(p, ',');                      //判断无线数据包内键值对分隔符“,”
                if (p != NULL) *p++ = 0;                 //提取“=”右边的 pval
                int ret;
                ret = ZXBeeSysCommandProc(ptag, pval);   //将提取出来的键值对发送给系统函数处理
                if (ret < 0) {
                    ret = ZXBeeUserProcess(ptag, pval);  //将提取出来的键值对发送给用户函数处理
                }
            }
        } while (p != NULL);                             //若无线数据包未解析完，则继续循环
        p = ZXBeeEnd();                                  //为返回的无线数据包添加帧尾
        return p;
    }
```

4）ZigBee 仓库湿度采集系统和智慧仓库系统的关系

仓库湿度采集系统是智慧仓库应用中的一个子系统，主要功能是对仓库中的湿度进行监测。

仓库湿度采集系统采用 ZigBee 网络，通过部署湿度传感器和 ZigBee 无线节点，将传感器采集到的数据通过智能网关（Android）发送到物联网云平台，最终通过智慧仓库系统完成湿度数据的采集和数据展现。ZigBee 仓库湿度采集系统和智慧仓库系统的关系如图 4.11 所示。

3．温湿度传感器

本项目中的湿度传感器采用 HTU21D 型温湿度传感器。HTU21D 型温湿度传感器在芯片内都存储了电子识别码（可以通过输入指令读出这些识别码），其分辨率可以通过输入指令进行修改。该传感器可以检测到电池低电量状态、输出校验和，有助于提高通信的可靠性。HTU21D 型温湿度传感器的引脚如图 4.12 所示，引脚的功能如表 4.11 所示。

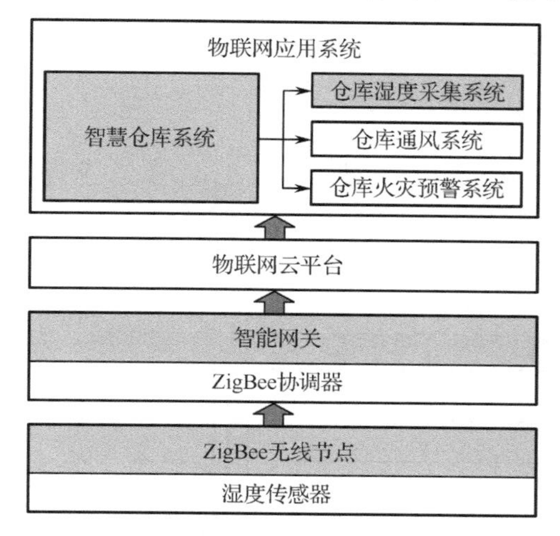

图 4.11　ZigBee 仓库湿度采集系统和智慧仓库系统的关系

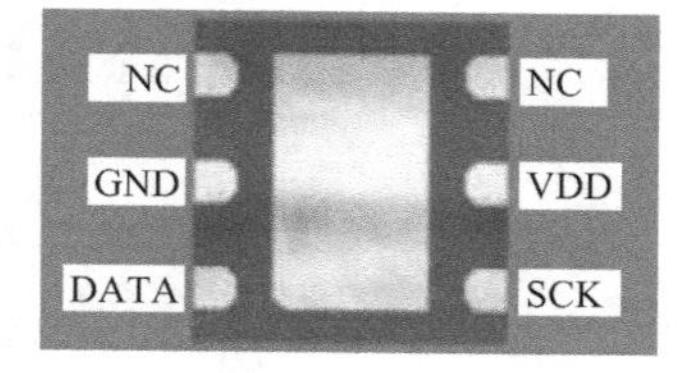

图 4.12　HTU21D 型温湿度传感器的引脚

表 4.11　HTU21D 型温湿度传感器引脚的功能

序　号	引脚名称	功　能
1	DATA	串行数据端口（双向）
2	GND	电源地
3	NC	不连接
4	NC	不连接
5	VDD	电源输入
6	SCK	串行时钟（双向）

1）VDD 引脚

HTU21D 型温湿度传感器的供电范围为 DC 1.8～3.6 V，推荐电压为 3.0 V。VDD 引脚和 GND 引脚之间需要连接一个 100 nF 的去耦电容，该电容应尽可能靠近传感器。

2）SCK 引脚

SCK 引脚用于微处理器与 HTU21D 型温湿度传感器之间的通信同步，由于该引脚包含了完全静态逻辑，因而不存在最小 SCK 频率。

3）DATA 引脚

DATA 引脚为三态结构，用于读取 HTU21D 型温湿度传感器的数据。当向 HTU21D 型温湿度传感器发送指令时，DATA 在 SCK 的上升沿有效且在 SCK 为高电平时必须保持稳定，DATA 在 SCK 的下降沿之后改变。当从 HTU21D 型温湿度传感器读取数据时，DATA 在 SCK 变为低电平后有效，且维持到下一个 SCK 下降沿。为避免信号冲突，微处理器在 DATA 为低电平时需要一个外部的上拉电阻（如 10 kΩ）将信号提拉至高电平，上拉电阻通常包含在微处理器的 I/O 端口的电路中。

4）微处理器与 HTU21D 型温湿度传感器的通信时序

微处理器与 HTU21D 型温湿度传感器的通信时序如图 4.13 所示。

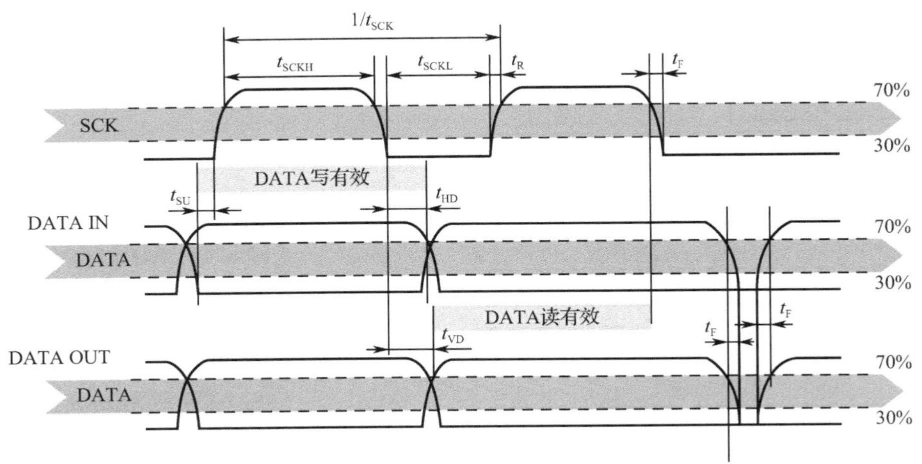

图 4.13　微处理器与 HTU21D 型温湿度传感器的通信时序

（1）启动传感器：将传感器上电，VDD 的电压为 1.8～3.6 V。上电后，传感器最多需要 15 ms（此时 SCK 为高电平）便可达到空闲状态，即做好准备接收由主机发送的指令。

（2）起始信号：开始传输，发送一位数据时，DATA 在 SCK 为高电平期间向低电平跳变，如图 4.14 所示。

（3）停止信号：终止传输，停止发送数据时，DATA 在 SCK 为高电平期间向高电平跳变，如图 4.15 所示。

图 4.14　起始信号　　　　图 4.15　停止信号

5）主机/非主机模式

微处理器与 HTU21D 型温湿度传感器之间的通信有两种工作方式：主机模式和非主机模式。在主机模式下，在测量的过程中，SCL 被封锁（由传感器进行控制）；在非主机模式下，当传感器在执行测量任务时，SCL 仍然保持开放状态，可进行其他通信。在主机模式下进行测量时，HTU21D 型温湿度传感器将 SCL 拉低，强制主机进入等待状态，通过释放 SCL，表示传感器内部处理工作结束，从而可以继续传输数据。

在如图 4.16 所示的主机模式时序中，灰色部分由 HTU21D 型温湿度传感器控制。如果省略了校验和（Checksum），则可将第 45 位改为 NACK，后接一个传输停止信号（P）。

在非主机模式下，微处理器需要对传感器的状态进行查询。此过程是通过发送一个起始信号后紧接 IIC 总线首字节（1000 0001）来完成的。如果内部处理工作完成，则微处理器查询到传感器发出的确认信号后，相关数据就可以通过微处理器进行读取。如果检测到处理工作没有完成，则传感器无确认位（ACK）输出，此时必须重新发送起始信号。非主机模式时序如图 4.17 所示。

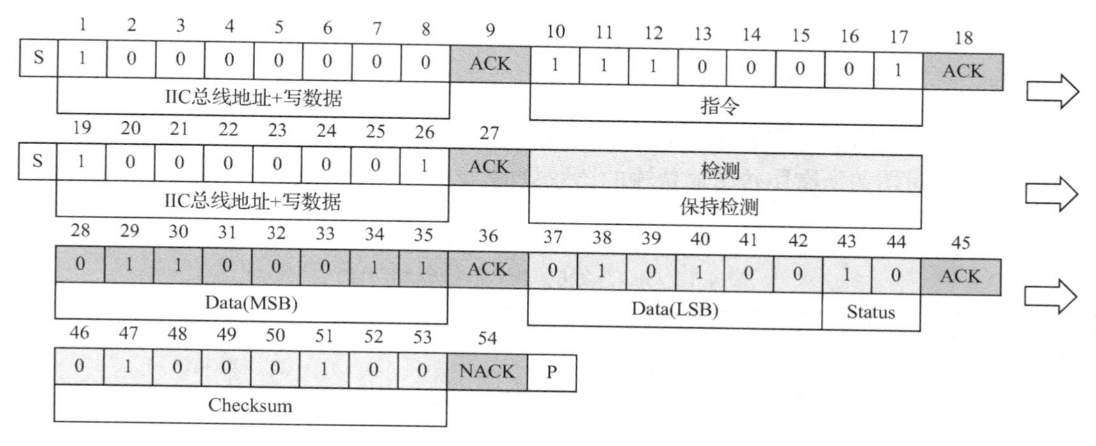

图 4.16　主机模式时序

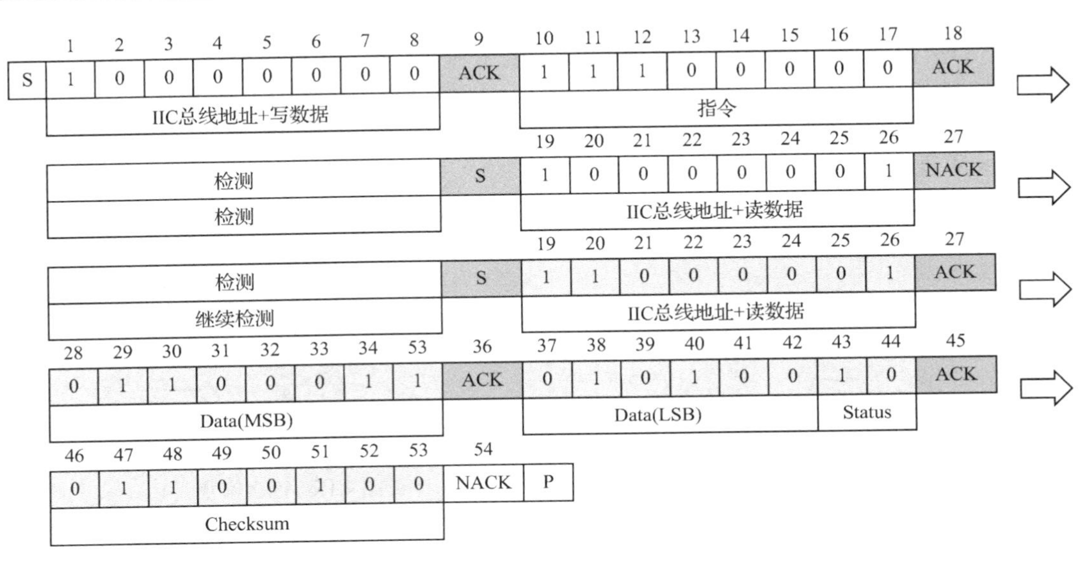

图 4.17　非主机模式时序

无论采用哪种模式，由于测量的最大分辨率为 14 位，第二个字节 SDA 上的最低 2 位（bit43 和 bit44）用来传输相关的状态（Status）信息，bit1 表明测量的类型（0 表示温度，1 表示湿度），bit0 目前没有赋值。

6）软复位

在不需要关闭和再次打开电源的情况下，通过软复位可以重新启动传感器系统。在接收到软复位指令之后，传感器开始重新初始化，并恢复默认设置状态，如图 4.18 所示，软复位所需时间不超过 15 ms。

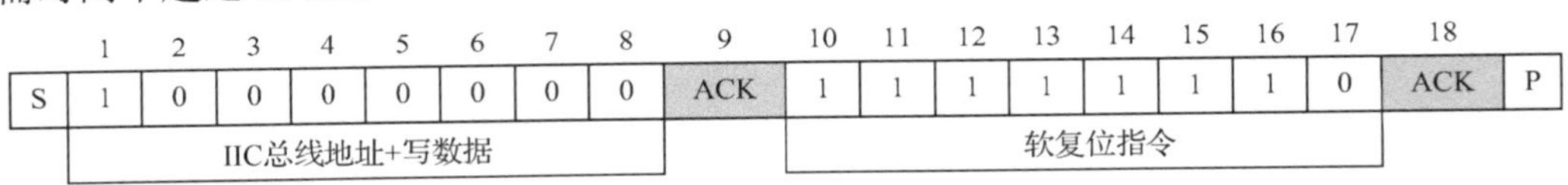

图 4.18　软复位指令

7）CRC-8 校验和计算

当 HTU21D 型温湿度传感器通过 IIC 总线通信时，CRC-8 校验和可用于检测传输错误，CRC-8 校验和可覆盖所有由传感器传输的读取数据。IIC 总线的 CRC-8 校验和功能如表 4.12 所示。

表 4.12　IIC 总线的 CRC-8 校验和功能

序　号	功　能	说　明
1	生成多项式	$X^8+X^5+X^4+1$
2	初始化	0x00
3	保护数据	读数据
4	最后操作	无

8）信号转换

HTU21D 型温湿度传感器的默认分辨率为 12 位（相对湿度）和 14 位（温度）。SDA 的输出数据被转换成 2 字节的数据包，高字节 MSB 在前（左对齐），每个字节后面都跟随 1 个应答位、2 个状态位，即 LSB 的最低 2 位在进行物理计算前必须清 0。例如，所传输的 16 位相对湿度数据为 0110001101010000（二进制）=25424（十进制）。

（1）相对湿度转换。不论基于哪种分辨率，相对湿度 RH 都可以根据输出的相对湿度信号 S_{RH}，通过如下公式计算获得（结果以%RH 为单位）：

$$RH=-6+125\times S_{RH}/2^{16}$$

例如，16 位的湿度数据为 0x6350，即 25424，相对湿度的计算结果为 42.5%RH。

（2）温度转换。不论基于哪种分辨率，温度 T 都可以根据输出的温度信号 S_T，通过下面的公式计算得到（结果以℃为单位）：

$$T=-46.85+175.72\times S_T/2^{16}$$

4.2.3 开发实践：仓库湿度采集系统设计

1. 开发设计

本项目以仓库湿度采集系统为例介绍采集类程序接口、数据上报程序接口和传感器应用程序接口的应用。

仓库湿度采集系统通过 HTU21D 型温湿度传感器采集环境湿度，该传感器通过 IIC 总线与 CC2530 连接。仓库湿度采集系统定时采集湿度并进行上报，当远程控制设备发送查询指令时，传感器节点能够执行指令并反馈湿度信息。

仓库湿度采集系统的设计可分为两个部分，分别为硬件功能设计和软件协议设计。

1）硬件功能设计

仓库湿度采集系统通过 HTU21D 型温湿度传感器定时采集湿度信息并上报，其硬件框图如图 4.19 所示。

从图 4.19 可以得知，HTU21D 型温湿度传感器通过 IIC 总线与 CC2530 进行通信。HTU21D 型温湿度传感器的硬件连接如图 4.20 所示。

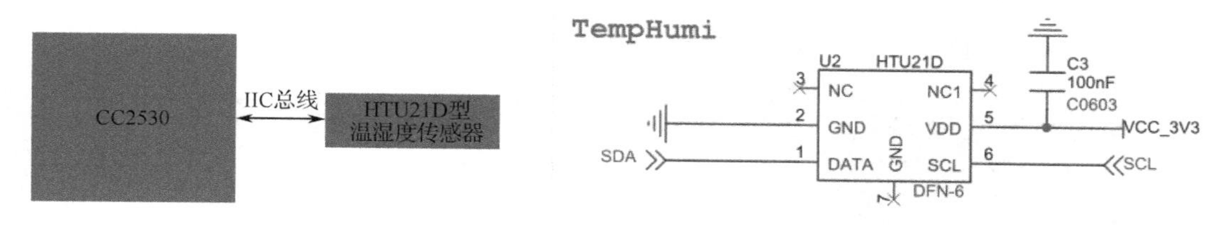

图 4.19 仓库湿度采集系统的硬件框图　　图 4.20 HTU21D 型温湿度传感器的硬件连接

图中 HTU21D 型温湿度传感器的 SCL 引脚连接到 CC2530 的 P0_0 引脚，SDA 引脚连接到 CC2530 的 P0_1 引脚。

2）软件协议设计

ZigBeeHumidity 工程实现了仓库湿度采集系统的功能，具体如下：

（1）节点入网后，每 20 s 上报一次传感器数据。

（2）应用层可以下行发送查询指令读取传感器最新的数据。

ZigBeeHumidity 工程采用类 JOSN 格式的通信协议（{[参数]=[值],[参数]=[值]…}），具体如表 4.13 所示。

表 4.13　仓库湿度采集系统的通信协议

数据方向	协议格式	说明
上行（节点往应用层发送数据）	{humidity=X}	X 表示采集到的湿度数据
下行（应用层往节点发送指令）	{humidity =?}	查询湿度数据，返回{humidity =X}，X 表示采集到的湿度数据

2. 功能实现

1）仓库湿度采集系统的程序分析

ZigBeeHumidity 工程是基于智云框架开发的，实现了传感器数据的循环上报和查询、无线数据的封包和解包等功能。下面详细分析仓库湿度采集系统的程序逻辑。

（1）传感器应用程序部分：在 sensor.c 文件中实现，包括传感器初始化函数（sensorInit()）、节点入网调用函数（sensorLinkOn()）、传感器数据上报函数（sensorUpdate()）、处理下行的用户指令函数（ZXBeeUserProcess()）、用户事件处理函数（MyEventProcess()）。

（2）传感器驱动：在 HTU21D.c 文件中实现，通过 IIC 总线来实现对传感器数据的实时采集。

（3）无线数据包收发处理：在 zxbee-inf.c 文件中实现，包括 ZigBee 无线数据的收发函数。

（4）无线数据的封包、解包：在 zxbee.c 文件中实现，封包函数为 ZXBeeBegin()、ZXBeeAdd()、ZXBeeEnd()，解包函数为 ZXBeeDecodePackage()。

2）仓库湿度采集系统的应用设计

仓库湿度采集系统属于采集类应用开发，主要完成传感器数据的循环上报。

（1）传感器初始化。在 SAPI 框架下，ZStack 协议栈初始化完成后，当触发 ZB_ENTRY_EVENT 事件时会调用传感器初始化函数。

```
void zb_HandleOsalEvent( uint16 event )
{
    if (event & ZB_ENTRY_EVENT) {
        uint8 startOptions;
        uint8 selType = NODE_TYPE;

        at_init();

        zb_ReadConfiguration( ZCD_NV_LOGICAL_TYPE, sizeof(uint8), &logicalType );
        if ( logicalType !=ZG_DEVICETYPE_ENDDEVICE && logicalType !=ZG_DEVICETYPE_
                                                            ROUTER ) {
            zb_WriteConfiguration(ZCD_NV_LOGICAL_TYPE, sizeof(uint8), &selType);
```

```
                zb_SystemReset();
            }
            zb_ReadConfiguration( ZCD_NV_STARTUP_OPTION, sizeof(uint8), &startOptions );
            if (startOptions != ZCD_STARTOPT_AUTO_START) {
                startOptions = ZCD_STARTOPT_AUTO_START;
                zb_WriteConfiguration( ZCD_NV_STARTUP_OPTION, sizeof(uint8), &startOptions );
                zb_SystemReset();
            }
            osal_nv_read( ZCD_NV_PANID, 0, sizeof( panid ), &panid );
            HalLedSet( HAL_LED_2, HAL_LED_MODE_FLASH );          //网络灯开始闪烁
            ZXBeeInfInit();                                       //ZXBee通信协议初始化
#ifndef CC2530_Serial
            sensorInit();                                         //传感器初始化
#endif
        }
        ……
}
```

sensor.c 文件中的 sensorInit()函数用于实现传感器初始化，代码如下：

```
void sensorInit(void)
{
    htu21d_init();                                    //HTU21D型温湿度传感器初始化
    //启动定时器，触发事件MY_REPORT_EVT
    osal_start_timerEx(sapi_TaskID, MY_REPORT_EVT, (uint16)((osal_rand()%10) * 1000));
}
```

（2）传感器数据循环上报。采集类开发平台负责循环上报传感器采集的数据，在调用 sensor.c 文件中的 sensorInit()函数完成传感器初始化后，会启动一个定时器来触发 MY_REPORT_EVT 事件。在触发 MY_REPORT_EVT 事件后，会调用 AppCommon.c 文件中的 zb_HandleOsalEvent()函数，用于触发用户事件，并调用 sensor.c 文件中的 MyEventProcess()函数，该函数内部调用 sensorUpdate()函数进行传感器数据的上报，并再次启动一个定时器来触发 MY_REPORT_EVT 事件，从而实现传感器数据的循环上报。

```
/*********************************************************************************************
* 名称：MyEventProcess()
* 功能：自定义事件处理
* 参数：event表示事件编号
*********************************************************************************************/
void MyEventProcess( uint16 event )
{
    if (event & MY_REPORT_EVT) {
        sensorUpdate();                               //传感器数据上报
        //启动定时器，触发事件MY_REPORT_EVT
        osal_start_timerEx(sapi_TaskID, MY_REPORT_EVT, 20*1000);
    }
}
```

在 sensor.c 文件中的 sensorUpdate()内部调用 updateHumidity()函数实现传感器数据的更新，并通过 ZXBeeBegin()、ZXBeeAdd()、ZXBeeEnd()函数对数据进行封包，最后调用 zxbee-inf.c 文件中的 ZXBeeInfSend()函数将无线数据包发送给协调器。

```
/*********************************************************************************************
* 名称：sensorUpdate()
* 功能：上报传感器数据
*********************************************************************************************/
void sensorUpdate(void)
{
    char pData[16];
    char *p = pData;

    //更新湿度数据
    updateHumidity();
    ZXBeeBegin();                                                   //智云数据帧格式包头
    //上报湿度数据
    sprintf(p, "%.1f", humidity);
    ZXBeeAdd("humidity", p);

    p = ZXBeeEnd();                                                 //智云数据帧格式包尾
    if (p != NULL) {
        //将需要上传的数据打包，并通过 ZXBeeInfSend()函数发送到协调器
        ZXBeeInfSend(p, strlen(p));
    }
    printf("sensor->sensorUpdate():humidity=%.1f\r\n", humidity);
}

/*********************************************************************************************
* 名称：ZXBeeInfSend()
* 功能：节点发送无线数据包给协调器
* 参数：*p 表示要发送的无线数据包；len 表示无线数据包的长度
*********************************************************************************************/
void ZXBeeInfSend(char *p, int len)
{
    HalLedSet( HAL_LED_1, HAL_LED_MODE_OFF );
    HalLedSet( HAL_LED_1, HAL_LED_MODE_BLINK );
#if DEBUG
    Debug("Debug send:");
    for (int i=0; i<len; i++) {
        Debug("%c", p[i]);
    }
    Debug("\r\n");
#endif
    zb_SendDataRequest( 0, 0, len, (uint8*)p, 0, 0/*AF_ACK_REQUEST*/, AF_DEFAULT_RADIUS );
}
```

```
                ZXBeeAdd("CHANNEL", buf);
                ret = 1;
            } else {
                SetChannel(val);
            }
            ret = 1;
        }
#ifndef CC2530_Serial
        else if (0 == strcmp("TYPE", ptag))
        {
            if (0 == strcmp("?", pval))
            {
                sprintf(buf, "%d%d%s", NODE_CATEGORY, GetCurrentLogicalType(), NODE_NAME);
                ZXBeeAdd("TYPE", buf);
            }
            ret = 1;
        }
#endif
        else if (0 == strcmp("TPN", ptag))
        {
            /*参数格式 x/y 表示在 y 分钟内上报 x 次数据
            *x = 0 停止上报，
            *限制每分钟最大上报 6 次，最少上报 1 次 */
            char *s = strchr(pval, '/');
            if (s != NULL)
            {
                int v1, v2;
                *s = 0;
                v1 = atoi(pval);
                v2 = atoi(s+1);
                if (v1 > 0 && v2 > 0)
                {
                    uint16 delay = v2*60/v1;
                    uint16 cnt = v1;
                    if (delay >= 10 && delay <= 65)
                    {
                        starReportTPN(delay, cnt);
                    }
                }
            }
            ret = 1;
        } //TPN
        return ret;
}
/*********************************************************************************************
* 名称：ZXBeeUserProcess()
* 功能：对用户命令进行处理
```

```
* 参数：*ptag 表示控制命令名称；*pval 表示控制命令参数
* 返回：<0 表示不支持指令；>=0 表示指令已处理
*********************************************************************************************/
int ZXBeeUserProcess(char *ptag, char *pval)
{
    int ret = 0;
    char pData[16];
    char *p = pData;

    //控制命令解析
    if (0 == strcmp("humidity", ptag)){                              //查询执行器命令编码
        if (0 == strcmp("?", pval)){
            updateLightIntensity();
            ret = sprintf(p, "%.1f", humidity);
            ZXBeeAdd("humidity", p);
        }
    }
    return ret;
}
```

3）湿度传感器驱动设计

湿度传感器（即 HTU21D 型温湿度传感器）的驱动是在 htu21d.c 文件中实现的，通过 IIC 总线实现实时采集湿度传感器的数据。HTU21D 型温湿度传感器驱动程序如表 4.14 所示。

表 4.14　HTU21D 型温湿度传感器驱动程序

函 数 名 称	函 数 说 明
htu21d_init ()	HTU21D 型温湿度传感器初始化
htu21d_get_data ()	HTU21D 型温湿度传感器实时采集数据
htu21d_read_reg ()	读出 HTU21D 型温湿度传感感器内部数据

（1）湿度传感器初始化。湿度传感器采用 HTU21D 型温湿度传感器，该传感器通过 IIC 总线与 CC2530 连接，因此湿度传感器的初始化主要是对 IIC 总线进行初始化。

```
/*********************************************************************************************
* 名称：htu21d_init()
* 功能：HTU21D 型温湿度传感器的初始化
*********************************************************************************************/
void htu21d_init(void)
{
    iic_init();                                  //IIC 总线初始化
    iic_start();                                 //启动 IIC 总线
    iic_write_byte(HTU21DADDR&0xfe);             //写 HTU21D 型温湿度传感器的 IIC 总线地址
    iic_write_byte(0xfe);
    iic_stop();                                  //停止 IIC 总线
    //delay(600);                                //短延时
}/*********************************************************************************************
```

```
* 名称：iic_init()
* 功能：IIC 总线初始化函数
*******************************************************************************************/
void iic_init(void)
{
    P0SEL &= ~0x03;                          //设置 P0_0 和 P0_1 引脚为 GPIO 模式
    P0DIR |= 0x03;                           //设置 P0_0 和 P0_1 引脚为输出模式
    SDA = 1;                                 //拉高数据线
    iic_delay_us(10);                        //延时 10 μs
    SCL = 1;                                 //拉高时钟线
    iic_delay_us(10);                        //延时 10 μs
}
```

（2）湿度传感器采集湿度数据的代码如下：

```
/*******************************************************************************************
* 名称：htu21d_get_data()
* 功能：HTU21D 型温湿度传感器采集数据
* 参数：order 表示指令
* 返回：temperature 表示温度值；humidity 表示湿度值
*******************************************************************************************/
int htu21d_get_data(unsigned char order)
{
    float temp = 0,TH = 0;
    unsigned char MSB,LSB;
    unsigned int humidity,temperature;
    iic_start();                             //启动 IIC 总线
    if(iic_write_byte(HTU21DADDR & 0xfe) == 0){   //写 HTU21D 型温湿度传感器的 IIC 总线地址
        if(iic_write_byte(order) == 0){      //写寄存器地址
            do{
                delay(30);
                iic_start();
            }
            while(iic_write_byte(HTU21DADDR | 0x01) == 1);     //发送读信号
          MSB = iic_read_byte(0);                              //读取数据高 8 位
           delay(30);                                          //延时
           LSB = iic_read_byte(0);                             //读取数据低 8 位
           iic_read_byte(1);
           iic_stop();                                         //停止 IIC 总线
           LSB &= 0xfc;                                        //取出数据有效位
           temp = MSB*256+LSB;                                 //数据合并
           if (order == 0xf3){                                 //触发开启温度检测
               TH=(175.72)*temp/65536-46.85;
               temperature =(unsigned int)(fabs(TH)*100);
               if(TH >= 0)
               flag = 0;
               else
               flag = 1;
```

```
                return temperature;
            }else{
                TH = (temp*125)/65536-6;
                humidity = (unsigned int)(fabs(TH)*100);
                return humidity;
            }
        }
    }
    iic_stop();
    return 0;
}
```

（3）通过 IIC 总线读取 HTU21D 型温湿度传感器的内部数据，代码如下：

```
/*********************************************************************************************
* 名称：htu21d_read_reg()
* 功能：读取 HTU21D 型温湿度传感器的内部数据
* 参数：cmd 表示寄存器地址
* 返回：data 表示寄存器数据
*********************************************************************************************/
unsigned char htu21d_read_reg(unsigned char cmd)
{
    unsigned char data = 0;
    iic_start();                                        //启动 IIC 总线
    if(iic_write_byte(HTU21DADDR & 0xfe) == 0){         //写 HTU21D 型温湿度传感器的 IIC 总线地址
        if(iic_write_byte(cmd) == 0){                   //写寄存器地址
            do{
                delay(30);                              //延时 30 ms
                iic_start();                            //启动 IIC 总线
            }
            while(iic_write_byte(HTU21DADDR | 0x01) == 1);          //发送读信号
            data = iic_read_byte(0);                                //读取 1 字节的数据
            iic_stop();                                             //停止 IIC 总线
        }
    }
    return data;
}
```

（4）IIC 总线的驱动程序代码如下：

```
/*********************************************************************************************
* 宏定义
*********************************************************************************************/
#define   SCL    P0_0                                   //定义 IIC 总线的时钟引脚
#define   SDA    P0_1                                   //定义 IIC 总线的数据引脚
/*********************************************************************************************
* 名称：iic_delay_us()
* 功能：延时
```

```
* 参数：i 表示延时设置
*********************************************************************************/
void    iic_delay_us(unsigned int i)
{
    while(i--){
        asm("nop"); asm("nop"); asm("nop"); asm("nop"); asm("nop");
        asm("nop"); asm("nop"); asm("nop"); asm("nop"); asm("nop");
        asm("nop");
    }
}

/*********************************************************************************
* 名称：iic_init()
* 功能：IIC 总线初始化
*********************************************************************************/
void iic_init(void)
{
    P0SEL &= ~0x03;                                  //设置 P0_0 和 P0_1 引脚为 GPIO 模式
    P0DIR |= 0x03;                                   //设置 P0_0 和 P0_1 引脚为输出模式
    SDA = 1;                                         //拉高数据线
    iic_delay_us(10);                                //延时 10 μs
    SCL = 1;                                         //拉高时钟线
    iic_delay_us(10);                                //延时 10 μs
}

/*********************************************************************************
* 名称：iic_start()
* 功能：启动 IIC 总线
*********************************************************************************/
void iic_start(void)
{
    SDA = 1;                                         //拉高数据线
    SCL = 1;                                         //拉高时钟线
    iic_delay_us(5);                                 //延时
    SDA = 0;                                         //产生下降沿
    iic_delay_us(5);                                 //延时
    SCL = 0;                                         //拉低时钟线
}
/*********************************************************************************
* 名称：iic_stop()
* 功能：停止 IIC 总线
*********************************************************************************/
void iic_stop(void)
{
    SDA =0;                                          //拉低数据线
    SCL =1;                                          //拉高时钟线
    iic_delay_us(5);                                 //延时 5 μs
```

```
    SDA=1;                                              //产生上升沿
    iic_delay_us(5);                                    //延时 5 μs
}
/*********************************************************************************************
* 名称：iic_send_ack()
* 功能：IIC 总线发送应答信号
* 参数：ack 表示应答信号
*********************************************************************************************/
void iic_send_ack(int ack)
{
    SDA = ack;                                          //写应答信号
    SCL = 1;                                            //拉高时钟线
    iic_delay_us(5);                                    //延时
    SCL = 0;                                            //拉低时钟线
    iic_delay_us(5);                                    //延时
}
/*********************************************************************************************
* 名称：iic_recv_ack()
* 功能：IIC 总线接收应答信号
*********************************************************************************************/
int iic_recv_ack(void)
{
    SCL = 1;                                            //拉高时钟线
    iic_delay_us(5);                                    //延时
    CY = SDA;                                           //读应答信号
    SCL = 0;                                            //拉低时钟线
    iic_delay_us(5);                                    //延时
    return CY;
}
/*********************************************************************************************
* 名称：iic_write_byte()
* 功能：向 IIC 总线写入 1 字节的数据，返回 ACK 或者 NACK，写入的数据从高到低依次发送
* 参数：data 表示要写入的数据
*********************************************************************************************/
unsigned char iic_write_byte(unsigned char data)
{
    unsigned char i;
    SCL = 0;                                            //拉低时钟线
    for(i = 0;i < 8;i++){
        if(data & 0x80){                                //判断数据最高位是否为 1
            SDA = 1;
        }
        else
        SDA = 0;
        iic_delay_us(5);                                //延时 5 μs
        SCL = 1;        //输出 SDA 稳定后，拉高 SCL 产生上升沿，从机检测到上升沿后进行数据采样
        iic_delay_us(5);                                //延时 5 μs
```

```
            SCL = 0;                                        //拉低时钟线
            iic_delay_us(5);                                //延时 5 μs
            data <<= 1;                                     //数组左移 1 位
        }
        iic_delay_us(2);                                    //延时 2 μs
        SDA = 1;                                            //拉高数据线
        SCL = 1;                                            //拉高时钟线
        iic_delay_us(2);                                    //延时 2 μs，等待从机应答
        if(SDA == 1){                                       //SDA 为高，收到 NACK
            return 1;
        }else{                                              //SDA 为低，收到 ACK
            SCL = 0;
            iic_delay_us(50);
            return 0;
        }
}

/*********************************************************************************************
* 名称：iic_read_byte()
* 功能：从 IIC 总线读取 1 字节的数据，返回 ACK 或者 NACK，读取的数据从高到低依次接收
* 参数：data 表示要读取的数据
*********************************************************************************************/
unsigned char iic_read_byte(unsigned char ack)
{
        unsigned char i,data = 0;
        SCL = 0;
        SDA = 1;                                            //释放 IIC 总线
        for(i = 0;i < 8;i++){
            SCL = 1;                                        //产生上升沿
            iic_delay_us(30);                               //延时，等待信号稳定
            data <<= 1;
            if(SDA == 1){                                   //获取数据
                data |= 0x01;
            }else{
                data &= 0xfe;
            }
            iic_delay_us(10);
            SCL = 0;                                        //下降沿，从机给出下一位值
            iic_delay_us(20);
        }
        SDA = ack;                                          //应答状态
        iic_delay_us(10);
        SCL = 1;
        iic_delay_us(50);
        SCL = 0;
        iic_delay_us(50);
        return data;
```

```
}
/*********************************************************************************************
* 名称：delay()
* 功能：延时
* 参数：t 表示设置时间
*********************************************************************************************/
void delay(unsigned int t)
{
    unsigned char i;
    while(t--){
        for(i = 0;i < 200;i++);
    }
}
```

3. 开发验证

（1）在 IAR 集成开发环境中打开 ZigBeeHumidity 工程，进行程序的开发、调试，可通过设置断点来理解程序的调用关系，如图 4.21 所示。

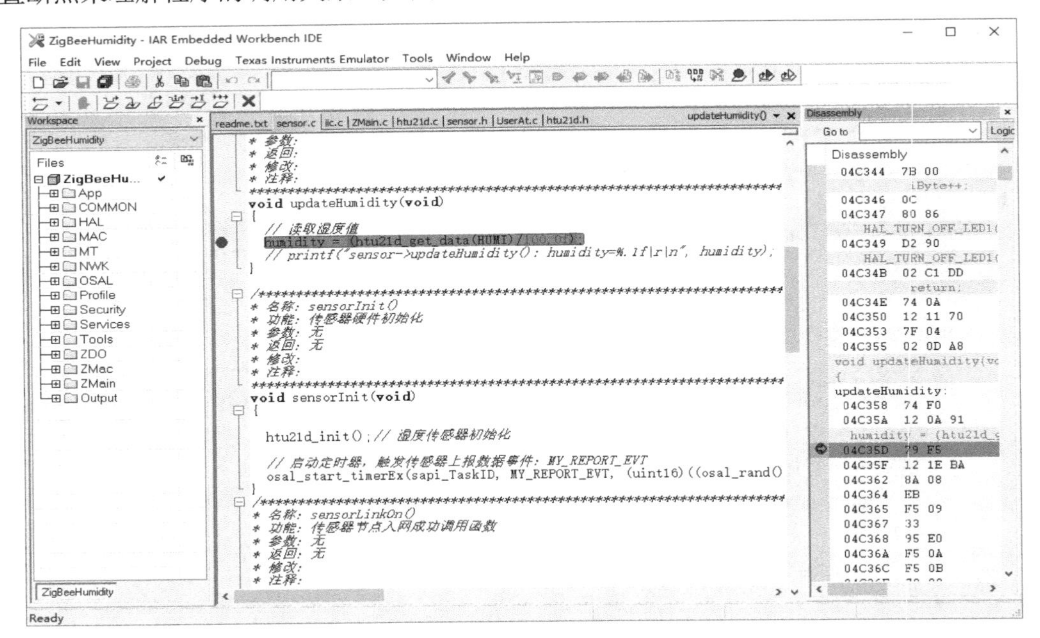

图 4.21　在 IAR 集成开发环境中打开 ZigBeeHumidity 工程

（2）根据程序设定，湿度传感器节点会每隔 20 s 上报一次湿度数据到应用层。上位机可通过 ZCloudTools 工具发送查询指令（{humidity=?}），节点接收到查询指令后会返回实时的湿度数据。

（3）查看湿度传感器的数值变化。

（4）修改程序中数据上报的时间间隔，记录湿度传感器数据的变化。

仓库湿度采集系统的验证效果如图 4.22、图 4.23 和图 4.24 所示。

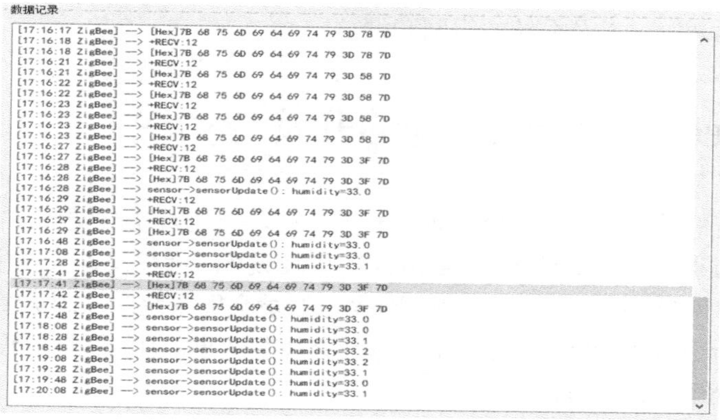

数据记录

```
[17:16:17 ZigBee] —> [Hex]7B 68 75 6D 69 64 69 74 79 3D 78 7D
[17:16:18 ZigBee] —> +RECV:12
[17:16:18 ZigBee] —> [Hex]7B 68 75 6D 69 64 69 74 79 3D 78 7D
[17:16:21 ZigBee] —> +RECV:12
[17:16:21 ZigBee] —> [Hex]7B 68 75 6D 69 64 69 74 79 3D 58 7D
[17:16:22 ZigBee] —> +RECV:12
[17:16:22 ZigBee] —> [Hex]7B 68 75 6D 69 64 69 74 79 3D 58 7D
[17:16:23 ZigBee] —> +RECV:12
[17:16:23 ZigBee] —> [Hex]7B 68 75 6D 69 64 69 74 79 3D 58 7D
[17:16:23 ZigBee] —> +RECV:12
[17:16:23 ZigBee] —> [Hex]7B 68 75 6D 69 64 69 74 79 3D 58 7D
[17:16:27 ZigBee] —> +RECV:12
[17:16:27 ZigBee] —> [Hex]7B 68 75 6D 69 64 69 74 79 3D 3F 7D
[17:16:28 ZigBee] —> +RECV:12
[17:16:28 ZigBee] —> [Hex]7B 68 75 6D 69 64 69 74 79 3D 3F 7D
[17:16:28 ZigBee] —> sensor->sensorUpdate(): humidity=33.0
[17:16:29 ZigBee] —> +RECV:12
[17:16:29 ZigBee] —> [Hex]7B 68 75 6D 69 64 69 74 79 3D 3F 7D
[17:16:29 ZigBee] —> +RECV:12
[17:16:29 ZigBee] —> [Hex]7B 68 75 6D 69 64 69 74 79 3D 3F 7D
[17:16:48 ZigBee] —> sensor->sensorUpdate(): humidity=33.0
[17:17:08 ZigBee] —> sensor->sensorUpdate(): humidity=33.0
[17:17:28 ZigBee] —> sensor->sensorUpdate(): humidity=33.1
[17:17:41 ZigBee] —> +RECV:12
[17:17:41 ZigBee] —> [Hex]7B 68 75 6D 69 64 69 74 79 3D 3F 7D
[17:17:42 ZigBee] —> +RECV:12
[17:17:42 ZigBee] —> [Hex]7B 68 75 6D 69 64 69 74 79 3D 3F 7D
[17:17:48 ZigBee] —> sensor->sensorUpdate(): humidity=33.0
[17:18:08 ZigBee] —> sensor->sensorUpdate(): humidity=33.0
[17:18:28 ZigBee] —> sensor->sensorUpdate(): humidity=33.1
[17:18:48 ZigBee] —> sensor->sensorUpdate(): humidity=33.2
[17:19:08 ZigBee] —> sensor->sensorUpdate(): humidity=33.2
[17:19:28 ZigBee] —> sensor->sensorUpdate(): humidity=33.1
[17:19:48 ZigBee] —> sensor->sensorUpdate(): humidity=33.0
[17:20:08 ZigBee] —> sensor->sensorUpdate(): humidity=33.1
```

图 4.22 验证效果（一）

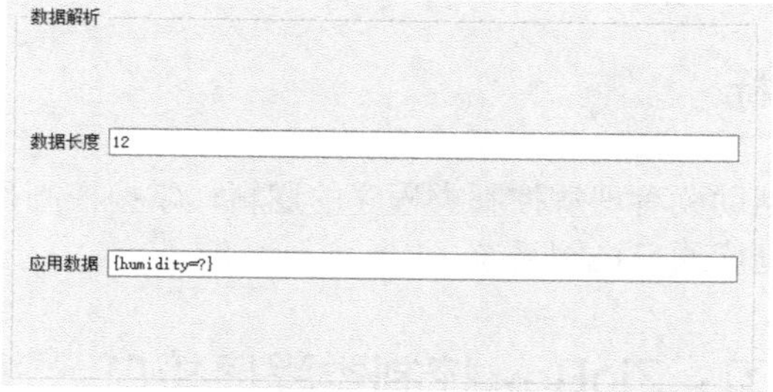

数据解析

数据长度 12

应用数据 {humidity=?}

图 4.23 验证效果（二）

智云物联云平台工具

首页 实时数据 历史数据 网络拓扑 视频监控 用户数据 自动控制

实时数据测试工具

配置服务器地址

应用ID 密钥

服务器地址 断开 分享

数据推送与接收

地址 00:12:4B:00:10:28:A5:E1 数据 {humidity=?} 发送

数据过滤 所有数据 清空空数据

00:12:4B:00:10:28:A5:E1

00:12:4B:00:15:D1:3A:4F

MAC地址	信息	时间
00:12:4B:00:10:28:A5:E1	{humidity=33.2}	11/4/2019 17:19:8
00:12:4B:00:10:28:A5:E1	{humidity=33.2}	11/4/2019 17:18:48
00:12:4B:00:10:28:A5:E1	{humidity=33.1}	11/4/2019 17:18:28
00:12:4B:00:10:28:A5:E1	{humidity=33.0}	11/4/2019 17:18:8
00:12:4B:00:10:28:A5:E1	{humidity=33.0}	11/4/2019 17:17:48
00:12:4B:00:10:28:A5:E1	{humidity=33.0}	11/4/2019 17:17:42

图 4.24 验证效果（三）

4.2.4 小结

本节先介绍 ZigBee 采集类程序的逻辑和接口，以及仓库湿度采集系统的通信协议和格式，然后介绍了仓库湿度采集系统的设计。通过仓库湿度采集系统的开发实践，读者可以理解的系统软/硬件架构，掌握 ZigBee 采集类程序的逻辑和接口、传感器应用程序接口的使用、湿度传感器的驱动开发，以及系统的组网和调试。

4.3 ZigBee 仓库通风系统的开发与实现

智慧仓库系统的功能之一是能够实现对仓库内的环境进行实时调节，能够进行环境调节的节点是控制类节点。控制类节点通常都安装有受控设备（远程设备），如控制空气湿度的雾化器、控制温度的风扇、控制光照度的遮阳棚等。智慧仓库系统向控制类节点发送控制命令，节点接收到控制命令后执行相应的操作，最后反馈控制结果，因此通过对设备的控制与调节，可以让仓库环境处于最佳状态。

本节主要介绍物联网控制类应用的开发，通过设计 ZigBee 仓库通风系统，帮助读者理解 ZigBee 控制类程序的逻辑和接口。

4.3.1 开发目标

本节的开发目标是帮助读者理解控制类程序的逻辑，掌握控制类程序接口的使用，以及通信协议的设计，实现仓库通风控制系统。

4.3.2 原理学习：ZigBee 控制类程序接口

1．ZigBee 控制类程序的逻辑分析

1）ZigBee 控制类应用场景分析

在某些应用场景中，由于实际的需要，会对远程设备进行控制，发送的控制指令由协调器发送到控制类节点，控制类节点根据控制指令来执行相应的操作，并反馈控制结果。

ZigBee 的控制类应用场景有很多，如温室大棚遮阳控制、灯光控制、城市排涝电机控制、路障控制、厂房风扇控制等。ZigBee 的控制类应用场景众多，但要如何实现控制类程序的设计呢？下面将对控制类程序的逻辑进行分析。

对于控制类节点，其主要的关注点是了解控制类节点对远程设备的控制是否有效，并反馈控制结果。控制类程序的逻辑如图 4.25 所示，主要包括以下 3 类逻辑事件：

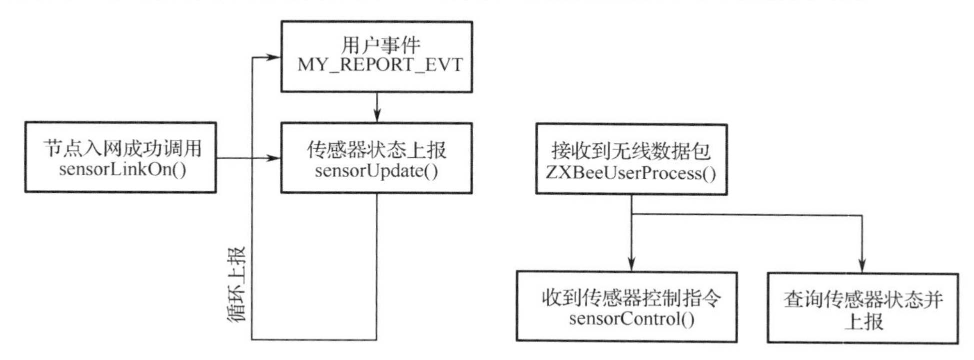

图 4.25　控制类程序的逻辑

- 用户向控制类节点发送控制指令，控制类节点实时响应并执行相应的操作。
- 用户发送查询指令后，控制类节点实时响应并反馈传感器状态。
- 远程设备状态的实时上报。

（1）**用户向控制类节点发送控制指令，控制类节点实时响应并执行相应的操作**。这是控制类节点的基本逻辑事件，控制类节点需要实时响应用户发送的控制指令。例如，当大棚某些环境参数出现异常时，系统就需要自动打开环境调节远程设备来调节大棚环境，如果远程设备不能实时响应就会对大棚内环境调节造成影响。

（2）**用户发送查询指令后，控制类节点实时响应并反馈传感器状态**。当用户向控制类节点发送控制指令后，并不了解控制类节点是否完成了控制。这种不确定性对于一个调节系统而言是非常危险的，所以需要通过查询指令来了解控制类节点的操作结果，以确保控制指令执行的有效性。

前面两种逻辑事件在实际的操作中是同时发生的，即发送一条控制指令后紧跟发送一条查询指令，当控制类节点完成控制操作后执行状态反馈操作，通过这种方式可以实现对远程设备控制的完整操作。

（3）**远程设备状态的实时上报**。在某些应用场景中，控制类节点受到外界环境影响，如雷击或人为等因素造成远程设备的重启，远程设备重启后的状态通常为默认状态。此时，远程设备的状态通常与系统需要的状态不符，可以重新发送控制指令来使远程设备回到正常的工作状态。

2）ZigBee 控制类程序通信协议的设计

一个完整的物联网综合系统，数据贯穿了感知层、网络层、服务层和应用层，数据在这四个层之间层层传递，因此需要设计一种合适的通信协议来完成数据的封装与通信。

这种通信协议在控制类节点中同样适用。在控制类应用场景中，远程设备和控制类节点分别处于通信的两端，要实现两者间的数据识别就需要约定通信协议。控制类程序的通信协议如表 4.15 所示。

表 4.15 控制类程序的通信协议

数据方向	协议格式	说明
上行（节点往应用层发送数据）	{controlStatus=*X*}	*X* 表示传感器状态
下行（应用层往节点发送指令）	{controlStatus=?}	查询传感器状态，返回{controlStatus=*X*}，*X* 表示传感器状态
下行（应用层往节点发送指令）	{cmd=*X*}	发送控制指令，*X* 表示控制指令，控制类节点根据设置进行相应的操作

2. ZigBee 控制类程序接口分析

1）ZigBee 传感器应用程序接口

传感器应用程序接口是在 sensor.c 文件中实现的，包括传感器初始化函数（sensorInit()）、节点入网调用函数（sensorLinkOn()）、传感器数据上报函数（sensorUpdate()）、传感器控制函数（sensorControl()）、处理下行的用户指令函数（ZXBeeUserProcess()）、用户事件处理函数（MyEventProcess()），如表 4.16 所示。

表 4.16　传感器应用程序接口

函数名称	函数说明
sensorInit()	传感器初始化
sensorLinkOn()	节点入网调用函数
sensorUpdate()	上报传感器数据
sensorControl()	控制传感器
ZXBeeUserProcess()	处理下行的用户指令
MyEventProcess()	用户事件处理

远程设备的控制功能建立在无线传感器网络之上，在建立无线传感器网络后，才能够进行传感器的初始化和系统用户任务的初始化，接着等待用户发送控制指令。当控制类节点接收到控制指令时，按照约定的通信协议对控制指令进行解析，解析完成后根据指令进行相应的操作，待控制完成后将反馈结果通过通信协议打包后发送给用户，用户接收到反馈结果后可知晓控制指令是否已执行完成。

控制类传感器应用程序流程如图 4.26 所示。

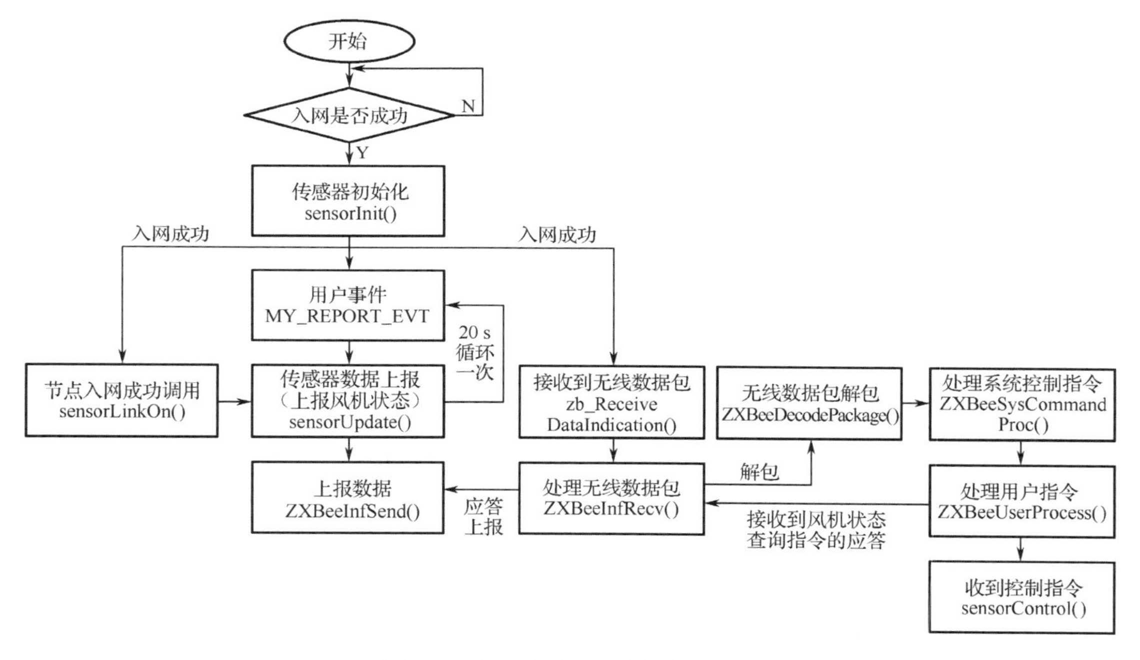

图 4.26　控制类传感器应用程序流程

2）ZigBee 无线数据包收发

无线数据包收发处理是在 zxbee-inf.c 文件中实现的，见 4.2.2 节。

3）ZigBee 无线数据包解析

根据通信协议，需要对无线数据进行封包、解包操作，无线数据的封包、解包相关函数是在 zxbee.c 文件中实现的，详见 4.2.2 节。

4）ZigBee 仓库通风系统和智慧仓库系统的关系

仓库通风系统是智慧仓库应用中的一个子系统，主要实现对仓库中风机设备的远程控制与管理。

仓库通风系统是基于 ZigBee 网络构建的，通过部署风机和 ZigBee 无线节点，通过与智能网关组网并连接到物联网云平台，最终通过智慧仓库系统实现对风机的远程控制。仓库通风系统和智慧仓库系统的关系如图 4.27 所示。

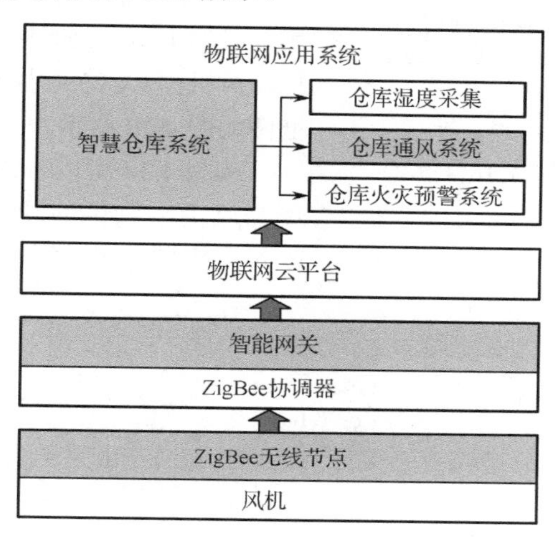

图 4.27　仓库通风系统的系统结构和智慧仓库系统的关系

5）风机

仓库通风系统中的风机采用 GM0501PFB3 型小型轴流风机，如图 4.28 所示。

GM0501PFB3 型小型轴流风机有三根接线，这三根接线分别是电源正极接线、电源负极接线、转速控制接线。电源正极接线和电源负极接线用来为轴流风机供电，轴流风机的转速控制是通过转速控制接线实现的。控制轴流风机转速的信号是一种脉冲宽度调制信号（PWM），通过调节 PWM 的脉冲宽度（占空比）可以实现对轴流风机的转速调节。PWM 信号波形如图 4.29 所示。

图 4.28　GM0501PFB3 型小型轴流风机

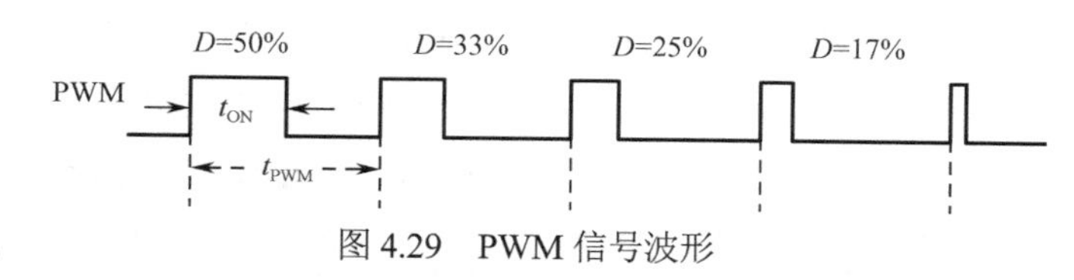

图 4.29　PWM 信号波形

4.3.3　开发实践：ZigBee 仓库通风系统设计

1．开发设计

本节以仓库通风系统为例介绍控制类程序接口的使用。为了满足对控制类应用场景的模拟，基于 ZigBee 的仓库通风系统中的节点携带了风机（作为远程设备）。根据前文对控制类程序逻辑的分析，本系统定时上报风机状态，当用户发出控制指令时，节点能够执行指令并反馈控制结果信息。

仓库通风系统的设计可分为两个部分，分别为硬件功能设计和软件协议设计。

1）硬件功能设计

根据前文的分析可知，为了实现对控制类应用场景的模拟，仓库通风系统中的节点携带了风机，风机由 CC2530 控制。仓库通风系统的硬件框图如图 4.30 所示。

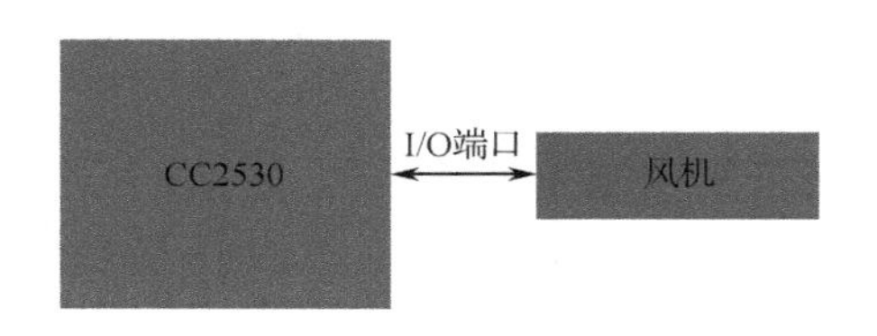

图 4.30　仓库通风系统的硬件框图

从图 4.30 可以得知，CC2530 通过 I/O 端口控制风机，风机的硬件连接如图 4.31 所示，FAN_EN 引脚连接到 CC2530 的 P0_3 引脚。

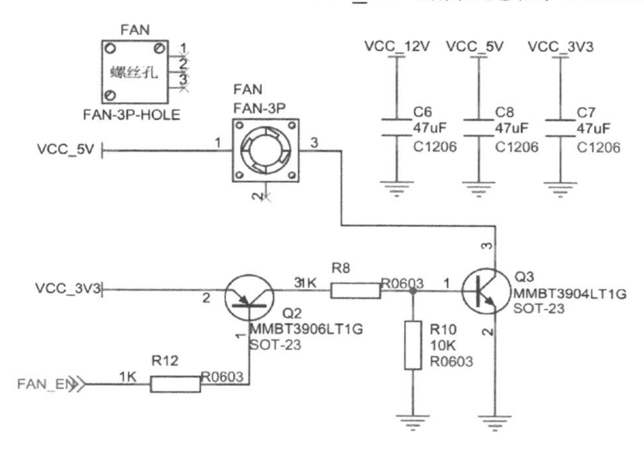

图 4.31　风机的硬件连接

2）软件协议设计

ZigBeeFan 工程实现了仓库通风系统的功能，具有如下：

（1）节点入网后，每 20 s 上报一次风机的状态。

（2）应用层可以通过发送查询指令来查看风机的状态。

（3）应用层可以通过发送控制指令来控制风机进行相应的操作。

ZigBeeFan 工程采用类 JOSN 格式的通信协议（{[参数]=[值],[参数]=[值]…}），如表 4.17 所示。

表 4.17　仓库通风系统的通信协议

数据方向	协议格式	说　明
上行（节点往应用层发送数据）	{motorStatus=X}	X 为 1 表示风机处于启动状态，X 为 0 表示风机处于关闭状态
下行（应用层往节点发送指令）	{motorStatus=?}	查询当前风机的状态，返回{motorStatus= X}，X 为 1 表示风机处于启动状态，X 为 0 表示风机处于关闭状态
下行（应用层往节点发送指令）	{cmd=X}	风机控制指令，X 为 1 表示风机处于启动状态，X 为 0 表示风机处于关闭状态

2. 功能实现

1）仓库通风系统程序分析

ZigBeeFan 工程是基于智云框架开发的，实现了风机的远程控制、风机当前状态的查询、风机状态的循环上报、无线数据的封包和解包等功能。仓库通风系统中控制类程序如下：

（1）传感器应用程序部分：在 sensor.c 文件中实现，包括传感器（风机）初始化函数（sensorInit()）、节点入网调用函数（sensorLinkOn()）、传感器状态上报函数（sensorUpdate()）、传感器控制函数（sensorControl()）、处理下行的用户指令函数（ZXBeeUserProcess()）、用户事件处理函数（MyEventProcess()）。

（2）传感器驱动：在 stepmotor.c 文件中实现，实现风机初始化、风机开关等功能。

（3）无线数据包收发处理：在 zxbee-inf.c 文件中实现，包括 ZigBee 无线数据包的收发函数。

（4）无线数据的封包、解包：在 zxbee.c 文件中实现，封包函数为 ZXBeeBegin()、ZXBeeAdd()、ZXBeeEnd()，解包函数为 ZXBeeDecodePackage()。

2）仓库通风系统应用设计

仓库通风系统属于控制类应用开发，主要完成远程设备的控制。

（1）传感器初始化。在 SAPI 框架下，ZStack 协议栈初始化完成后，当触发 ZB_ENTRY_EVENT 事件时会调用传感器初始化函数。

```
void zb_HandleOsalEvent( uint16 event )
{
    if (event & ZB_ENTRY_EVENT) {
        ……
        sensorInit();                                    //传感器初始化
    }
    ……
}
```

通过 sensor.c 文件中 sensorInit()函数实现传感器（风机）的初始化。

```
void sensorInit(void)
{
    //初始化风机的代码
    fan_init();                                          //风机初始化

    //启动定时器，触发事件 MY_REPORT_EVT
    osal_start_timerEx(sapi_TaskID, MY_REPORT_EVT, (uint16)((osal_rand()%10) * 1000));
}
```

（2）传感器状态的循环上报。控制类程序在一定的间隔时间内上报一次传感器当前的状态。初始化传感器后，会启动一个定时器来触发 MY_REPORT_EVT 事件，在触发 MY_REPORT_ EVT 事件后调用 AppCommon.c 文件中的 zb_HandleOsalEvent()函数来触发用户事件，并调用 sensor.c 文件中的 MyEventProcess()函数，该函数内部调用 sensorUpdate()函数来进行传感器状态的上报，并再次启动一个定时器来触发 MY_REPORT_EVT 事件，从而实现传感器状态的循环上报。

```
void MyEventProcess( uint16 event )
{
    if (event & MY_REPORT_EVT) {
        sensorUpdate();                                     //上报传感器状态
        //启动定时器，触发事件 MY_REPORT_EVT
        osal_start_timerEx(sapi_TaskID, MY_REPORT_EVT, 20*1000);
    }
}
```

调用 sensor.c 文件中的 sensorUpdate()函数来实现传感器状态的上报，代码如下：

```
void sensorUpdate(void)
{
    char pData[16];
    char *p = pData;

    ZXBeeBegin();                                           //智云数据帧格式包头
    //更新风机状态值
    sprintf(p, "%u", FanStatus);
    ZXBeeAdd("FanStatus ", p);

    p = ZXBeeEnd();                                         //智云数据帧格式包尾
    if (p != NULL) {
        //将需要上传的数据打包，并通过 ZXBeeInfSend()发送到协调器
        ZXBeeInfSend(p, strlen(p));
    }
}
```

（3）传感器节点入网处理。传感器节点入网后，SAPI 框架会调用 AppCommon.c 文件中的 sensorLinkOn()函数进行入网确认处理，该函数内部调用了 sensor.c 文件中的 sensorUpdate()函数来实现入网后传感器状态的上报。

```
void sensorLinkOn(void)
{
    sensorUpdate();
}
```

（4）处理接收到的控制命令。当 ZStack 协议栈接收到发送的无线数据包时，会调用 AppCommon.c 文件中的 ZXBeeInfRecv()函数，然后调用 zxbee-inf.c 文件中的 ZXBeeDecodePackage()函数来解包无线数据包，并将解包后的数据发送给应用层。

```
void ZXBeeInfRecv(char *pkg, int len)
{
    char *p = ZXBeeDecodePackage(pkg, len);
    if (p != NULL) {
        ZXBeeInfSend(p, strlen(p));
    }
}
```

在解包无线数据包后，先调用 zxbee-sys-command.c 文件中的 ZXBeeSysCommandProc()函数进行系统命令处理；然后调用 sensor.c 文件中的 ZXBeeUserProcess()函数进行用户命令处理，在该函数内实现了当前风机状态的查询、风机控制指令的处理等。

```
int ZXBeeUserProcess(char *ptag, char *pval)
{
    int val;
    int ret = 0;
    char pData[16];
    char *p = pData;
    //将字符串变量 pval 解析转换为整型变量赋值
    val = atoi(pval);
    //控制命令解析
    if (0 == strcmp("cmd", ptag)){                              //风机的控制命令
        sensorControl(val);
    }
    if (0 == strcmp("FanStatus ", ptag)){                       //查询执行器命令编码
        if (0 == strcmp("?", pval)){
            ret = sprintf(p, "%u", FanStatus);
            ZXBeeAdd("FanStatus ", p);
        }
    }
    return ret;
}
```

（5）传感器控制。在接收到控制指令后，系统会调用 sensor.c 文件中的 sensorControl()函数来处理控制指令。

```
void sensorControl(uint8 cmd)
{
    //根据 cmd 参数处理对应的控制程序
    if(cmd == 1){
        if(FanStatus != 1) {                                    //风机启动
            FanStatus = 1;
            FANIO = FAN_ON;
        }
    }
    else if(cmd == 0){
        if(FanStatus != 0) {                                    //风机关闭
            FanStatus = 0;
            FANIO = FAN_OFF;
        }
    }
}
```

3）风机驱动程序的设计

风机的驱动程序是在 fan.c 文件中实现的，主要实现风机的初始化、启动和关闭等功能。

（1）相关头文件的代码如下：

```
/*********************************************************************************************
* 宏定义
*********************************************************************************************/
#define   FANIO     P0_3                                    //定义风机控制引脚
#define   FAN_ON    1
#define   FAN_OFF   0
/*********************************************************************************************
* 内部原型函数
*********************************************************************************************/
void fan_init(void);                                        //风机初始化
```

（2）风机初始化的代码如下：

```
/*********************************************************************************************
* 名称：fan _init()
* 功能：初始化风机
*********************************************************************************************/
void fan_init(void)
{
     P0SEL &= ~0x08;                                        //配置引脚为 GPIO 模式
     P0DIR |= 0x08;                                         //配置引脚为输入模式
     FANIO = FAN_OFF;                                       //关闭风机
}
```

3．开发验证

（1）在 IAR 集成开发环境中打开 ZigBeeFan 工程，进行程序的开发、调试，可以通过设置断点来理解程序调用关系，如图 4.32 所示。

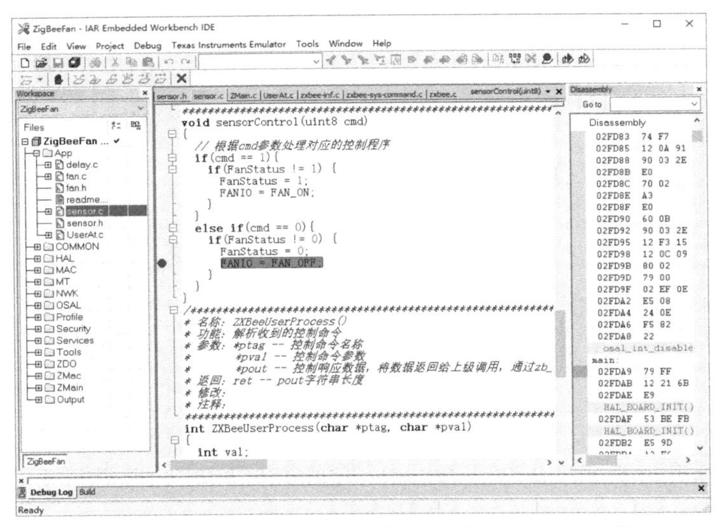

图 4.32　在 IAR 集成开发环境中打开 ZigBeeFan 工程

（2）根据程序设定，风机会每隔 20 s 上报一次其状态到应用层。

（3）上位机可通过 ZCloudTools 工具发送风机状态查询指令（{FanStatus =?}），节点接收到查询指令后会将风机的当前状态返回到应用层。

（4）上位机可通过 ZCloudTools 工具发送风机控制指令（正转指令为{cmd=1}，反转指令为{cmd=0}），节点接收到控制指令后会控制风机进行相应的操作。

仓库通风系统的验证效果如图 4.33、图 4.34 和图 4.35 所示。

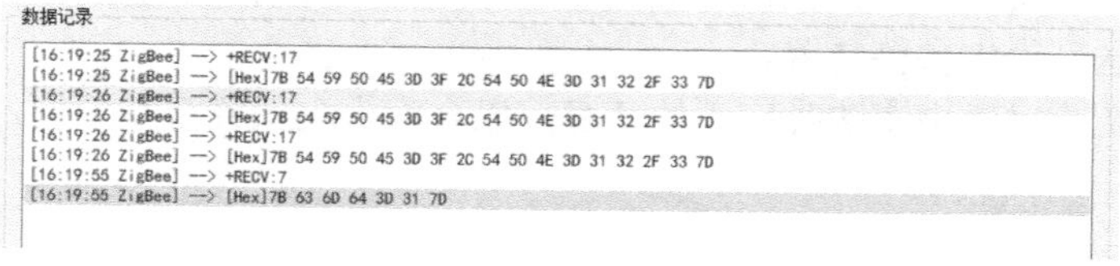

数据记录

```
[16:19:25 ZigBee] —> +RECV:17
[16:19:25 ZigBee] —> [Hex]7B 54 59 50 45 3D 3F 2C 54 50 4E 3D 31 32 2F 33 7D
[16:19:26 ZigBee] —> +RECV:17
[16:19:26 ZigBee] —> [Hex]7B 54 59 50 45 3D 3F 2C 54 50 4E 3D 31 32 2F 33 7D
[16:19:26 ZigBee] —> +RECV:17
[16:19:26 ZigBee] —> [Hex]7B 54 59 50 45 3D 3F 2C 54 50 4E 3D 31 32 2F 33 7D
[16:19:55 ZigBee] —> +RECV:7
[16:19:55 ZigBee] —> [Hex]7B 63 6D 64 3D 31 7D
```

图 4.33　仓库通风系统验证效果（一）

数据解析

数据长度　7

应用数据　{cmd=1}

图 4.34　仓库通风系统验证效果（二）

智云物联云平台工具

实时数据测试工具

配置服务器地址

应用ID　密钥

服务器地址

数据推送与接收

地址　00:12:4B:00:15:CF:67:D7　数据　{cmd=1}　发送

数据过滤　所有数据　清空空数据

00:12:4B:00:15:D1:3A:4F

00:12:4B:00:15:CF:67:D7

MAC地址	信息	时间
00:12:4B:00:15:CF:67:D7	{PN=3A4F,TYPE=12602}	11/5/2019 16:21:23
00:12:4B:00:15:D1:3A:4F	{PN=NULL,TYPE=10000}	11/5/2019 16:21:19
00:12:4B:00:15:CF:67:D7	{FanStatus=1}	11/5/2019 16:21:14
00:12:4B:00:15:CF:67:D7	{PN=3A4F,TYPE=12602}	11/5/2019 16:21:8
00:12:4B:00:15:D1:3A:4F	{PN=NULL,TYPE=10000}	11/5/2019 16:21:4
00:12:4B:00:15:CF:67:D7	{FanStatus=1}	11/5/2019 16:20:54

图 4.35　仓库通风系统验证效果（三）

4.3.4　小结

本节先介绍了 ZigBee 控制类程序的逻辑，以及通信协议的功能和格式，然后介绍了控制类程序接口，最后完成了仓库通风系统的开发实践。通过本节的学习，读者可以理解分析系统软/硬件架构，掌握 ZigBee 控制类程序的开发框架、控制流程与程序接口的使用、控制类应用的通信协议的设计、风机的驱动程序开发，以及系统的组网与调试。

4.4 ZigBee 仓库火灾预警系统的开发与实现

仓库存放着大量的物品，必须做好消防工作。智慧仓库系统的功能之一是具有火灾预警功能。仓库火灾预警系统是由触发装置、火灾报警装置、联动输出装置以及具有其他辅助功能装置组成的，该系统可以在火灾初期检测烟雾、热量、火焰等物理量，并将这些物理量转换成电信号后发送到火灾预警装置。

本节主要介绍物联网中安防类应用的开发，以仓库火灾预警系统为例，讲述安防类程序的逻辑和接口。

4.4.1 开发目标

本节的开发目标是帮助读者理解安防类应用场景，以及安防类程序的逻辑和接口，实现仓库火灾预警系统的开发。

4.4.2 原理学习：ZigBee 安防类程序接口

1. ZigBee 安防类程序逻辑分析

1）ZigBee 安防类应用场景分析

ZigBee 安防类应用场景有很多，如非法人员闯入报警、环境参数超过阈值报警、城市低洼涵洞隧道内涝报警、桥梁振动位移报警、车辆内人员滞留报警等。ZigBee 安防类应用场景众多，但要如何实现安防类程序的设计呢？下面将对安防类程序逻辑进行分析。

安防类程序的逻辑如图 4.36 所示，主要包括以下 4 类逻辑事件：

- 定时获取安防类节点的安全信息并上报；
- 当安防类节点监测到报警信息时系统能够迅速上报；
- 当报警信息解除时系统能够恢复正常；
- 当接收到查询指令时安防类节点能够响应指令并反馈安全信息。

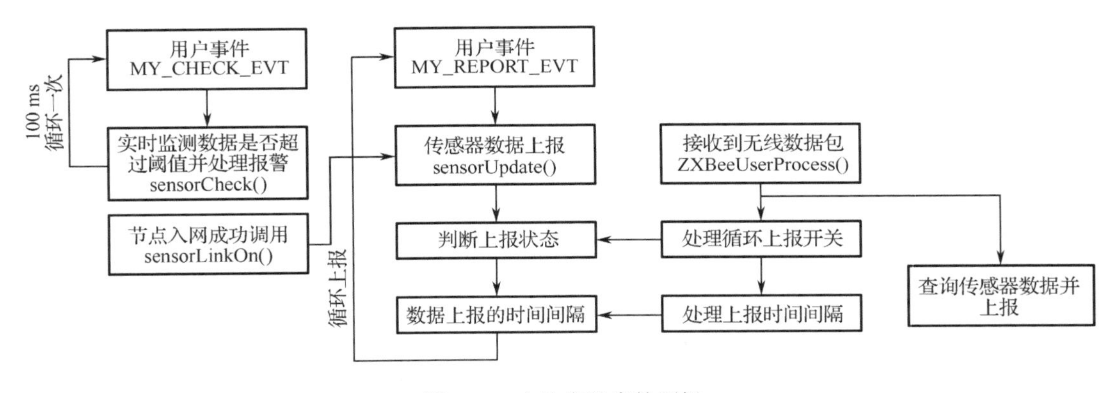

图 4.36 安防类程序的逻辑

下面对上述 4 类逻辑事件进行分析。

（1）**定时获取安防类节点的安全信息并上报**。在监测系统中，系统需要不断了解安防类节点采集的安全信息，只有不断地更新安全信息，系统的安全性才能得到保障。如果安全信息不能够持续更新，则在设备节点出现故障或被人为破坏时将造成危险后果，因此安全信息的持续上报，可以降低系统安全的不确定性。

（2）**当安防类节点监测到报警信息时系统能够迅速上报**。一个安防类节点如果不能够及时上报报警信息，则该节点的报警功能是失效的。例如，如果出现火情，此时报警信息的实时性就变得尤为重要，如果报警信息不能够及时上报，将会造成巨大的经济损失，所以报警信息的及时上报是安防类节点的关键功能。

（3）**当报警信息解除时系统能够恢复正常**。在物联网系统中，设备往往都不是一次性的，很多设备都要重复利用。要使系统能够在报警信息解除后恢复正常，就需要安防类节点能够发出安全信息让系统从危险警戒状态退出。

另外，安防类节点的安全信息与报警信息的发送的实时性是不同的。安全信息可以在一段时间内更新一次，如半分钟或一分钟；而报警信息则相对紧急，报警信息的上报要保持在每秒进行一次。因此，要对报警信息的变化进行实时监控，以确保实时掌握报警信息的变化。

（4）**当接收到查询指令时安防类节点能够响应指令并反馈安全信息**。当管理员需要对设备进行调试或者主动查询当前的安全状态时，就需要向安防类节点发送查询指令来查询当前的安全状态，用以辅助更新安全信息。

2）ZigBee 安防类程序通信协议的设计

一个完整的物联网综合系统，数据贯穿了感知层、网络层、服务层和应用层，数据在这四层之间层层传递，因此需要设计一种合适的通信协议来完成数据的封装与通信。

安防类节点要将报警信息打包上报，并能够让远程设备识别，或者向安防类节点发送的信息能够被节点响应，就需要定义一套通信协议，这套通信协议对于安防类节点和远程设备都是约定好的。只有在这样一套协议下，才能够建立和实现安防类节点与远程设备之间的数据交互。安防类程序的通信协议如表 4.18 所示。

表 4.18　安防类程序的通信协议

数据方向	协议格式	说　明
上行（节点往应用层发送数据）	{sensorValue=*X*}、{sensorStatus=*Y*}	*X* 表示采集的传感器数据，*Y* 表示传感器状态
下行（应用层往节点发送指令）	{sensorValue=?}、{sensorStatus=?}	（1）查询传感器数据，返回{sensorValue=*X*}，*X* 表示传感器数据。 （2）查询传感器状态，返回{sensorStatus=*Y*}，*Y* 为 1 表示传感器处于报警状态，*Y* 为 0 表示传感器处于正常状态

2．ZigBee 安防类程序接口分析

1）ZigBee 传感器应用接口

传感器应用程序是在 sensor.c 文件中实现的，包括传感器初始化函数（sensorInit()）、节点入网调用函数（sensorLinkOn()）、传感器数据和状态的上报函数（sensorUpdate()）、传感器报警实时监测并处理（sensorCheck()）、处理下行的用户指令函数（ZXBeeUserProcess()）、用户事件处理函数（MyEventProcess()），如表 4.19 所示。

表 4.19　传感器应用程序接口

函数名称	函数说明
sensorInit()	传感器初始化
sensorLinkOn()	节点入网成功后调用
sensorUpdate()	上报传感器实时数据和报警信息
sensorCheck()	传感器状态的实时监测和预警处理
ZXBeeUserProcess()	处于下行的用户指令
MyEventProcess()	用户事件处理

远程设备报警功能是基于无线传感器网络实现的，在建立无线传感器网络后进行传感器初始化，同时开启定时器，进行传感器数据的循环上报和传感器阈值的实时监测。根据约定的通信协议，安防类节点通过智能网关将数据发送到物联网云平台进行数据处理，最终通过应用程序进行交互。远程设备报警功能需要实时监测传感器数据，并判断是否超出阈值，然后根据判断结果进行报警通知。

安防类传感器应用程序流程如图 4.37 所示。

2）ZigBee 无线数据包收发

无线数据包收发处理是在 zxbee-inf.c 文件中实现的，见 4.2.2 节。

3）ZigBee 无线数据包解析

根据通信协议，需要对无线数据进行封包、解包操作，无线数据的封包、解包函数是在 zxbee.c 文件中实现的，详见 4.2.2 节。

4）ZigBee 仓库火灾预警系统与智慧仓库系统的关系

仓库火灾预警系统是智慧仓库系统的一个子系统，主要功能是对仓库中出现的火情进行定时监测，以便进行火灾预防和管理。

仓库火灾预警系统是在 ZigBee 网络的基础上进行开发的，通过部署火焰传感器和 ZigBee 无线节点，将采集到的数据通过智能网关发送到物联网云平台，最终通过智慧仓库系统进行仓库火灾数据的采集、数据展现和预警。仓库火灾预警系统和智慧仓库系统的关系如图 4.38 所示。

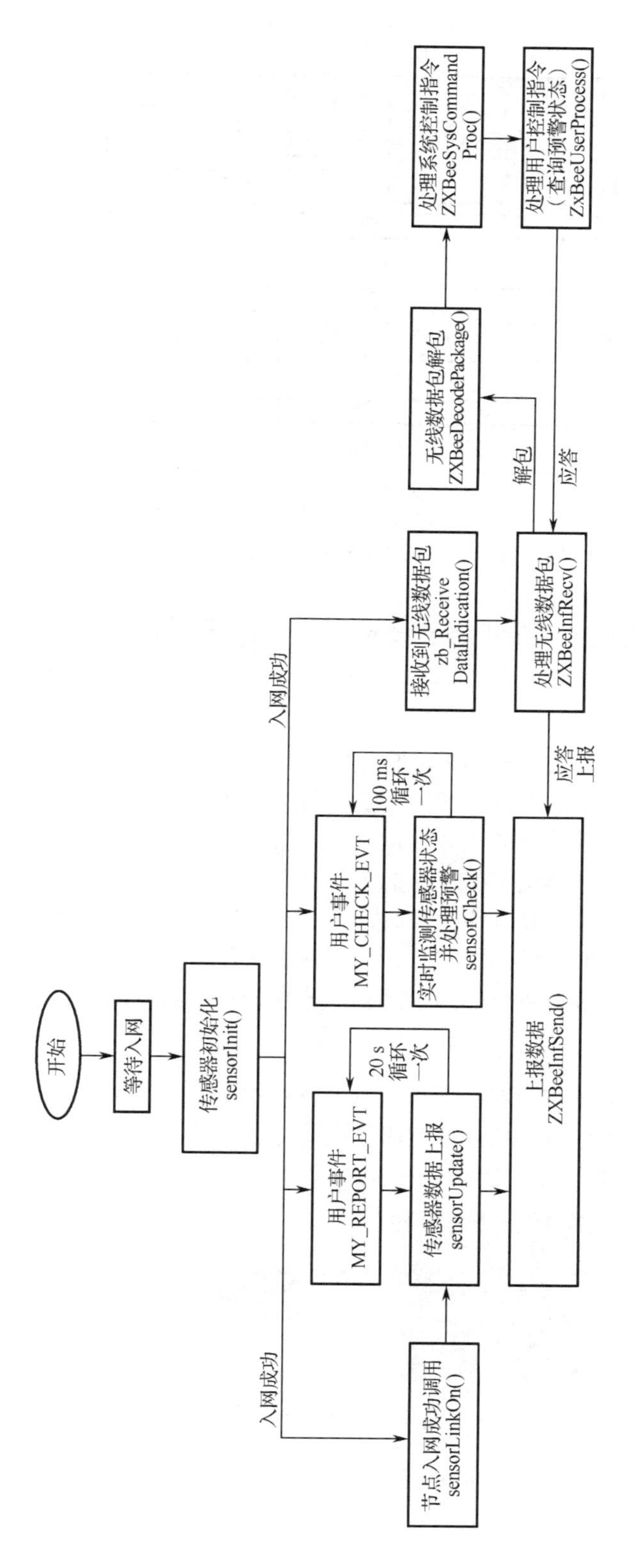

图 4.37　安防类传感器应用程序流程

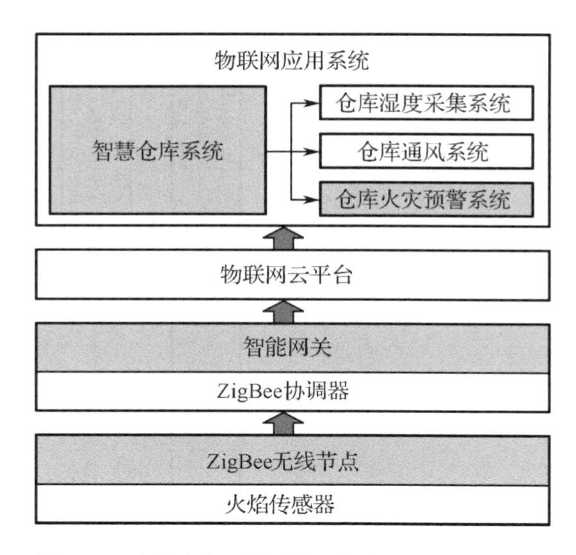

图 4.38　仓库火灾预警系统和智慧仓库系统的关系

4.4.3　开发实践：ZigBee 仓库火灾预警系统设计

1．开发设计

智慧仓库系统中的仓库火灾预警系统是保证仓库安全的重要环节，本节以仓库火灾预警系统为例安防类程序的开发，学习并掌握安防类程序的逻辑和接口的使用。

为了满足对安防类应用场景的充分模拟，基于 ZigBee 网络的仓库火灾预警系统的节点携带了火焰传感器。火焰传感器由 CC2530 的 I/O 端口控制。仓库火灾预警系统定时采集并上报火焰传感器的数据，当监测到仓库火情时，系统会发出报警信息，报警信息每 3 s 发送一次。当用户发出查询指令时，节点能够执行指令并返回传感器的当前状态。

仓库火灾预警系统的设计可分为两个部分，分别为硬件功能设计和软件协议设计。

1）硬件功能设计

根据前文的分析，为了实现对仓库火灾预警系统的模拟，硬件中使用了火焰传感器作为仓库火灾信息的来源，通过火焰传感器定时获取仓库火灾信息并上报，以此完成数据发送。仓库火灾预警系统的硬件框图如图 4.39 所示。

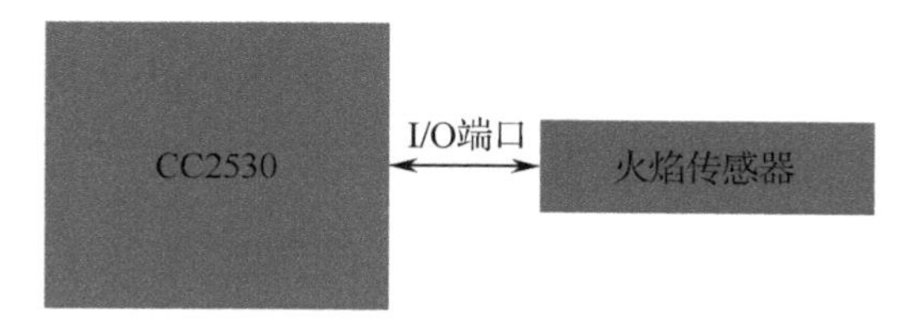

图 4.39　仓库火灾预警系统硬件框图

火焰传感器的硬件连接如图 4.40 所示。

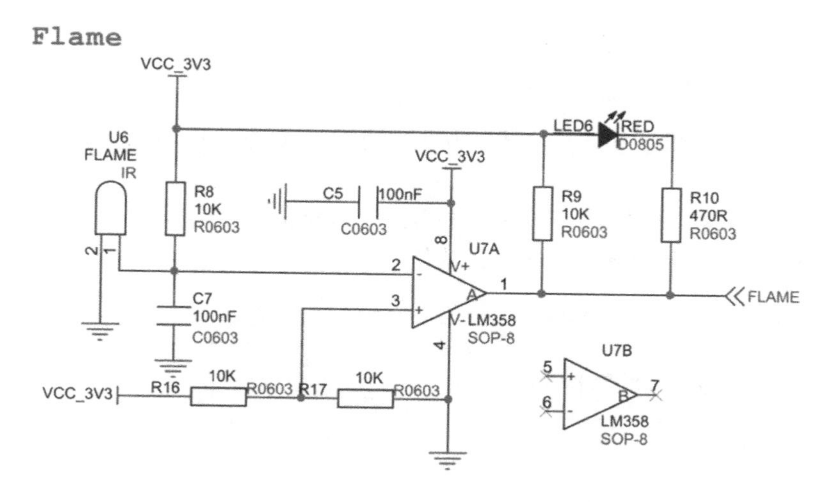

图 4.40　火焰传感器的硬件连接

2）软件协议设计

ZigBeeFlame 工程实现了仓库火灾预警系统的功能，具体如下所述。

（1）节点入网后，系统每 20 s 上报一次火焰传感器的状态。

（2）程序每 100 ms 监测一次火焰传感器数据，并判断火焰传感器数据是否超过设定的阈值，若超过阈值则每 3 s 上报一次报警状态。

（3）应用层可以通过发送查询指令来读取火焰传感器状态。

ZigBeeFlame 工程采用类 JOSN 格式的通信协议（{[参数]=[值],[参数]=[值]…}），仓库火灾预警系统的通信协议如表 4.20 所示。

表 4.20　仓库火灾预警系统的通信协议

数据方向	协议格式	说　明
上行（节点往应用层发送数据）	{flameStatus=X}	X 表示火焰传感器的状态
下行（应用层往节点发送指令）	{flameStatus=?}	查询火焰传感器的状态，返回{flameStatus =Y}，Y 为 1 表示火焰传感器处于报警状态，Y 为 0 表示火焰传感器处于正常状态

2．功能实现

1）仓库火灾预警系统的程序分析

ZigBeeFlame 工程是基于智云框架开发的，实现了火焰传感器的应用程序、驱动，以及无线数包的收发、封包、解包等功能。下面详细分析安防类程序逻辑。

（1）火焰传感器应用程序部分：在 sensor.c 文件中实现，包括传感器初始化函数（sensorInit()）、节点入网调用函数（sensorLinkOn()）、传感器数据和状态的上报函数（sensorUpdate()）、传感器状态实时监测及预警处理（sensorCheck()）、处理下行的用户指令函数（ZXBeeUserProcess()）、用户事件处理函数（MyEventProcess()）。

（2）火焰传感器驱动：在 flame.c 文件中实现，通过 IO 端口来实现火焰传感器数据的采集。

（3）无线数据包收发处理：在 zxbee-inf.c 文件中实现，包括 ZigBee 无线数据包的收发函数。

（4）无线数据的封包、解包：在 zxbee.c 文件中实现，封包函数为 ZXBeeBegin()、

ZXBeeAdd()、ZXBeeEnd()，解包函数为 ZXBeeDecodePackage()。

2）仓库火灾预警系统的应用设计

仓库火灾预警系统属于安防类应用开发，主要完成火焰传感器状态的上报、实时监测，以及预警处理。

（1）火焰传感器初始化。在 SAPI 框架下，ZStack 协议栈初始化完成后，当触发 ZB_ENTRY_EVENT 事件时调用传感器初始化函数。

```
void zb_HandleOsalEvent( uint16 event )
{
    if (event & ZB_ENTRY_EVENT) {
        ……
        sensorInit();                                          //传感器初始化
    }
    ……
}
```

通过 sensor.c 文件中的 sensorInit()函数实现火焰传感器的初始化，代码如下：

```
void sensorInit(void)
{
    flame_init();                                              //火焰传感器初始化

    //启动定时器，触发事件 MY_REPORT_EVT
    osal_start_timerEx(sapi_TaskID, MY_REPORT_EVT, (uint16)((osal_rand()%10) * 1000));
    //启动定时器，触发事件 MY_CHECK_EVT
    osal_start_timerEx(sapi_TaskID, MY_CHECK_EVT, 100);
}
```

（2）火焰传感器状态的循环上报。安防类程序负责定时上报火焰传感器的状态，通过 sensor.c 文件中的 sensorInit()函数完成传感器初始化后，启动一个定时器来触发事件 MY_REPORT_EVT，当触发事件 MY_REPORT_EVT 后，调用 AppCommon.c 文件中的 zb_HandleOsalEvent()函数来触发用户事件，并调用 sensor.c 文件中的 MyEventProcess()函数，该函数内部调用 sensorUpdate()函数上报火焰传感器的状态，并再次启动一个定时器来触发事件 MY_REPORT_EVT，从而实现火焰传感器状态的循环上报。

```
void sensorUpdate(void)
{
    char pData[16];
    char *p = pData;
    updateFlame();
    ZXBeeBegin();                                              //智云数据帧格式包头
    //更新 flameStatus 的值
    sprintf(p, "%u", flameStatus);
    ZXBeeAdd("flameStatus", p);

    p = ZXBeeEnd();                                            //智云数据帧格式包尾
    if (p != NULL) {
```

```
        //将需要上传的数据打包后并通过 ZXBeeInfSend()函数发送到协调器
        ZXBeeInfSend(p, strlen(p));
    }
    printf("sensor->sensorUpdate(): flameStatus=%u\r\n", flameStatus);
}
```

（3）火焰传感器状态的实时监测及预警处理。通过 sensor.c 文件中的 sensorInit()函数完成传感器初始化后，会启动一个 100 ms 的定时器来触发事件 MY_CHECK_EVT，当触发事件 MY_CHECK_EVT 后，会调用 AppCommon.c 文件中的 zb_HandleOsalEvent()函数来触发用户事件，并调用 sensor.c 文件中的 MyEventProcess()函数，该函数内部调用 sensorCheck()函数来实时监测火焰传感器的状态，并再次启动一个定时器来触发事件 MY_CHECK_EVT，从而实现火焰传感器状态的循环上报。

```
void sensorCheck(void)
{
    static char lastStatus=0;
    static uint32 ct0=0;
    char pData[16];
    char *p = pData;

    //采集火焰传感器的状态
    updateFlame();

    ZXBeeBegin();

    if (lastStatus != flameStatus || (ct0 != 0 && osal_GetSystemClock() > (ct0+3000))) {    //报警状态的监测
        sprintf(p, "%u", flameStatus);
        ZXBeeAdd("flameStatus", p);
        ct0 = osal_GetSystemClock();
        if (flameStatus == 0) {
            ct0 = 0;
        }
        lastStatus = flameStatus;
    }

    p = ZXBeeEnd();
    if (p != NULL) {
        int len = strlen(p);
        ZXBeeInfSend(p, len);
    }
}
```

（4）节点入网处理。火焰传感器节点入网后，在 SAPI 框架中会调用 AppCommon.c 文件中的 sensorLinkOn()函数进行入网确认处理，该函数又调用了 sensor.c 文件中的 sensorUpdate()函数来上报火焰传感器的报警状态。

```
void sensorLinkOn(void)
{
    sensorUpdate();
}
```

（5）处理接收到的无线数据包。当 ZStack 协议栈接收到发送过来的无线数据包时，会调用 sensor.c 文件中的 ZXBeeInfRecv()函数来接收无线数据包，该函数会调用 zxbee.c 文件中的 ZXBeeDecodePackage()函数来解包无线数据包，并将解包后数据包发送给应用层。

```
void ZXBeeInfRecv(char *pkg, int len)
{
    char *p = ZXBeeDecodePackage(pkg, len);
    if (p != NULL) {
        ZXBeeInfSend(p, strlen(p));
    }
}
```

zxbee.c 文件中的 ZXBeeDecodePackage()函数用于对接收到的无线数据包进行解包，解包后先调用 zxbee-sys-command.c 文件中的 ZXBeeSysCommandProc()函数进行系统命令处理，再调用 sensor.c 文件中的 ZXBeeUserProcess ()函数进行用户命令处理。

```
int ZXBeeUserProcess(char *ptag, char *pval)
{
    int ret = 0;
    char pData[16];
    char *p = pData;

    //控制命令解析
    if (0 == strcmp("flameStatus", ptag)){                    //查询执行器命令编码
        if (0 == strcmp("?", pval)){
            updateFlame();
            ret = sprintf(p, "%u", flameStatus);
            ZXBeeAdd("flameStatus", p);
        }
    }
    return ret;
}
```

3）火焰传感器的驱动程序设计

火焰传感器的驱动是在 flame.c 文件中实现的，主要实现火焰传感器的初始化，以及获取火焰传感器的报警状态。

（1）火焰传感器的初始化，代码如下：

```
/*********************************************************************************************
* 名称：flame_init()
* 功能：火焰传感器初始化
*********************************************************************************************/
```

```
void flame_init(void)
{
    P0SEL &= ~0x08;                                         //配置引脚为 GPIO 模式
    P0DIR &= ~0x08;                                         //配置引脚为输入模式
}
```

（2）获取火焰传感器的状态，代码如下：

```
/*********************************************************************************************
* 名称：unsigned char get_flame_status(void)
* 功能：获取火焰传感器的状态
*********************************************************************************************/
unsigned char get_flame_status(void)
{
    if(P0_3)                                                //检测 I/O 端口电平
    return 1;
    else
    return 0;
}
```

3．开发验证

（1）在 IAR 集成开发环境中打开 ZigBeeFlame 工程进行程序的开发、调试，可通过设置断点来理解程序调用关系，如图 4.41 所示。

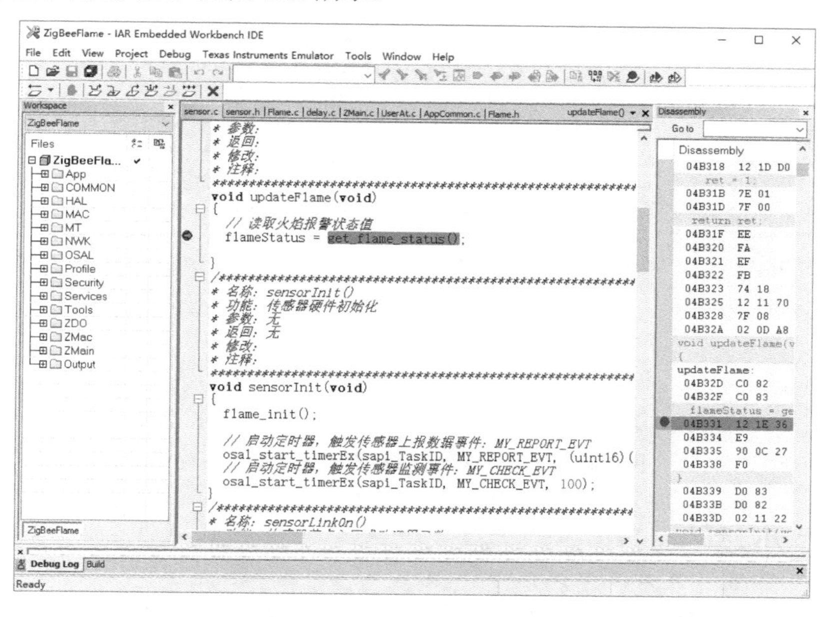

图 4.41　在 IAR 集成开发环境中打开 ZigBeeFlame 工程

（2）根据程序设定，系统会每隔 20 s 上报一次火焰传感器的状态。上位机可通过 ZCloudTools 工具发送查询指令（{flameStatus=?}），当节点接收到查询指令后会将火焰传感器的实时状态返回到应用层。

（3）在火焰传感器上方使用打火机，可以改变火焰传感器的状态。当监测到火焰时，在 ZCloudTools 中会每隔 3 s 收到火焰传感器的报警状态（{flameStatus=1}）。

仓库火灾预警系统的验证效果如图 4.42 和图 4.43 所示。

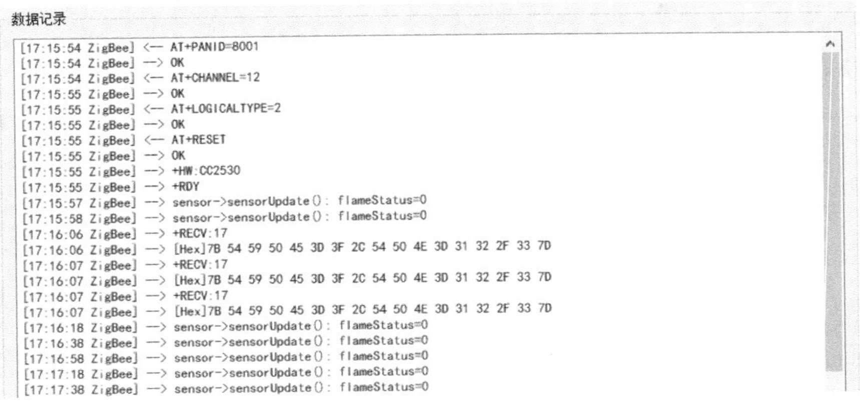
数据记录
[17:15:54 ZigBee] <— AT+PANID=8001
[17:15:54 ZigBee] —> OK
[17:15:54 ZigBee] <— AT+CHANNEL=12
[17:15:55 ZigBee] —> OK
[17:15:55 ZigBee] <— AT+LOGICALTYPE=2
[17:15:55 ZigBee] —> OK
[17:15:55 ZigBee] <— AT+RESET
[17:15:55 ZigBee] —> OK
[17:15:55 ZigBee] —> +HW:CC2530
[17:15:55 ZigBee] —> +RDY
[17:15:57 ZigBee] —> sensor->sensorUpdate(): flameStatus=0
[17:15:58 ZigBee] —> sensor->sensorUpdate(): flameStatus=0
[17:16:06 ZigBee] —> +RECV:17
[17:16:06 ZigBee] —> [Hex]7B 54 59 50 45 3D 3F 2C 54 50 4E 3D 31 32 2F 33 7D
[17:16:07 ZigBee] —> +RECV:17
[17:16:07 ZigBee] —> [Hex]7B 54 59 50 45 3D 3F 2C 54 50 4E 3D 31 32 2F 33 7D
[17:16:07 ZigBee] —> +RECV:17
[17:16:07 ZigBee] —> [Hex]7B 54 59 50 45 3D 3F 2C 54 50 4E 3D 31 32 2F 33 7D
[17:16:18 ZigBee] —> sensor->sensorUpdate(): flameStatus=0
[17:16:38 ZigBee] —> sensor->sensorUpdate(): flameStatus=0
[17:16:58 ZigBee] —> sensor->sensorUpdate(): flameStatus=0
[17:17:18 ZigBee] —> sensor->sensorUpdate(): flameStatus=0
[17:17:38 ZigBee] —> sensor->sensorUpdate(): flameStatus=0

图 4.42　仓库火灾预警系统的验证效果（一）

智云物联云平台工具
首页
实时数据
历史数据
网络拓扑
视频监控
用户数据
自动控制
实时数据测试工具
配置服务器地址
应用ID
密钥
服务器地址
断开
分享
数据推送与接收
地址
数据
发送
数据过滤
所有数据
清空空数据
00:12:4B:00:15:D1:3A:4F
00:12:4B:00:15:D3:CE:2C
MAC地址
信息
时间
00:12:4B:00:15:D3:CE:2C {flameStatus=0} 11/5/2019 17:18:9
00:12:4B:00:15:D3:CE:2C {PN=3A4F,TYPE=12603} 11/5/2019 17:18:8
00:12:4B:00:15:D3:CE:2C {flameStatus=1} 11/5/2019 17:18:8
00:12:4B:00:15:D3:CE:2C {flameStatus=0} 11/5/2019 17:18:7
00:12:4B:00:15:D3:CE:2C {flameStatus=1} 11/5/2019 17:18:5
00:12:4B:00:15:D1:3A:4F {PN=NULL,TYPE=10000} 11/5/2019 17:18:1
00:12:4B:00:15:D3:CE:2C {flameStatus=0} 11/5/2019 17:17:57
00:12:4B:00:15:D3:CE:2C {flameStatus=0} 11/5/2019 17:17:54

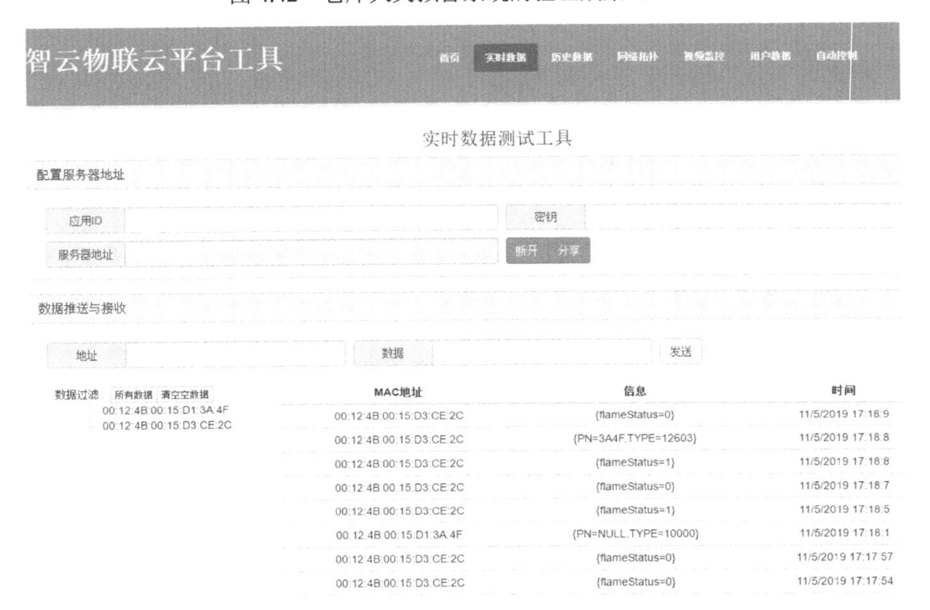

图 4.43　仓库火灾预警系统的验证效果（二）

4.4.4　小结

本节先介绍了 ZigBee 安防类程序的逻辑以及通信协议的功能和格式，然后介绍了安防类程序接口，最后完成了 ZigBee 仓库火焰预警系统的开发。

第5章

ZigBee综合应用开发

本章主要介绍 ZigBee 综合应用开发。本章先给出了物联网开发平台，然后详细地介绍了 ZXBee 通信协议和云平台应用开发接口，最后通过两个实例来介绍 ZigBee 综合应用开发。

5.1 物联网开发平台

本书的物联网开发平台采用智云物联平台（也称为云平台），一个基本的智云物联项目的系统模型如图 5.1 所示。

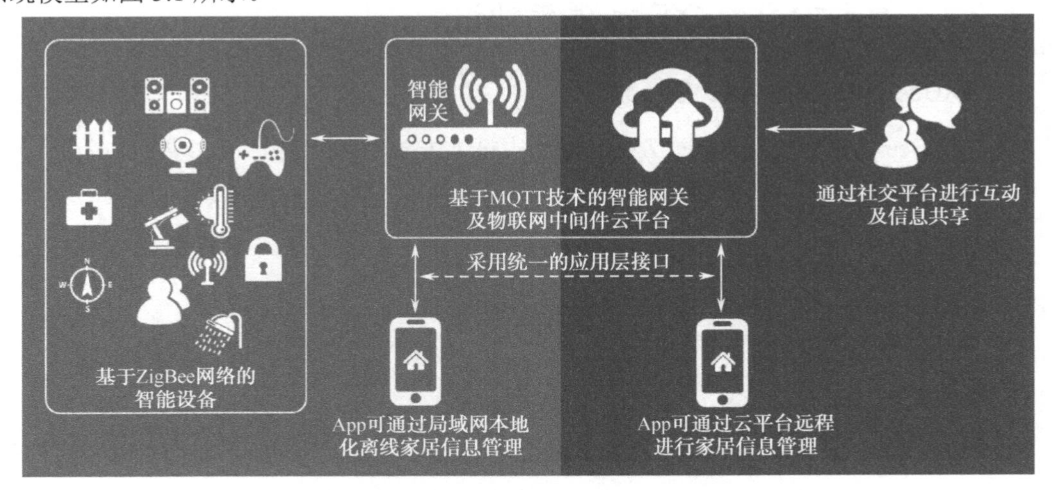

图 5.1 智云物联项目的系统模型

物联网开发平台支持多种智能设备的接入，硬件模型如图 5.2 所示。

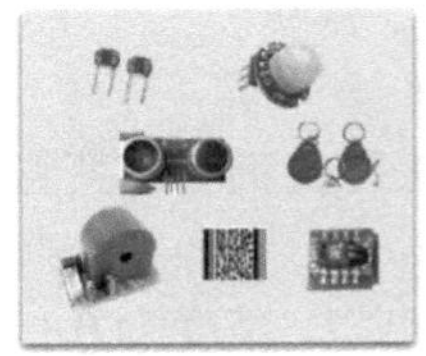

传感器

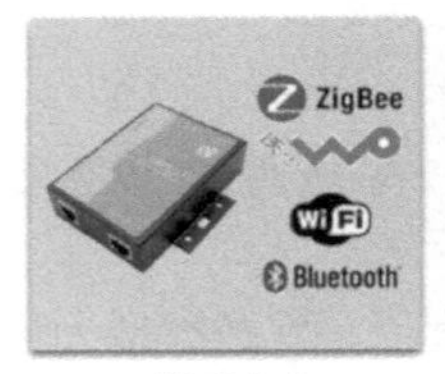

智云节点

智能网关

智云服务器

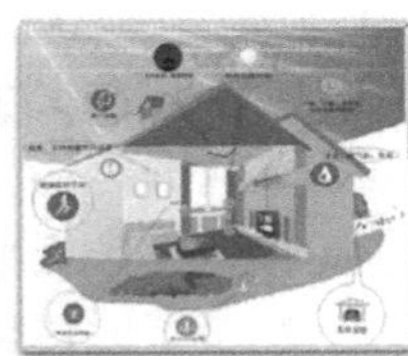

应用终端

图 5.2 硬件模型

传感器：主要用于采集物理世界中发生的物理事件和数据，包括各类物理量、标识、音频、视频等。

智云节点：具备物联网传感器的数据的采集、传输、组网能力，能够构建传感网络。

智能网关：实现 ZigBee 网络与局域网的连接，支持 ZigBee、Wi-Fi、RF433M、IPv6 等多种通信协议，支持路由转发，可实现 M2M 数据交互。

智云服务器：负责对物联网海量数据进行处理，通过云计算、大数据技术实现对数据的存储、分析、计算、挖掘和推送功能，并采用统一的应用层接口为上层应用提供服务。

应用终端：运行物联网应用的移动终端，如 Android 手机、平板电脑等设备。

5.2 ZXBee 通信协议

在一个完整的物联网系统中，数据贯穿了感知层、网络层、服务层和应用层，数据在这四层之间层层传递。感知层用于产生数据；网络层对数据进行解析后发送到服务层；服务层需要对数据进行分解、分析、存储和调用；应用层需要从服务层获取经过处理的数据。在整个过程中，要使数据能够被每一层正确识别，就需要一套完整的通信协议。

本节主要介绍 ZXBee 通信协议，通过 ZXBee 通信协议实例分析，实现对 ZXBee 通信协议的学习与开发实践。

5.2.1 原理学习：ZXBee 通信协议

1. ZXBee 通信协议的格式及参数

（1）ZXBee 通信协议的格式。ZXBee 通信协议的格式为“{参数=值,参数=值…}”。

- 每条数据以“{”作为起始字符；
- “{}”内的多个参数以“,”分隔。

例如，{CD0=1,D0=?}。

（2）ZXBee 通信协议参数说明。ZXBee 通信协议参数说明如下：

① 参数名称定义如下：

- 变量：A0～A7、D0、D1、V0～V3。
- 指令：CD0、OD0、CD1、OD1。
- 特殊参数：ECHO、TYPE、PN、PANID、CHANNEL。

② 可以对变量的值进行查询，如“{A0=?}”。

③ 变量 A0～A7 在数据中心中可以保存为历史数据。

④ 指令是对位进行操作的。

（3）具体参数解释如下：

① A0～A7：用于传递传感器数据及其携带的信息，只能通过“?”来进行查询当前变量的值，支持上报到物联网云数据中心存储，示例如下。

- 温湿度传感器用 A0 表示温度值，用 A1 表示湿度值，数据类型为浮点型，精度为 0.1。
- 火焰传感器用 A3 表示状态，数据类型为整型，取值为 0（未监测到火焰）或者 1（监测到火焰）。

- 高频 RFID 模块用 A0 表示卡片 ID，数据类型为字符串型。

② D0：D0 中的 Bit0～Bit7 分别对应 A0～A7 的状态（是否主动上报状态），只能通过“?”来查询当前变量的值，0 表示禁止主动上报，1 表示允许主动上报，示例如下。

- 温湿度传感器用 A0 表示温度值，用 A1 表示湿度值，D0=0 表示不主动上报温度值和湿度值，D0=1 表示主动上报温度值，D0=2 表示主动上报湿度值，D0=3 表示主动上报温度值和湿度值。
- 火焰传感器用 A0 表示状态，D0=0 表示不监测火焰，D0=1 表示实时监测火焰。
- 高频 RFID 模块用 A0 表示卡片 ID，D0=0 表示不上报 ID，D0=1 表示上报 ID。

③ CD0/OD0：对 D0 的位进行操作，CD0 表示位清 0 操作，OD0 表示位置 1 操作，示例如下。

- 温湿度传感器用 A0 表示温度值，用 A1 表示湿度值，CD0=1 表示关闭温度值的主动上报。
- 火焰传感器用 A0 表示报警状态，OD0=1 表示开启火焰传感器报警监测，当火焰传感器报警时，会主动上报 A0 的值。

④ D1：D1 表示控制编码，只能通过“?”来查询当前变量的数值，用户可根据传感器属性来自定义功能，示例如下。

- 温湿度传感器：D1 的 Bit0 表示电源开关状态。例如，D1=0 表示电源处于关闭状态，D1=1 表示电源处于打开状态。
- 继电器：D1 的位表示各路继电器的状态。例如，D1=0 表示关闭继电器 S1 和 S2，D1=1 表示仅开启继电器 S1，D1=2 表示仅开启继电器 S2，D1=3 表示开启继电器 S1 和 S2。
- 风扇：D1 的 Bit0 表示电源开关状态，Bit1 表示正转或反转。例如，D1=0 或者 D1=2 表示风扇停止转动（电源断开），D1=1 表示风扇处于正转状态，D1=3 表示风扇处于反转状态。
- 红外电器遥控：D1 的 Bit0 表示电源开关状态，Bit1 表示工作模式或学习模式。例如，D1=0 或者 D1=2 表示电源处于关闭状态，D1=1 表示电源处于开启状态且为工作模式，D1=3 表示电源处于开启状态且为学习模式。

⑤ CD1/OD1：对 D1 的位进行操作，CD1 表示位清 0 操作，OD1 表示位置 1 操作。

⑥ V0～V3：用于表示传感器的参数，用户可根据传感器属性自定义功能，权限为可读写，示例如下。

- 温湿度传感器：V0 表示主动上报数据的时间间隔。
- 风扇：V0 表示风扇转速。
- 红外电器遥控：V0 表示学习的键值。
- 语音合成传感器：V0 表示需要合成的语音字符。

⑦ 特殊参数：ECHO、TYPE、PN、PANID、CHANNEL。

- ECHO：用于监测节点在线的指令，若在线则将发送的值进行回显。例如，发送“{ECHO=test}”，若节点在线则回复“{ECHO=test}”。
- TYPE：表示节点类型，该信息包含了节点类别、节点类型、节点名称，只能通过“?”来查询当前值。TYPE 的值由 5 个字节表示（ASCII 码），例如，1 1 001，第 1 个字节表示节点类别（1 表示 ZigBee、2 表示 RF433、3 表示 Wi-Fi、4 表示 BLE、5 表示 IPv6、9 表示其他）；第 2 个字节表示节点类型（0 表示协调器、1 表示路由节点、2 表示终端节点）；第 3～5 个字节表示节点名称（编码由开发者自定义）。

- PN（仅针对 ZigBee、IEEE 802.15.4 IPv6 节点）：表示上行节点地址信息和所有邻居节点地址信息，只能通过“?”来查询当前值。PN 的值为上行节点地址和所有邻居节点地址的组合，其中每 4 个字节表示一个节点地址后 4 位，第 1 个 4 字节上行节点后 4 位，第 2～*n* 个 4 字节表示其所有邻居节点地址后 4 位。
- PANID：表示节点组网的标志 ID，权限为可读写，此处 PANID 的值为十进制数，而底层代码定义的 PANID 的值为十六进制数，需要自行转换。例如，8200（十进制）= 0x2008（十六进制），通过指令“{PANID=8200}”可将节点的 PANID 修改为 0x2008。PANID 的取值范围为 1～16383。
- CHANNEL：表示节点组网的通信通道，权限为可读写，此处 CHANNEL 的取值范围为 11～26（十进制）。例如，通过指令“{CHANNEL=11}”可将节点的 CHANNEL 修改为 11。

2．xLab 开发平台传感器的 ZXBee 通信协议参数

xLab 开发平台传感器的 ZXBee 通信协议参数如表 5.1 所示。

表 5.1　xLab 开发平台传感器的 ZXBee 通信协议参数

开发平台	属　性	参　数	权　限	说　明
Sensor-A（601）	温度	A0	R	温度值为浮点型数据，精度为 0.1，范围为-40.0～105.0，单位为℃
	湿度	A1	R	湿度值为浮点型数据，精度为 0.1，范围为 0～100，单位为%
	光照度	A2	R	光照度值为浮点型数据，精度为 0.1，范围为 0～65535，单位为 lx
	空气质量	A3	R	空气质量，表示空气污染程度
	气压	A4	R	气压值，浮点型数据，精度为 0.1，单位为百帕
	三轴（跌倒状态）	A5	—	三轴：通过计算上报跌倒状态，1 表示跌倒（主动上报）
	距离	A6	R	距离（单位为 cm），浮点型数据，精度为 0.1，范围为 20～80 cm
	语音识别返回码	A7	—	语音识别码，整型数据，范围为 1～49（主动上报）
	上报状态	D0(OD0/CD0)	R/W	D0 的 Bit0～Bit7 分别代表 A0～A7 的上报状态，1 表示允许上报
	继电器	D1(OD1/CD1)	R/W	D1 的 Bit6～Bit7 分别代表继电器 K1、K2 的状态，0 表示断开，1 表示吸合
	数据上报时间间隔	V0	R/W	循环上报的时间间隔
Sensor-B（602）	RGB 灯	D1(OD1/CD1)	R/W	D1 的 Bit0 和 Bit1 的组合代表 RGB 灯的颜色，00 表示关闭 RGB 灯，01 表示红色（R），10 表示绿色（G），11 表示蓝色（B）
	步进电机	D1(OD1/CD1)	R/W	D1 的 Bit2 分别代表步进电机的转动状态，0 表示正转，1 表示反转
	风扇/蜂鸣器	D1(OD1/CD1)	R/W	D1 的 Bit3 代表风扇/蜂鸣器的开关状态，0 表示关闭，1 表示打开
	LED	D1(OD1/CD1)	R/W	D1 的 Bit4、Bit5 代表 LED1、LED2 的开关状态，0 表示关闭（熄灭），1 表示打开（点亮）

续表

开发平台	属　性	参　数	权　限	说　明
Sensor-B（602）	继电器	D1(OD1/CD1)	R/W	D1 的 Bit6、Bit7 分别代表继电器 K1、K2 的开关状态，0 表示断开，1 表示吸合
	数据上报时间间隔	V0	R/W	循环上报的时间间隔
Sensor-C（603）	人体/触摸状态	A0	R	人体/触摸状态值，0 表示未监测到人体/触摸；1 表示监测到人体/触摸
	振动状态	A1	R	振动状态值，0 表示未监测到振动；1 表示监测到振动
	霍尔状态	A2	R	霍尔状态值，0 表示未监测到磁场；1 表示监测到磁场
	火焰状态	A3	R	火焰状态值，0 表示未监测到火焰；1 表示监测到火焰
	燃气状态	A4	R	燃气泄漏状态值，0 表示未监测到泄漏；1 表示泄漏
	光栅（红外对射）状态	A5	R	光栅状态值，0 表示未监测到阻挡，1 表示监测到阻挡
	上报状态	D0(OD0/CD0)	R/W	D0 的 Bit0～Bit5 分别表示 A0～A5 的上报状态
	继电器	D1(OD1/CD1)	R/W	D1 的 Bit6～Bit7 分别代表继电器 K1、K2 的开关状态，0 表示断开，1 表示吸合
	数据上报时间间隔	V0	R/W	循环上报的时间间隔
	语音合成数据	V1	W	文字的 Unicode 编码

5.2.2 开发实践

本节介绍温湿度传感器、排风扇/蜂鸣器、LED 等传感器的 ZXBee 通信协议，传感器的 ZXBee 通信协议参数定义及说明如表 5.2 所示。

表 5.2　传感器的 ZXBee 通信协议参数定义及说明

传 感 器	属　性	参　数	权　限	说　明
Sensor-A	温度	A0	R	温度值，浮点型，精度为 0.1，范围为-40.0～105.0，单位为℃
	湿度	A1	R	湿度值，浮点型，精度为 0.1，范围为 0～100，单位为%
	上报状态	D0(OD0/CD0)	R/W	D0 的 Bit0～Bit7 分别代表 A0～A7 的上报状态，位的值为 1 表示允许上报
	上报间隔	V0	R/W	循环上报时间间隔
Sensor-B	排风扇/蜂鸣器	D1(OD1/CD1)	R/W	D1 的 Bit3 代表排风扇/蜂鸣器的开关状态，Bit3 为 0 表示关闭，Bit3 为 1 表示打开
	LED	D1(OD1/CD1)	R/W	D1 的 Bit4、Bit5 代表 LED1 和 LED2 的开关状态，对应位的值为 0 表示关闭相应的 LED，位的值为 1 表示打开相应的 LED

ZcloudTools 工具可用于测试通信协议，进入数据分析模块后可以测试 ZXBee 通信协议。

数据分析模块（见图 5.3）可以获取指定节点上报的数据，并通过发送指令来获取和控制节点的状态。进入数据分析模块后，左侧的节点列表会依次列出组网成功的节点。

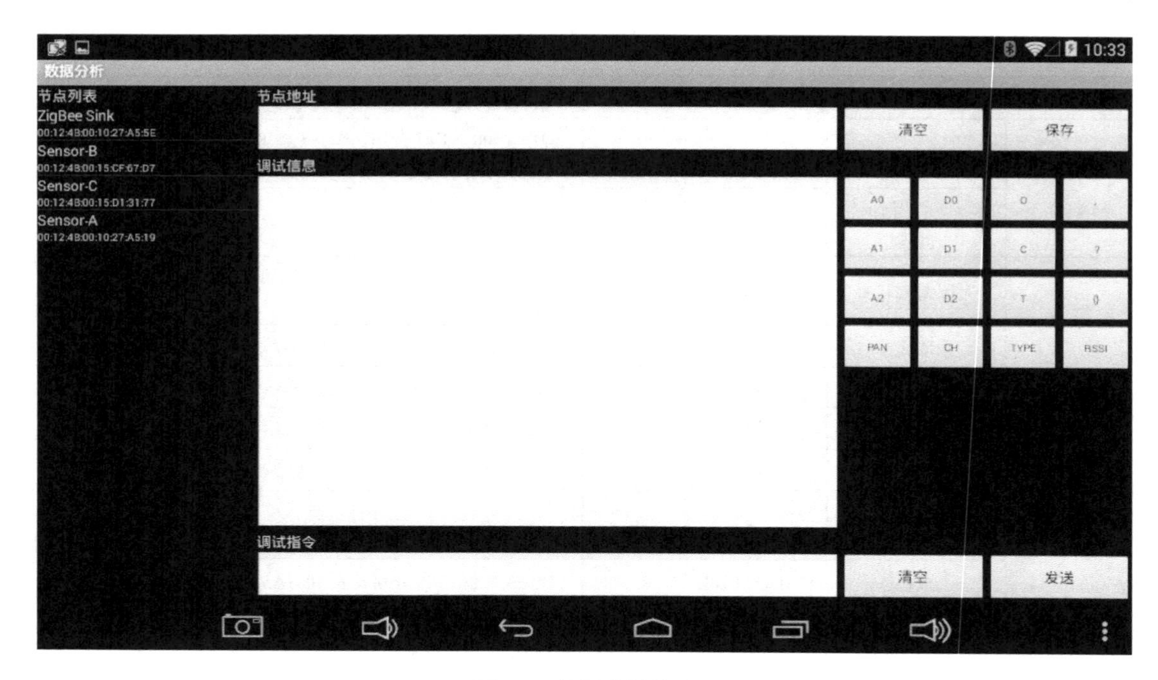

图 5.3　数据分析模块

单击节点列表中的某个传感器节点，如“Sensor-A”，ZcloudTools 工具会自动将该节点的 MAC 地址填充到“节点地址”中，获取该节点上报的数据并显示在“调试信息”中，如图 5.4 所示。

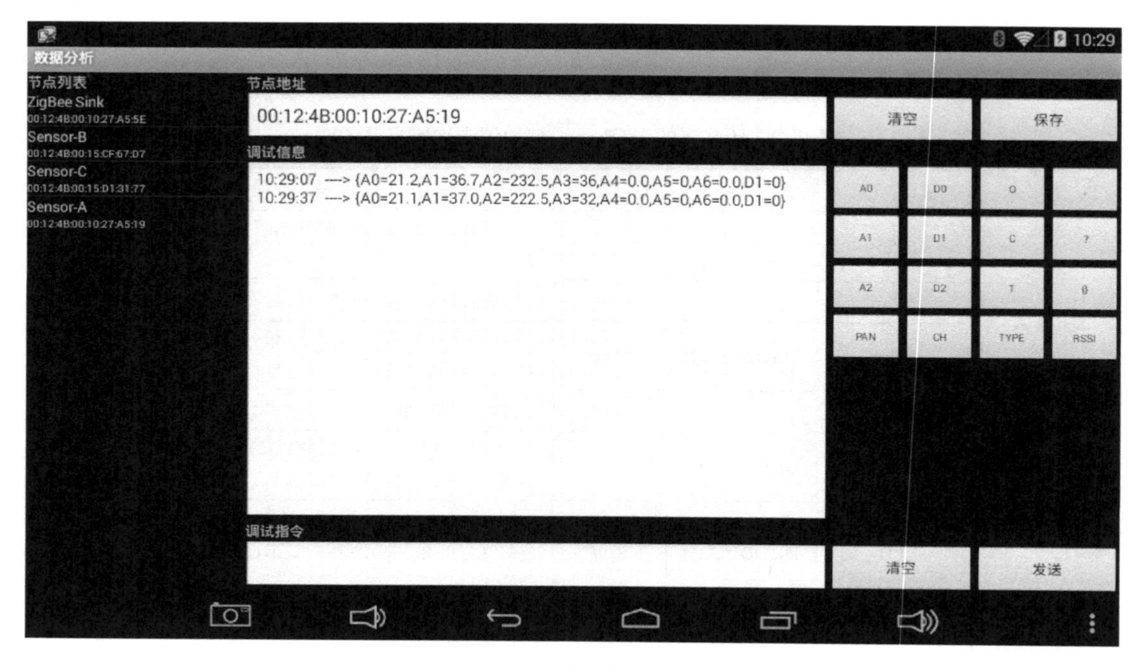

图 5.4　测试举例（一）

也可通过输入指令查询 LED1、继电器的状态。例如，通过指令{D1=?}可查询 LED1

状态，通过指令{OD1=16,D1=?}可打开 LED1，通过指令{CD1=16,D1=?}可关闭 LED1，如图 5.5 所示。

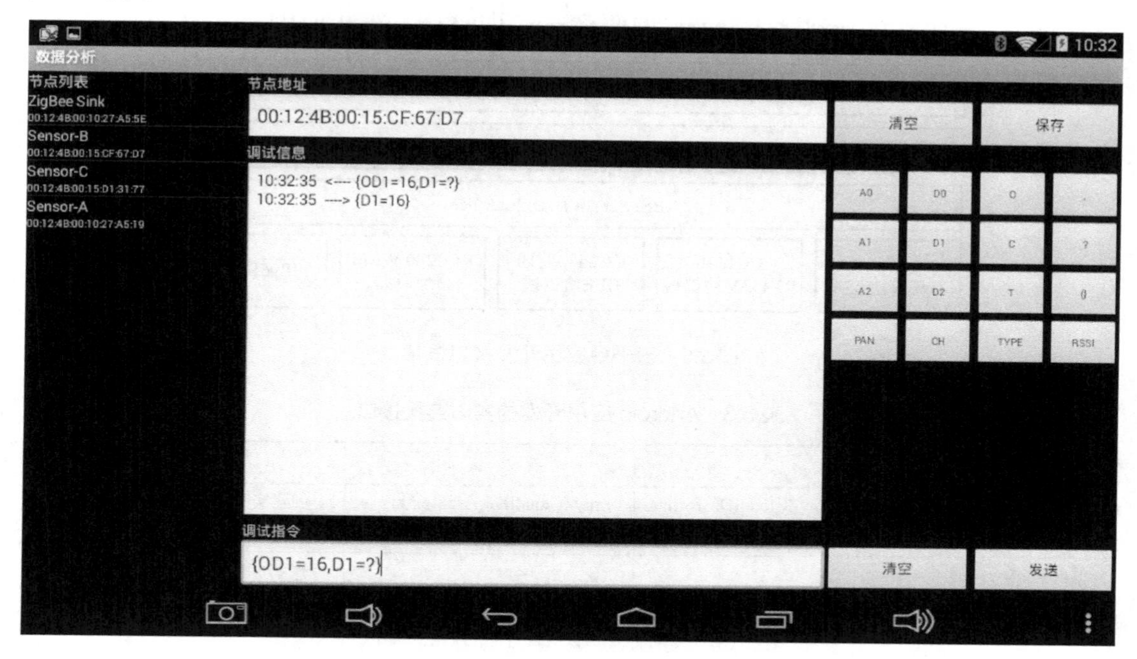

图 5.5 测试举例（二）

5.3 云平台应用开发接口

本节针对 Android 应用开发和 Web 应用开发，详细地介绍了实时连接、历史数据、摄像头、自动控制、用户数据等接口函数的参数和功能，并给出了具体的应用实例。

5.3.1 原理学习：云平台应用开发接口函数的参数及功能

1. Android 应用开发接口

云平台的应用开发接口主要有 5 种，即实时连接（WSNRTConnect）接口、历史数据（WSNHistory）接口、摄像头（WSNCamera）接口、自动控制（WSNAutoctrl）接口、用户数据（WSNProperty）接口。云平台应用开发接口框架如图 5.6 所示。

针对 Android 应用开发，云平台提供的应用开发接口封装在 libwsnDroid2.jar 接口库中，开发者只需要在进行 Android 应用开发时，先导入该接口库，然后在代码中调用相应的方法即可。

（1）Android 应用开发的实时连接接口。实时连接接口基于云平台的消息推送服务，通过在云平台与客户端之间建立稳定、可靠的长连接来为开发者提供实时消息推送服务。Android 应用开发的实时连接接口如表 5.3 所示。

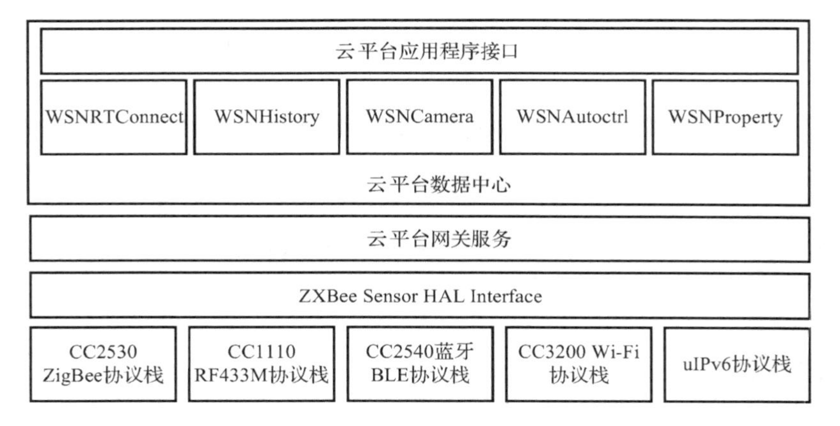

图 5.6 云平台应用开发接口框架

表 5.3 Android 应用开发的实时连接接口

函　数	参数说明	功　能
new WSNRTConnect(String myZCloudID, String myZCloudKey)	myZCloudID：智云账号。 myZCloudKey：智云密钥	创建实时数据，并初始化智云账号及密钥
connect()	无	建立实时数据服务连接
disconnect()	无	断开实时数据服务连接

setRTConnectListener(){
onConnect()
onConnectLost(Throwable arg0)
onMessageArrive(String mac, byte[] dat)
}
	mac：传感器的 MAC 地址。
	dat：发送的消息
		设置监听，接收实时数据服务推送的消息：
		onConnect：连接成功操作。
		onConnectLost：连接失败操作。
		onMessageArrive：数据接收操作

sendMessage(String mac, byte[] dat)	mac：传感器的 MAC 地址。 dat：发送的消息	发送消息
setServerAddr(String sa)	sa：数据中心服务器地址及端口	设置/改变数据中心服务器的地址及端口号
setIdKey(String myZCloudID, String myZCloudKey)	myZCloudID：智云账号。 myZCloudKey：智云密钥	设置/改变智云账号及密钥（需要重新断开连接）

（2）Android 应用开发的历史数据接口。物联网中的传感器数据可以在智云服务器中永久保存，通过云平台提供的 API 可以完成与智云服务器的数据连接、数据访问存储、数据使用等。Android 应用开发的历史数据接口如表 5.4 所示。

表 5.4 Android 应用开发的历史数据接口

函　数	参数说明	功　能
new WSNHistory(String myZCloudID, String myZCloudKey)	myZCloudID：智云账号。 myZCloudKey：智云密钥	初始化历史数据对象，并初始化智云账号及密钥
queryLast1H(String channel)	channel：传感器数据通道	查询最近 1 小时的历史数据
queryLast6H(String channel)	channel：传感器数据通道	查询最近 6 小时的历史数据
queryLast12H(String channel)	channel：传感器数据通道	查询最近 12 小时的历史数据
queryLast1D(String channel)	channel：传感器数据通道	查询最近 1 天的历史数据

续表

函　　数	参 数 说 明	功　　能
queryLast5D(String channel)	channel：传感器数据通道	查询最近 5 天的历史数据
queryLast14D(String channel)	channel：传感器数据通道	查询最近 14 天的历史数据
queryLast1M(String channel)	channel：传感器数据通道	查询最近 1 个月（30 天）的历史数据
queryLast3M(String channel)	channel：传感器数据通道	查询最近 3 个月（90 天）的历史数据
queryLast6M(String channel)	channel：传感器数据通道	查询最近 6 个月（180 天）的历史数据
queryLast1Y(String channel)	channel：传感器数据通道	查询最近 1 年（365 天）的历史数据
query()	无	获取所有通道最后一次数据
query(String channel)	channel：传感器数据通道	获取该通道中最后一次数据
query(String channel, String start, String end)	channel：传感器数据通道。 start：起始时间。 end：结束时间。 时间为 ISO 8601 格式的日期，如 2010-05-20T11:00:00Z	通过起止时间查询指定时间段的历史数据（根据时间范围默认选择时间间隔）
query(String channel, String start, String end, String interval)	channel：传感器数据通道。 start：起始时间。 end：结束时间。 interval：采样点的时间间隔。 时间为 ISO 8601 格式的日期，如 2010-05-20T11:00:00Z	通过起止时间查询指定时间段、指定时间间隔的历史数据
setServerAddr(String sa)	sa：数据中心服务器地址及端口	设置/改变数据中心服务器地址及端口号
setIdKey(String myZCloudID, String myZCloudKey)	myZCloudID：智云账号。 myZCloudKey：智云密钥	设置/改变智云账号及密钥

（3）Android 应用开发的摄像头接口。云平台提供对 IP 摄像头进行远程采集、控制的接口，支持远程对视频图像进行实时采集、图像抓拍、控制云台转动等操作。Android 应用开发的摄像头接口如表 5.5 所示。

表 5.5　Android 应用开发的摄像头接口

函　　数	参 数 说 明	功　　能
new WSNCamera(String myZCloudID, String myZCloudKey)	myZCloudID：智云账号。 myZCloudKey：智云密钥	初始化摄像头对象，并初始化智云账号及密钥
initCamera(String myCameraIP, String user, String pwd, String type)	myCameraIP：摄像头外网域名和 IP 地址。 user：摄像头用户名。 pwd：摄像头密码。 type：摄像头类型。 以上参数可从摄像头手册获取	设置摄像头域名、用户名、密码、类型等参数
openVideo()	无	打开摄像头
closeVideo()	无	关闭摄像头

续表

函　　数	参 数 说 明	功　　能
control(String cmd)	cmd：云台控制指令，参数如下： UP：向上移动。 DOWN：向下移动。 LEFT：向左移动。 RIGHT：向右移动。 HPATROL：水平巡航转动。 VPATROL：垂直巡航转动。 360PATROL：360° 巡航转动	发送指令控制云台转动
checkOnline()	无	监测摄像头是否在线
snapshot()	无	抓拍照片

setCameraListener(){
onOnline(String myCameraIP, boolean online)
onSnapshot(String myCameraIP, Bitmap bmp)
onVideoCallBack(String myCameraIP, Bitmap bmp)
}
	myCameraIP：摄像头外网域名和 IP 地址。
	online：摄像头在线状态（取值为 0 或 1）。
	bmp：图片资源
		监测摄像头返回数据：
		onOnline：摄像头在线状态返回。
		onSnapshot：返回摄像头截图。
		onVideoCallBack：返回实时的摄像头视频图像

freeCamera(String myCameraIP)	myCameraIP：摄像头外网域名和 IP 地址	释放摄像头资源
setServerAddr(String sa)	sa：数据中心服务器地址及端口	设置/改变数据中心服务器地址及端口号
setIdKey(String myZCloudID, String myZCloudKey)	myZCloudID：智云账号。 myZCloudKey：智云密钥	设置/改变智云账号及密钥

（4）Android 应用开发的自动控制接口。云平台内置了一个操作简单且功能强大的逻辑编辑器，开发者可以通过逻辑编辑器编辑复杂的控制逻辑。Android 应用开发的自动控制接口如表 5.6 所示。

表 5.6　Android 应用开发的自动控制接口

函　　数	参 数 说 明	功　　能
new WSNAutoctrl(String myZCloudID, String myZCloudKey)	myZCloudID：智云账号。 myZCloudKey：智云密钥	初始化自动控制对象，并初始化智云账号及密钥
createTrigger(String name, String type, JSONObject param)	name：触发器名称。 type：触发器类型。 param：触发器内容，JSON 对象格式，创建成功后返回该触发器 ID（JSON 格式）	创建触发器
createActuator(String name,String type, JSONObject param)	name：执行器名称。 type：执行器类型。 param：执行器内容，JSON 对象格式，创建成功后返回该执行器 ID（JSON 格式）	创建执行器
createJob(String name, boolean enable, JSONObject param)	name：任务名称。 enable：true（使能任务）、false（禁止任务）。 param：任务内容，JSON 对象格式，创建成功后返回该任务 ID（JSON 格式）	创建任务

续表

函　　数	参 数 说 明	功　　能
deleteTrigger(String id)	id：触发器 ID	删除触发器
deleteActuator(String id)	id：执行器 ID	删除执行器
deleteJob(String id)	id：任务 ID	删除任务
setJob(String id,boolean enable)	id：任务 ID。 enable：true（使能任务）、false（禁止任务）	设置任务使能开关
deleteSchedudler(String id)	id：任务记录 ID	删除任务记录
getTrigger()	无	查询当前智云账号下的所有触发器内容
getTrigger(String id)	id：触发器 ID	查询该触发器 ID
getTrigger(String type)	type：触发器类型	查询当前智云账号下的所有该类型的触发器内容
getActuator()	无	查询当前智云账号下的所有执行器内容
getActuator(String id)	id：执行器 ID	查询该执行器 ID
getActuator(String type)	type：执行器类型	查询当前智云账号下的所有该类型的执行器内容
getJob()	无	查询当前智云账号下的所有任务内容
getJob(String id)	id：任务 ID	查询该任务 ID
getSchedudler()	无	查询当前智云账号下的所有任务记录内容
getSchedudler(String jid,String duration)	id：任务记录 ID。 duration：年、月、日、小时、分钟，默认返回 1 天的记录	查询该任务记录 ID 某个时间段的内容
setServerAddr(String sa)	sa：数据中心服务器地址及端口	设置/改变数据中心服务器地址及端口号
setIdKey(String myZCloudID, String myZCloudKey)	myZCloudID：智云账号。 myZCloudKey：智云密钥	设置/改变智云账号及密钥

（5）Android 应用开发的用户数据接口。云平台的用户数据接口提供私有的数据库使用权限，可对多客户端间共享的私有数据进行存储、查询。Android 应用开发的用户数据接口如表 5.7 所示。

表 5.7　Android 应用开发的用户数据接口

函　　数	参 数 说 明	功　　能
new WSNProperty(String myZCloudID, String myZCloudKey)	myZCloudID：智云账号。 myZCloudKey：智云密钥	初始化用户数据对象，并初始化智云账号及密钥
put(String key,String value)	key：名称。 value：内容	创建用户应用数据
get()	无	获取所有的键值对
get(String key)	key：名称	获取指定 key 的 value 值

续表

函数	参数说明	功能
setServerAddr(String sa)	sa：数据中心服务器地址及端口	设置/改变数据中心服务器地址及端口号
setIdKey(String myZCloudID, String myZCloudKey)	myZCloudID：智云账号。 myZCloudKey：智云密钥	设置/改变智云账号及密钥

2. Web 应用开发接口

针对 Web 应用开发，云平台提供了 JavaScript 接口库，开发者直接调用相应的接口即可完成 Web 应用开发。

（1）Web 应用开发的实时连接接口。Web 应用开发的实时连接接口如表 5.8 所示。

表 5.8 Web 应用开发的实时连接接口

函数	参数说明	功能
new WSNRTConnect(myZCloudID, myZCloudKey)	myZCloudID：智云账号。 myZCloudKey：智云密钥	创建实时数据，并初始化智云账号及密钥
connect()	无	建立实时数据服务连接
disconnect()	无	断开实时数据服务连接
onConnect()	无	监测连接智云服务器成功
onConnectLost()	无	监测连接智云服务器失败
onMessageArrive(mac, dat)	mac：传感器的 MAC 地址。 dat：发送的消息	监测收到的数据
sendMessage(mac, dat)	mac：传感器的 MAC 地址。 dat：发送的消息	发送消息
setServerAddr(sa)	sa：数据中心服务器地址及端口	设置/改变数据中心服务器地址及端口号
setIdKey(myZCloudID, myZCloudKey)	myZCloudID：智云账号。 myZCloudKey：智云密钥	设置/改变智云账号及密钥（需要重新断开连接）

（2）Web 应用开发的历史数据接口。Web 应用开发的历史数据接口如表 5.9 所示。

表 5.9 Web 应用开发的历史数据接口

函数	参数说明	功能
new WSNHistory(myZCloudID, myZCloudKey)	myZCloudID：智云账号。 myZCloudKey：智云密钥	初始化历史数据对象，并初始化智云账号及密钥
queryLast1H(channel, cal)	channel：传感器数据通道。 cal：回调函数（处理历史数据）	查询最近 1 小时的历史数据
queryLast6H(channel, cal)	channel：传感器数据通道。 cal：回调函数（处理历史数据）	查询最近 6 小时的历史数据
queryLast12H(channel, cal)	channel：传感器数据通道。 cal：回调函数（处理历史数据）	查询最近 12 小时的历史数据
queryLast1D(channel, cal)	channel：传感器数据通道。 cal：回调函数（处理历史数据）	查询最近 1 天的历史数据
queryLast5D(channel, cal)	channel：传感器数据通道。 cal：回调函数（处理历史数据）	查询最近 5 天的历史数据

续表

函　　数	参 数 说 明	功　　能
queryLast14D(channel, cal)	channel：传感器数据通道。 cal：回调函数（处理历史数据）	查询最近 14 天的历史数据
queryLast1M(channel, cal)	channel：传感器数据通道。 cal：回调函数（处理历史数据）	查询最近 1 个月（30 天）的历史数据
queryLast3M(channel, cal)	channel：传感器数据通道。 cal：回调函数（处理历史数据）	查询最近 3 个月（90 天）的历史数据
queryLast6M(channel, cal)	channel：传感器数据通道。 cal：回调函数（处理历史数据）	查询最近 6 个月（180 天）的历史数据
queryLast1Y(channel, cal)	channel：传感器数据通道。 cal：回调函数（处理历史数据）	查询最近 1 年（365 天）的历史数据
query(cal)	cal：回调函数（处理历史数据）	获取所有通道最后一次数据
query(channel, cal)	channel：传感器数据通道。 cal：回调函数（处理历史数据）	获取该通道下最后一次数据
query(channel, start, end, cal)	channel：传感器数据通道。 cal：回调函数（处理历史数据）。 start：起始时间。 end：结束时间。 时间为ISO 8601格式的日期，如2010-05-20T11:00:00Z	通过起止时间查询指定时间段的历史数据
query(channel, start, end, interval, cal)	channel：传感器数据通道。 cal：回调函数（处理历史数据）。 start：起始时间。 end：结束时间。 interval：采样点的时间间隔，详细见后续说明。 时间为ISO 8601格式的日期，如2010-05-20T11:00:00Z	通过起止时间查询指定时间段、指定时间间隔的历史数据
setServerAddr(sa)	sa：数据中心服务器地址及端口	设置/改变数据中心服务器地址及端口号
setIdKey(myZCloudID, myZCloudKey)	myZCloudID：智云账号。 myZCloudKey：智云密钥	设置/改变智云账号及密钥

（3）Web 应用开发的摄像头接口。Web 应用开发的摄像头接口如表 5.10 所示。

表 5.10　Web 应用开发的摄像头接口

函　　数	参 数 说 明	功　　能
new WSNCamera(myZCloudID, myZCloudKey)	myZCloudID：智云账号。 myZCloudKey：智云密钥	初始化摄像头对象，并初始化智云账号及密钥
initCamera(myCameraIP, user, pwd, type)	myCameraIP：摄像头外网域名和 IP 地址。 user：摄像头用户名。 pwd：摄像头密码。 type：摄像头类型。 以上参数可从摄像头手册获取	设置摄像头域名、用户名、密码、类型等参数

续表

函　　数	参 数 说 明	功　　能
openVideo()	无	打开摄像头
closeVideo()	无	关闭摄像头
control(cmd)	cmd：云台控制指令，参数如下： UP：向上移动。 DOWN：向下移动。 LEFT：向左移动。 RIGHT：向右移动。 HPATROL：水平巡航转动。 VPATROL：垂直巡航转动。 360PATROL：360°巡航转动	发送指令控制云台转动
checkOnline(cal)	cal：回调函数（处理检查结果）	监测摄像头是否在线
snapshot()	无	抓拍照片
setDiv(divID)	divID：网页标签	设置展示摄像头视频、图像的标签
freeCamera(myCameraIP)	myCameraIP：摄像头外网域名/IP 地址	释放摄像头资源
setServerAddr(sa)	sa：数据中心服务器地址及端口	设置/改变数据中心服务器地址及端口号
setIdKey(myZCloudID, myZCloudKey)	myZCloudID：智云账号 myZCloudKey：智云密钥	设置/改变智云账号及密钥

（4）Web 应用开发的自动控制接口。Web 应用开发的自动控制接口如表 5.11 所示。

表 5.11　Web 应用开发的自动控制接口

函　　数	参 数 说 明	功　　能
new WSNAutoctrl(myZCloudID, myZCloudKey)	myZCloudID：智云账号。 myZCloudKey：智云密钥	初始化自动控制对象，并初始化智云账号及密钥
createTrigger(name, type, param, cal)	name：触发器名称。 type：触发器类型。 param：触发器内容，JSON 对象格式。 创建成功后返回该触发器 ID（JSON 格式）。 cal：回调函数	创建触发器
createActuator(name, type, param, cal)	name：执行器名称。 type：执行器类型。 param：执行器内容，JSON 对象格式。 创建成功后返回该执行器 ID（JSON 格式）。 cal：回调函数	创建执行器
createJob(name, enable, param, cal)	name：任务名称。 enable：true（使能任务）、false（禁止任务）。 param：任务内容，JSON 对象格式。 创建成功后返回该任务 ID（JSON 格式）。 cal：回调函数	创建任务
deleteTrigger(id, cal)	id：触发器 ID。 cal：回调函数	删除触发器

续表

函　　数	参 数 说 明	功　　能
deleteActuator(id, cal)	id：执行器 ID。 cal：回调函数	删除执行器
deleteJob(id, cal)	id：任务 ID。 cal：回调函数	删除任务
setJob(id, enable, cal)	id：任务 ID。 enable：true（使能任务）、false（禁止任务）。 cal：回调函数	设置任务使能开关
deleteSchedudler(id, cal)	id：任务记录 ID。 cal：回调函数	删除任务记录
getTrigger(cal)	cal：回调函数	查询当前智云账号下的所有触发器内容
getTrigger(id, cal)	id：触发器 ID。 cal：回调函数	查询该触发器账号内容
getTrigger(type, cal)	type：触发器类型。 cal：回调函数	查询当前智云账号下的所有该类型的触发器内容
getActuator(cal)	cal：回调函数	查询当前智云账号下的所有执行器内容
getActuator(id, cal)	id：执行器 ID。 cal：回调函数	查询该执行器 ID
getActuator(type, cal)	type：执行器类型。 cal：回调函数	查询当前智云账号下的所有该类型的执行器内容
getJob(cal)	cal：回调函数	查询当前智云账号下的所有任务内容
getJob(id, cal)	id：任务 ID。 cal：回调函数	查询该任务 ID
getSchedudler(cal)	cal：回调函数	查询当前智云账号下的所有任务记录内容
getSchedudler(jid, duration, cal)	id：任务记录 ID。 duration：年、月、日、小时、分钟，默认返回 1 天的记录 cal：回调函数	查询该任务记录账号某个时间段的内容
setServerAddr(sa)	sa：数据中心服务器地址及端口	设置/改变数据中心服务器地址及端口号
setIdKey(myZCloudID, myZCloudKey)	myZCloudID：智云账号。 myZCloudKey：智云密钥	设置/改变智云账号及密钥

（5）Web 应用开发的用户数据接口。Web 应用开发的用户数据接口如表 5.12 所示。

表 5.12　Web 应用开发的用户数据接口

函　　数	参 数 说 明	功　　能
new WSNProperty(myZCloudID, myZCloudKey)	myZCloudID：智云账号。 myZCloudKey：智云密钥	初始化用户数据对象，并初始化智云账号及密钥

续表

函　　数	参 数 说 明	功　　能
put(key, value, cal)	key：名称。 value：内容。 cal：回调函数	创建用户应用数据
get(cal)	cal：回调函数	获取所有的键值对
get(key, cal)	key：名称。 cal：回调函数	获取指定 key 的 value 值
setServerAddr(sa)	sa：数据中心服务器地址及端口	设置/改变数据中心服务器地址及端口号
setIdKey(myZCloudID, myZCloudKey)	myZCloudID：智云账号。 myZCloudKey：智云密钥	设置/改变智云账号及密钥

5.3.2　开发实践

1．Android 应用开发实例

（1）Android 应用开发的实时连接接口的应用。要实现传感器数据的发送，就需要在 SensorActivity.java 文件中调用类 WSNRTConnect 的方法。具体方法是：先导入智云接口的相关文件包，再定义实时连接对象，在通过 new WSNRTConnect 实例化实时连接对象时，智云服务器连接参数 myZCloudID 与 myZCloudKey 需要在主页面定义，然后通过“wRTConnect.setServerAddr("zhiyun360.com");”来设置智云服务器地址，最后调用 wRTConnect.connect()函数即可连接到智云服务器。实现代码如下：

```
import com.zhiyun360.wsn.droid.WSNRTConnect;
import com.zhiyun360.wsn.droid.WSNRTConnectListener;
public class SensorActivity extends Activity {
    private Button mBTNOpen,mBTNClose;
    private TextView mTVInfo;
    private WSNRTConnect wRTConnect;
    ……
    @Override
    public void onCreate(Bundle savedInstanceState) {
    ……
wRTConnect=new WSNRTConnect(DemoActivity.myZCloudID,
DemoActivity.myZCloudKey);
wRTConnect.setServerAddr("zhiyun360.com");                    //设置智云服务器地址
wRTConnect.connect();
```

通过在设置按钮的 setOnClickListener 方法中调用 wRTConnect.sendMessage 接口，应用程序可以向传感器节点发送数据，该方法首先需要设置 MAC 地址与协议指令。代码如下：

```
mBTNClose.setOnClickListener(new View.OnClickListener() {
    @Override
    public void onClick(View v) {
        String mac = "00:12:4B:00:10:27:A5:19";
```

```
            String dat = "{CD1=64,D1=?}";
            textInfo(mac + " <<< " + dat);
            wRTConnect.sendMessage(mac, dat.getBytes());
        }
    });
```

通过调用 WSNRTConnectListener 接口 onMessageArrive()函数，应用程序可以接收实时数据。代码如下：

```
wRTConnect.setRTConnectListener(new WSNRTConnectListener() {
    ……
    public void onMessageArrive(String arg0, byte[] arg1) {
        textInfo(arg0 + " >>> " + new String(arg1));
    }
    ……
}
```

应用程序可以通过下面的代码来关闭与智云服务器的连接。

```
@Override
public void onDestroy() {
    wRTConnect.disconnect();
    super.onDestroy();
}
```

（2）Android 应用开发的历史数据接口的应用。历史数据查询的页面如图 5.7 所示。

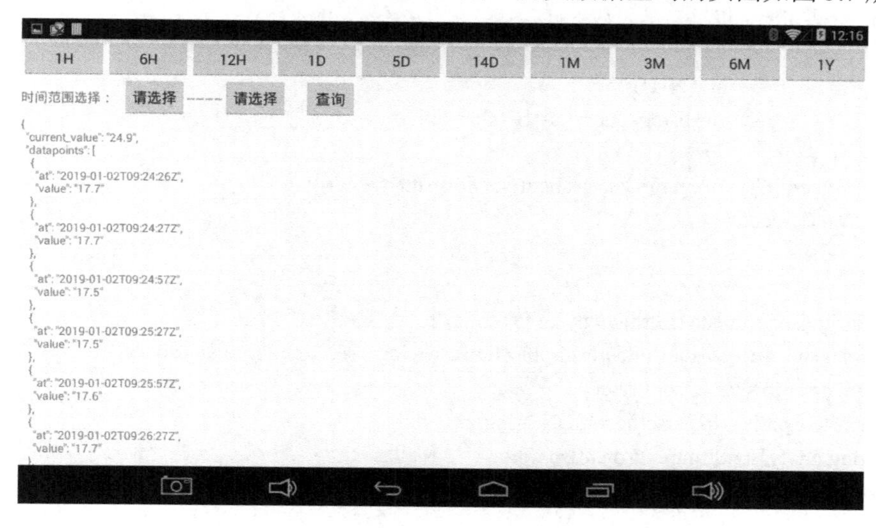

图 5.7　历史数据查询的页面

在进行历史数据查询时，首先通过“new WSNHistory(DemoActivity.myZCloudID, DemoActivity. myZCloudKey);”实例化历史数据对象，然后通过“wHistory.setServerAddr ("zhiyun360.com: 8080");”设置智云服务器的地址，注意加上后面的端口号 8080。

历史数据的查询还需要设置传感器节点的通道号，如“00:12:4B:00:10:27:A5:19_A0”，其中“00:12:4B:00:10:27:A5:19”是传感器节点的 MAC 地址，“_A0”是温度数据。

```
import com.zhiyun360.wsn.droid.WSNHistory;
public class HistoryActivity extends Activity implements OnClickListener {
    //设置要查询的传感器节点的通道号
    private String channel = "00:12:4B:00:10:27:A5:19_A0";
    private Button mBTN1H, mBTN6H…;
    private TextView mTVData;
    private WSNHistory wHistory;
    @Override
    public void onCreate(Bundle savedInstanceState) {
        mBTN1H = (Button) findViewById(R.id.btn1h);
        mBTN1H.setOnClickListener(this);
        wHistory = new WSNHistory(DemoActivity.myZCloudID, DemoActivity.myZCloudKey);
        wHistory.setServerAddr("zhiyun360.com:8080");
    }
}
```

用户可以查询不同时间段的历史数据，这里以查询最近 1 小时的历史数据为例进行说明。使用的是历史数据对象的 wHistory.queryLast1H(channel)函数，该函数的参数 channel 是要查询的通道号（通道号需要在应用程序中进行初始化），该函数的返回值是 String 类型的字符串，通过“if(result != null)mTVData.setText(jsonFormatter(result));”来调用格式转换的方法，最后以 JSON 格式的字符串显示在历史数据查询的页面上。

```
@Override
public void onClick(View arg0) {
    String result = null;
    try {
        if (arg0 == mBTN1H) {
            result = wHistory.queryLast1H(channel);
        }
        if(result != null)mTVData.setText(jsonFormatter(result));
    } catch (Exception e) {
        }
}
public String jsonFormatter(String uglyJSONString) {
    Gson gson = new GsonBuilder().disableHtmlEscaping().setPrettyPrinting().create();
    JsonParser jp = new JsonParser();
    JsonElement je = jp.parse(uglyJSONString);
    String prettyJsonString = gson.toJson(je);
    return prettyJsonString;
}
```

2. Web 应用开发实例

（1）Web 应用开发的实时连接接口的应用。云平台提供了实时数据推送服务 API，通过提供的 API 可以与底层的传感器节点进行数据交互。理解这些 API 后，用户还可以在底层自定义一些通信协议，从而控制底层的传感器节点，实现数据采集的功能。实时数据查询与推送的页面如图 5.8 所示。

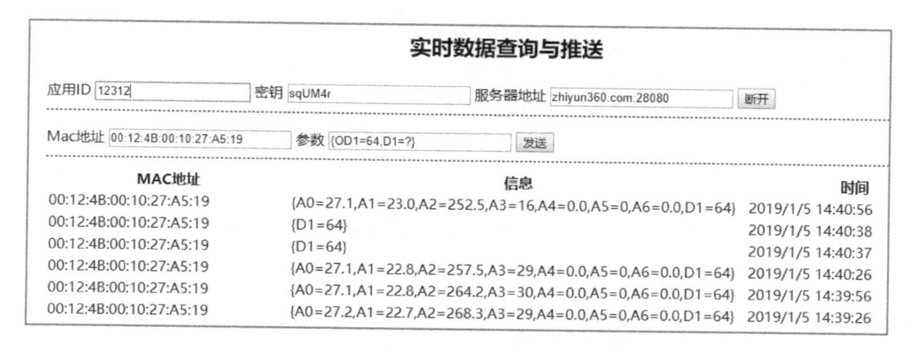

图 5.8　实时数据查询与推送的页面

在 Web 应用中，首先要包含 Web 接口的 JS 文件 WSNRTConnect.js（这是因为使用到了 jQuery 库，所以应包含对应的库文件），然后调用 new WSNRTConnect()函数来实例化实时连接对象。

```
<script src="../../js/jquery-1.11.0.min.js"></script>
<script src="../../js/WSNRTConnect.js"></script>
<script>
var rtc = new WSNRTConnect();
```

在 Web 应用中，连接功能是通过“连接”按钮来实现的。当连接到智云服务器时，该按钮显示为“断开”；当没有连接到智云服务器时，该按钮显示为“连接”。单击“连接”按钮时，click 事件代码通过“if (!rtc.isconnect)”来判断当前实时连接对象是否连接到了智云服务器。如果没有连接到，就先通过“rtc.setIdKey ($("#aid").val(), $("#xkey").val());”获得用户输入的 ID 与 KEY，然后通过“rtc.setServerAddr($ ("#saddr").val());”获得服务器地址，最后通过“rtc.connect();”连接到智云服务器。

```
$(document).ready(function(){
    $("#btn_con").click(function(){
        if (!rtc.isconnect) {
            rtc.setIdKey($("#aid").val(), $("#xkey").val());
            rtc.setServerAddr($("#saddr").val());
            rtc.connect();
        } else {
            rtc.disconnect();
        }
    }
}
```

上述按钮上字符动态切换功能的实现代码如下：

```
function onConnect(){
    rtc.isconnect = true;
    $("#btn_con").val("断开");
    $("#btn_con").attr("class","btn btn-warning");
    console.log("断开");
}
function onConnectLost() {
```

```
        rtc.isconnect = false;
        $("#btn_con").val("连接");
        $("#btn_con").attr("class","btn btn-success");
        console.log("连接");
    }
```

如果实时连接对象连接到了智云服务器，可通过 onmessageArrive()函数来监听接收到的无线数据包并显示出来。

```
function onmessageArrive(mac, msg) {
    var d=new Date();
    var  time=d.toLocaleDateString()+" "+d.getHours()+":"+d.getMinutes()+":"+d.getSeconds();
    var ul_mac = $(".filter").children("ul").attr("mac");
    var html = "<tr mac='"+mac+"'><td>"+mac+"</td><td>"+msg+"</td><td>"+time+"</td></tr>";
    $("table").find("tbody").prepend(html);
}
```

数据发送功能是通过“rtc.sendMessage($("#mac").val(), $("#pa").val());”来实现的，需要传感器节点的 MAC 地址与通信协议命令作为参数。

```
$(document).ready(function(){
    ……
    $("#query").click(function(){
        if (!rtc.isconnect) {
            return;
        }
        rtc.sendMessage($("#mac").val(), $("#pa").val());
    });
});
```

（2）Web 应用开发的历史数据接口的应用。历史数据查询是通过“查询”按钮的 click 事件来处理的，可通过“new WSNHistory($ ("#aid").val(), $("#xkey").val());”获取的 ID 与 KEY 来实例化历史数据对象，通过“myHisData. setServerAddr($("#saddr").val());”来设置智云服务器的地址，通过“time = $("#history_time"). val();”来获取要查询的时间段，通过“$("#history_channel").val();”来获取要查询的通道号，通过“myHisData[time](channel, function(dat){});”来实现历史数据的查询与显示。历史数据查询页面如图 5.9 所示。

历史数据查询

应用ID 34533 密钥 56KIHsqUM4r 服务器地址 zhiyun360.com:8080

查询时间段 最近1小时 通道 00:12:4B:00:10:27:A5:19_A0 查询

{"current_value":"24.7","datapoints":[{"at":"2019-01-05T11:34:29Z","value":"22.8"},{"at":"2019-01-05T11:34:59Z","value":"22.9"},
{"at":"2019-01-05T11:35:29Z","value":"23.0"},{"at":"2019-01-05T11:35:59Z","value":"23.0"},{"at":"2019-01-05T11:36:29Z","value":"23.1"},
{"at":"2019-01-05T11:36:59Z","value":"23.1"},{"at":"2019-01-05T11:37:29Z","value":"23.2"},{"at":"2019-01-05T11:37:59Z","value":"23.2"},
{"at":"2019-01-05T11:38:29Z","value":"23.3"},{"at":"2019-01-05T11:38:59Z","value":"23.3"},{"at":"2019-01-05T11:39:29Z","value":"23.4"},
{"at":"2019-01-05T11:39:59Z","value":"23.4"},{"at":"2019-01-05T11:40:29Z","value":"23.5"},{"at":"2019-01-05T11:40:59Z","value":"23.5"},
{"at":"2019-01-05T11:41:29Z","value":"23.5"},{"at":"2019-01-05T11:41:59Z","value":"23.6"},{"at":"2019-01-05T11:42:29Z","value":"23.6"},
{"at":"2019-01-05T11:42:59Z","value":"23.7"},{"at":"2019-01-05T11:43:29Z","value":"23.7"},{"at":"2019-01-05T11:43:59Z","value":"23.8"},
{"at":"2019-01-05T11:44:29Z","value":"23.9"},{"at":"2019-01-05T11:44:59Z","value":"23.9"},{"at":"2019-01-05T11:45:29Z","value":"24.0"},

图 5.9　历史数据查询页面

```
$(function(){
    $("#history_query").click(function(){
        //初始化 API
        var myHisData = new WSNHistory($("#aid").val(), $("#xkey").val());
        myHisData.setServerAddr($("#saddr").val());
        $("#data_show").text("");
        var time = $("#history_time").val();
        var channel = $("#history_channel").val();
        myHisData[time](channel, function(dat){
            var data = JSON.stringify(dat);                //JSON 对象变为字符串
            $("#data_show").text(data);
        })
    })
})
```

5.4　小型飞行器高度管理系统的开发与实现

目前小型飞行器已从军事应用逐渐普及到警用和民用。小型飞行器具备制造成本低、飞行费用低、机动灵活、功能多样化等优势。例如，使用小型飞行器巡查电力线路，对冰冻等自然灾害的预警有着较为良好的应用效果，同时还可利用高精度视频设备对线路进行观测，精确地找出电力线路的故障点，保障电力设施的有效运行。使用小型飞行器来巡线检电力线路，可大大降低巡检成本、提高巡检效率、保障巡检人员的生命安全。

本节主要利用采集类节点和控制类节点实现小型飞行器高度管理系统，本节先进行开发设计，再进行开发实践，最后进行开发验证。在开发设计方面，主要对总体架构、系统功能、数据传输过程和硬件组成进行了分析；在开发实践方面，主要介绍了 ZXBee 通信协议、程序执行流程、驱动程序、Android 端应用设计和 Web 端应用设计进行了分析；在开发验证方面，主要对系统硬件部署、系统软件部署、系统操作与测试进行了分析。

5.4.1　开发目标

本节的开发目标是帮助读者理解智云物联项目的开发架构，掌握 ZigBee 采集类程序和控制类程序的逻辑与接口、ZXBee 通信协议的应用、ZigBee 采集类节点和控制类节点的驱动程序开发、Android 端和 Web 端应用的设计，实现小型飞行器高度管理系统的开发。

5.4.2　开发设计

1．总体架构

小型飞行器高度管理系统采用智云物联项目架构进行设计，其总体架构如图 5.10 所示。

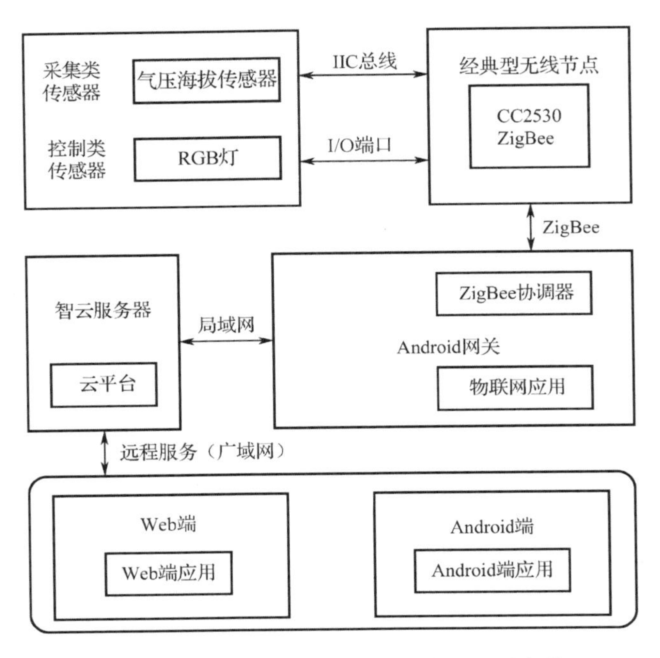

图 5.10　小型飞行器高度管理系统的总体架构

2. 系统功能

小型飞行器高度管理的系统功能可分为设备采集控制和系统设置两个模块，如图 5.11 所示。设备采集控制模块分为气压海拔传感器数据采集和 RGB 灯控制；系统设置模块分为设置 ID 和 KEY、设置 MAC 地址和系统版本管理。

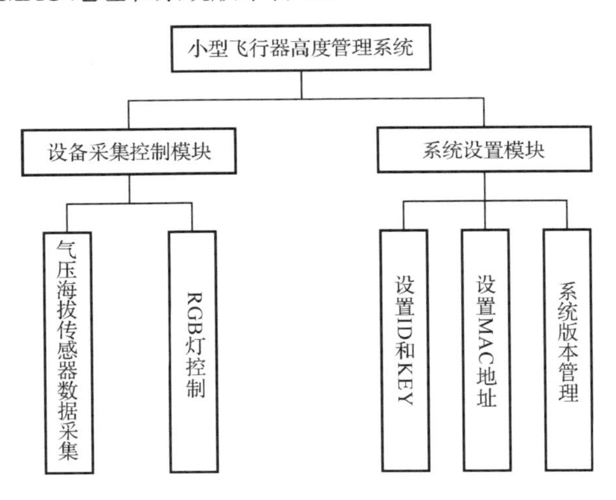

图 5.11　小型飞行器高度管理的系统功能

小型飞行器高度管理系统通过气压海拔传感器采集数据后，将数据主动推送到智云服务器，然后在智云服务器中比较气压海拔传感器数据与设定的阈值，根据比较结果控制 RGB 灯。

小型飞行器高度管理系统的功能需求如表 5.13 所示。

表 5.13　小型飞行器高度管理系统的功能需求

功　　能	说　　明
气压海拔传感器采集数据	在应用界面实时更新显示气压海拔传感器采集的数据
控制 RGB 灯状态	在应用界面通过与阈值比较来自动或手动开关 RGB 灯
连接智云服务器	连接智云服务器，设置传感器 MAC 地址

3. 数据传输过程

小型飞行器高度管理系统的数据传输过程涉及传感器节点、网关、客户端（Android、Web）三部分，如图 5.12 所示，具体描述如下。

（1）传感器节点通过 ZigBee 网络与网关中的协调器进行组网。

（2）传感器节点将采集的数据通过 ZigBee 网络发送给协调器，通过实时数据推送服务将数据推送给所有与网关连接的客户端。

（3）客户端（Android 应用、Web 应用）通过调用互联网实现实时数据的采集。

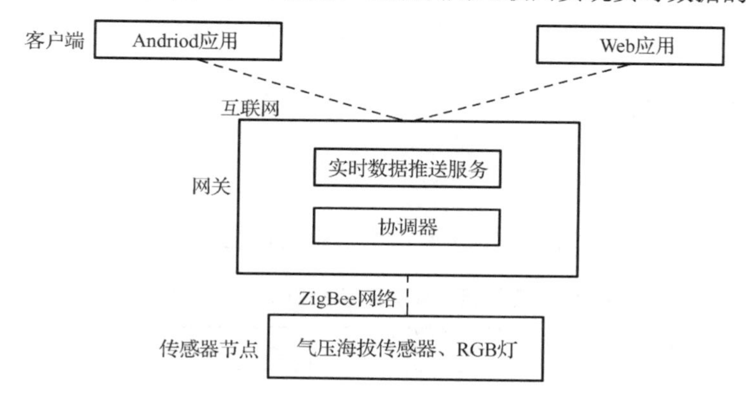

图 5.12　小型飞行器高度管理系统的数据传输过程

4. 硬件组成

小型飞行器高度管理系统的底层硬件主要包括 xLab 开发平台的 Android 网关、经典型无线节点 ZXBeeLiteB、采集类开发平台 Sensor-A 和控制类开发平台 Sensor-B。其中，Android 网关负责汇集传感器节点采集的数据；ZigBee 无线节点（由经典型无线节点 ZXBeeLiteB 实现）以无线通信的方式向 Android 网关发送传感器节点采集的数据，并接收 Android 网关发送的命令；采集类开发平台 Sensor-A 和控制类开发平台 Sensor-B 连接到 ZigBee 无线节点，由其中的 CC3200 对相关设备进行控制。本系统中传感器包括气压海拔传感器和 RGB 灯。

（1）气压海拔传感器：型号为 FBM320，输出数字信号输出，采用 IIC 总线通信，测量范围为 300～1100 hPa。

（2）RGB 灯：低电平驱动，可发出三种颜色的灯光。

RGB 灯和气压海拔传感器的硬件连接如图 5.13 和 5.14 所示。

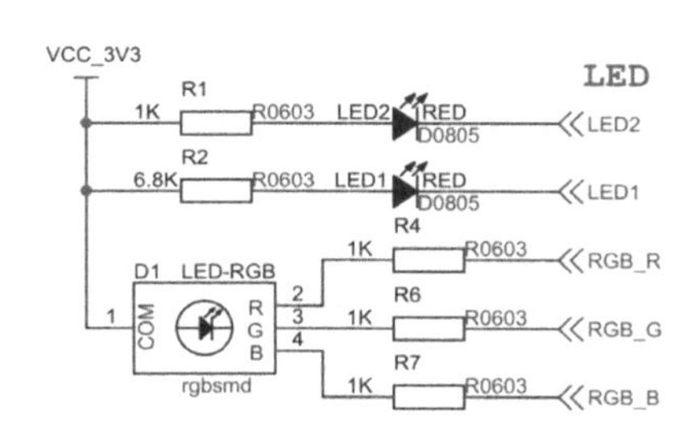

图 5.13　RGB 灯的硬件连接

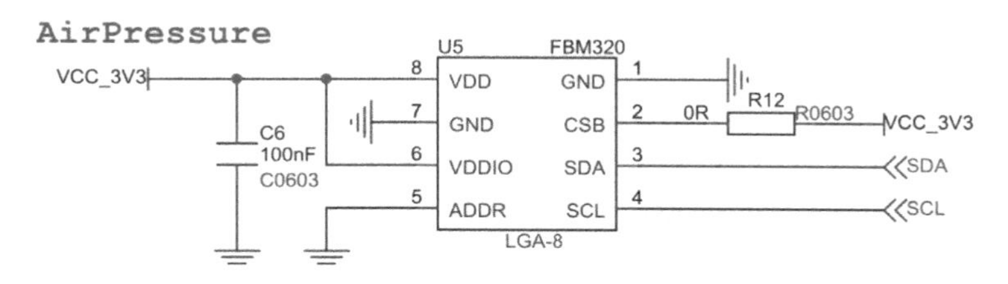

图 5.14　气压海拔传感器的硬件连接

5.4.3　开发实践

1. ZXBee 通信协议

小型飞行器高度管理系统的 ZXBee 通信协议定义如表 5.14 所示。

表 5.14　小型飞行器高度管理系统的 ZXBee 通信协议

传 感 器	属　性	参　数	权　限	说　明
Sensor-A（601）	气压值	A4	R	气压值，浮点型，精度为 0.1，单位为百帕
	上报间隔	V0	R/W	循环上报的时间间隔
Sensor-B（602）	RGB	D1(OD1/CD1)	R/W	D1 的 Bit0 和 Bit1 的组合代表 RGB 灯的颜色，00 表示关闭 RGB 灯，01 表示红灯（R），10 表示绿灯（G），11 表示蓝灯（B）
	上报间隔	V0	R/W	循环上报的时间间隔

2. 程序执行流程

小型飞行器高度管理系统的程序执行流程如图 5.15 所示。

在上述的程序执行流程中，在传感器初始化中还完成了数据上报事件和报警事件的注册。在传感器初始化完成后，MY_REPORT_EVT 事件每发生一次就上报一次数据给协调器。当接收数据时，通过 ZXBeeInfRecv()函数接收无线数据包，再调用 ZXBeeDecodePackage()函数对接收到的无线数据包进行解包。

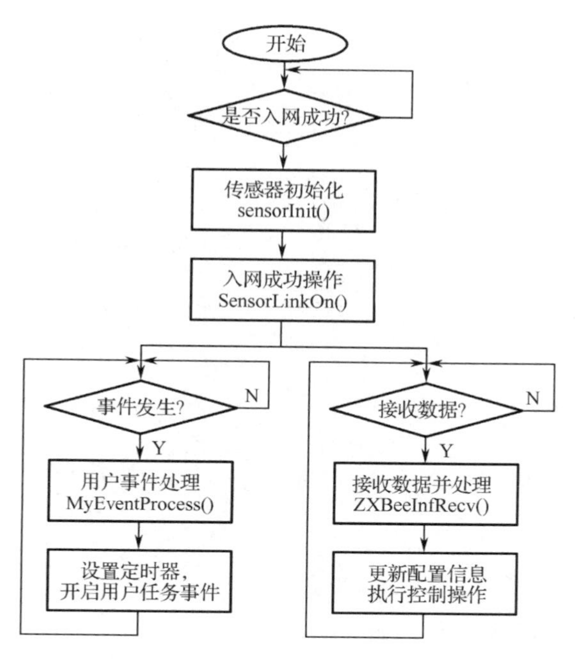

图 5.15 小型飞行器高度管理系统的程序执行流程

3. 驱动程序

在智云物联项目框架下可以很容易实现远程设备控制程序，该框架可以省略无线节点组网和用户项目创建的烦琐过程，直接调用 sensorInit()函数即可实现传感器的初始化，调用 ZXBeeUserProcess()函数来解析接收到的指令，在 MyEventProcess()函数中调用 sensorUpdate()函数来上报设备状态信息。

在 sensorInit()函数内添加传感器初始化的代码，代码如下：

```
void sensorInit(void)
{
    //初始化传感器代码
    fbm320_init();                                    //气压海拔传感器初始化
    rgb_init();                                       //RGB 灯初始化
}
```

sensorControl()函数根据参数 cmd 来处理对应的控制程序，代码如下：

```
void sensorControl(uint8 cmd)
{
    if(mode == 2){                                    //传感器模式二跳线
        if ((cmd & 0x01) == 0x01){                    //RGB 灯控制位：Bit0 和 Bit1
            if ((cmd & 0x03) == 0x03){                //cmd 为 3，蓝灯亮
                rgb_off(0x01);                        //RGB_R = OFF;
                rgb_off(0x02);                        //RGB_G = OFF;
                rgb_on(0x04);                         //RGB_B = ON;
            }
            else{
```

```
                rgb_on(0x01);                              //RGB_R = ON;
                rgb_off(0x02);                             //RGB_G = OFF;
                rgb_off(0x04);                             //RGB_B = OFF;
            }
        }
        else if ((cmd & 0x02) == 0x02){                    //cmd 为 2，绿灯亮
            rgb_off(0x01);                                 //RGB_R = OFF;
            rgb_on(0x02);                                  //RGB_G = ON;
            rgb_off(0x04);                                 //RGB_B = OFF;
        }
        else{
            rgb_off(0x01);                                 //RGB_R = OFF;
            rgb_off(0x02);                                 //RGB_G = OFF;
            rgb_off(0x04);                                 //RGB_B = OFF;
        }
    }
}
```

气压海拔传感器驱动函数的代码如下：

```
long UP_S=0, UT_S=0, RP_S=0, RT_S=0, OffP_S=0;
long UP_I=0, UT_I=0, RP_I=0, RT_I=0, OffP_I=0;
float H_S=0, H_I=0;
float Rpress;
unsigned int C0_S, C1_S, C2_S, C3_S, C6_S, C8_S, C9_S, C10_S, C11_S, C12_S;
unsigned long C4_S, C5_S, C7_S;
unsigned int C0_I, C1_I, C2_I, C3_I, C6_I, C8_I, C9_I, C10_I, C11_I, C12_I;
unsigned long C4_I, C5_I, C7_I;
unsigned char Formula_Select=1;

/*********************************************************************************************
* 名称：fbm320_read_id()
* 功能：读取 FBM320 型气压海拔传感器的 ID
*********************************************************************************************/
unsigned char fbm320_read_id(void)
{
    iic_start();                                               //启动 IIC 总线
    if(iic_write_byte(FBM320_ADDR) == 0){                      //检测 IIC 总线地址
        if(iic_write_byte(FBM320_ID_ADDR) == 0){               //监测信道状态
            iic_start();                                       //启动 IIC 总线
            iic_write_byte(FBM320_ADDR | 0x01);
            unsigned char id = iic_read_byte(1);
            if(FBM320_ID == id){
                iic_stop();                                    //停止 IIC 总线
                return 1;
            }
        }
    }
```

```
    iic_stop();                                                    //停止 IIC 总线
    return 0;                                                      //当地址错误时返回 0
}
/*********************************************************************************************
* 名称：fbm320_read_reg()
* 功能：数据读取
* 返回：data1 表示数据，0 表示错误
*********************************************************************************************/
unsigned char fbm320_read_reg(unsigned char reg)
{
    iic_start();                                                   //启动 IIC 总线
    if(iic_write_byte(FBM320_ADDR) == 0){                          //检测 IIC 总线地址
        if(iic_write_byte(reg) == 0){                              //监测信道状态
            iic_start();                                           //启动 IIC 总线
            iic_write_byte(FBM320_ADDR | 0x01);
            unsigned char data1 = iic_read_byte(1);                //读取数据
            iic_stop();                                            //停止 IIC 总线
            return data1;                                          //返回数据
        }
    }
    iic_stop();                                                    //停止 IIC 总线
    return 0;                                                      //当地址错误时返回 0
}

/*********************************************************************************************
* 名称：fbm320_write_reg()
* 功能：发送识别信息
*********************************************************************************************/
void fbm320_write_reg(unsigned char reg,unsigned char data)
{
    iic_start();                                                   //启动 IIC 总线
    if(iic_write_byte(FBM320_ADDR) == 0){                          //检测 IIC 总线地址
        if(iic_write_byte(reg) == 0){                              //监测信道状态
            iic_write_byte(data);                                  //发送数据
        }
    }
    iic_stop();                                                    //停止 IIC 总线
}

/*********************************************************************************************
* 名称：fbm320_read_data()
* 功能：数据读取
*********************************************************************************************/
long fbm320_read_data(void)
{
    unsigned char data[3];
    iic_start();                                                   //启动 IIC 总线
```

```
    if (1 == iic_write_byte(FBM320_ADDR)){                          //总线地址设置
        return -1;
    }
    if (1 == iic_write_byte(FBM320_DATAM)){                         //读取数据指令
        return -1;
    }//delay(30);
    iic_start();                                                    //启动 IIC 总线
    iic_write_byte(FBM320_ADDR | 0x01);                             //读取数据
    data[2] = iic_read_byte(0);
    data[1] = iic_read_byte(0);
    data[0] = iic_read_byte(1);
    iic_stop();                                                     //停止 IIC 总线
    return (((long)data[2] << 16) | ((long)data[1] << 8) | data[0]);
}
/*********************************************************************************************
* 名称：Coefficient()
* 功能：大气压强系数换算
*********************************************************************************************/
void Coefficient(void) {
    unsigned char i;
    unsigned int R[10];
    unsigned int C0=0, C1=0, C2=0, C3=0, C6=0, C8=0, C9=0, C10=0, C11=0, C12=0;
    unsigned long C4=0, C5=0, C7=0;
    .......
    //该函数代码过长，篇幅所限，此处省略，请读者参看本工程代码
}
/*********************************************************************************************
* 名称：Calculate()
* 功能：大气压强换算
*********************************************************************************************/
void Calculate(long UP, long UT)                    //Calculate Real Pressure & Temperautre
{
    int8 C12=0;
    int16 C0=0, C2=0, C3=0, C6=0, C8=0, C9=0, C10=0, C11=0;
    int32 C1=0, C4=0, C5=0, C7=0;
    .......
    //该函数代码过长，篇幅所限，此处省略，请读者参看本工程代码
}
/*********************************************************************************************
* 名称：Calculate()
* 功能：气压海拔传感器初始化
*********************************************************************************************/
unsigned char fbm320_init(void)
{
    iic_init();                                                     //IIC 总线初始化
    if(fbm320_read_id() == 0)                                       //判读初始化是否成功
    return 0;
```

```
        Coefficient();
        return 1;
}
/*********************************************************************************************
* 名称：fbm320_data_get()
* 功能：读取传感器数据
*********************************************************************************************/
int fbm320_data_get(float *temperature,long *pressure)
{
        //Coefficient();                                              //系数换算
        fbm320_write_reg(FBM320_CONFIG,TEMPERATURE);                 //发送识别信息
        delay_ms(5);                                                  //延时 5 ms
        UT_I = fbm320_read_data();                                    //读取传感器数据
        fbm320_write_reg(FBM320_CONFIG,OSR8192);                     //发送识别信息
        delay_ms(20);                                                 //延时 10 ms
        UP_I = fbm320_read_data();                                    //读取传感器数据
        if (UT_I == -1 || UP_I == -1){
            return -1;
        }
        Calculate( UP_I, UT_I);                                       //传感器数值换算
        *temperature = RT_I * 0.01f;                                  //温度计算
        *pressure = RP_I;                                             //压力计算
        return 0;
}
```

RGB 灯驱动函数的代码如下：

```
/*********************************************************************************************
* 名称：rgb_init()
* 功能：初始化 RGB 灯控制引脚
*********************************************************************************************/
void rgb_init(void)
{
        APCFG &= ~0x01;                         //模拟 IO 失能
        P0SEL &= ~0x07;                         //配置控制引脚（P0_4 和 P0_5）为 GPIO 模式
        P0DIR |= 0x07;                          //配置控制引脚（P0_4 和 P0_5）为输出模式

        RGB_R = OFF;                            //初始状态为关闭
        RGB_G = OFF;                            //初始状态为关闭
        RGB_B = OFF;                            //初始状态为关闭
}
/*********************************************************************************************
* 名称：rgb_on()
* 功能：打开 RGB 灯函数
* 参数：RGB 灯号，在 rgb.h 中宏定义为 RGB_R、RGB_G、RGB_B
* 返回：0 表示打开 RGB 灯成功，-1 表示参数错误
* 注释：参数只能填入 RGB_R、RGB_G、RGB_B，否则会返回-1
*********************************************************************************************/
signed char rgb_on(unsigned char rgb)
```

```
{
  if(rgb == RGB_R){                                    //如果要打开 RGB_R
    RGB_R = ON;
    return 0;
  }

  if(rgb == RGB_G){                                    //如果要打开 RGB_G
    RGB_G = ON;
    return 0;
  }

  if(rgb == RGB_B){                                    //如果要打开 RGB_B
    RGB_B = ON;
    return 0;
  }

  return -1;                                           //参数错误，返回-1
}

/*********************************************************************************************
* 名称：rgb_off()
* 功能：关闭 RGB 灯函数
* 参数：RGB 灯号，在 rgb.h 中宏定义为 RGB_R、RGB_G、RGB_B
* 返回：0 表示关闭 RGB 灯成功；-1 表示参数错误
* 注释：参数只能填入 RGB_R、RGB_G、RGB_B，否则会返回-1
*********************************************************************************************/
signed char rgb_off(unsigned char rgb)
{
    if(rgb == RGB_R){                                  //如果要关闭 RGB_R
        RGB_R = OFF;
        return 0;
    }

    if(rgb == RGB_G){                                  //如果要关闭 RGB_G
        RGB_G = OFF;
        return 0;
    }

    if(rgb == RGB_B){                                  //如果要关闭 RGB_B
        RGB_B = OFF;
        return 0;
    }
    return -1;                                         //参数错误，返回-1
}
```

4．Android 端应用设计

1）项目工程框架

在 Android Studio 开发环境中打开小型飞行器高度管理系统的工程文件，该系统的工程目录如图 5.16 所示，工程目录的说明见表 5.15。

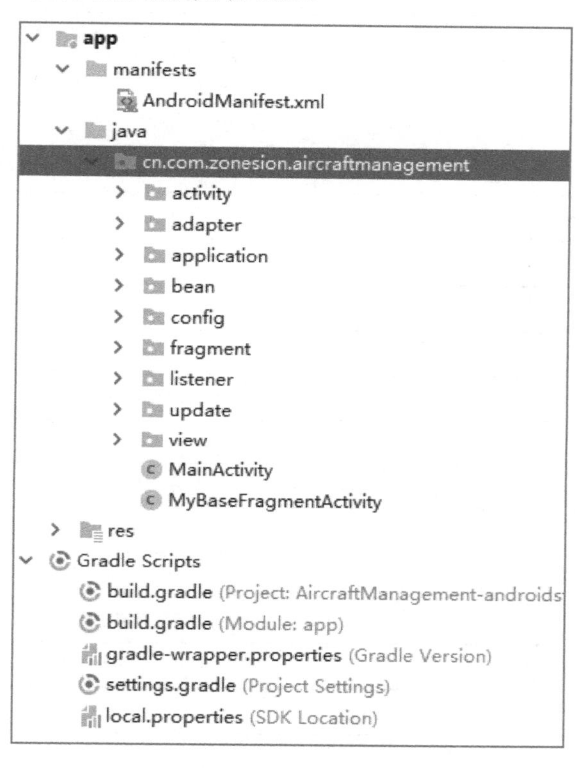

图 5.16 小型飞行器高度管理系统的工程目录

表 5.15 小型飞行器高度管理系统的工程目录说明

类　名	说　明
activity	
IdKeyShareActivity.java	在 IDKey 页面中单击“分享”按钮时，会弹出 Activity，用于分享二维码图片
adapter	
HdArrayAdapter.java	历史数据显示适配器
application	
LCApplication.java	LCApplication 继承自 Application 类，使用单例模式创建 WSNRTConnect 对象
bean	
HistoricalData.java	历史数据的 Bean 类，将从智云服务器中获得的历史数据记录（JSON 形式）转换成该类对象
IdKeyBean.java	IdKeyBean 类用来描述用户设备的 ID、KEY，以及使用的智云服务器的地址 SERVER

续表

类　名	说　明
config	
Config.java	该类用于对用户设备的 ID、KEY、使用的智云服务器地址及 MAC 地址进行修改
Fragment	
BaseFragment.java	界面基础 Fragment 定义类
HomepageFragment.java	展示首页的 Fragment
IDKeyFragment.java	选择 IDKey 标签时所显示的页面
MacSettingFragment.java	用户设置 MAC 地址时显示的页面
MoreInformationFragment.java	更多信息显示页面
RunHomePageFragment.java	运营首页显示页面
VersionInformationFragment.java	显示版本等相关信息的页面
listener	
IOnWSNDataListener.java	传感器数据监听器接口
update	
UpdateService.java	应用下载服务类
view	
APKVersionCodeUtils.java	获取当前本地 apk 的版本
CustomRadioButton.java	自定义按钮类
PagerSlidingTabStrip.java	自定义滑动控件类
MainActivity：主界面类	
MyBaseFragmentActivity：系统 Fragment 通信类	

2）代码分析

根据 Android 应用开发接口的定义，小型飞行器高度管理系统的应用设计主要采用实时连接接口，该接口的程序流程如图 5.17 所示。

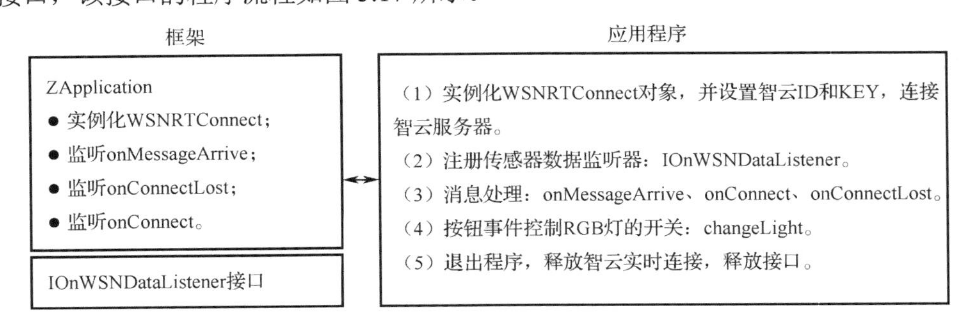

图 5.17　实时连接接口的程序流程

（1）LCApplication.java 程序代码剖析。LCApplication.java 的关键代码如下：

```
......
public class LCApplication extends Application implements WSNRTConnectListener{
    private WSNRTConnect wsnrtConnect;    //定义 WSNRTConnect 对象
    private ArrayList<IOnWSNDataListener> mIOnWSNDataListeners = new ArrayList<>();
    //传感器数据监听器数组
    private boolean isDisconnected = true;    //判断是否断开连接，true 表示连接断开，false 表示已经连接
    public boolean getIsDisconnected() {      //属性 isDisconnected 的 getter 方法
        return isDisconnected;
    }
    public void setDisconnected(boolean disconnected) {  //属性 isDisconnected 的 setter 方法
        isDisconnected = disconnected;
    }
    public WSNRTConnect getWSNRConnect() {
        if (wsnrtConnect == null) {
            wsnrtConnect = new WSNRTConnect();     //实例化 WSNRTConnect 对象
        }
        return wsnrtConnect;
    }
    //注册传感器数据监听器
    public void registerOnWSNDataListener(IOnWSNDataListener li) {
        mIOnWSNDataListeners.add(li);
    }
    //取消注册传感器数据监听器
    public void unregisterOnWSNDataListener(IOnWSNDataListener li) {
        mIOnWSNDataListeners.remove(li);
    }
    @Override
    public void onCreate() {
        super.onCreate();
        wsnrtConnect = getWSNRConnect();
        wsnrtConnect.setRTConnectListener(this);
    }
    @Override
    public void onConnectLost(Throwable throwable) {
        Toast.makeText(this, "数据服务断开连接！", Toast.LENGTH_SHORT).show();
        for (IOnWSNDataListener li : mIOnWSNDataListeners) {
            li.onConnectLost();
        }
    }
    @Override
    public void onConnect() {
        Toast.makeText(this, "数据服务连接成功！", Toast.LENGTH_SHORT).show();
        for (IOnWSNDataListener li : mIOnWSNDataListeners) {
            li.onConnect();
        }
    }
    //数据到达时会自动调用该方法
```

```
    @Override
    public void onMessageArrive(String mac, byte[] data) {
        if (data[0] == '{' && data[data.length - 1] == '}') {
            String sData = new String(data, 1, data.length - 2);
            String[] pDatas = sData.split(",");
            for (String pData : pDatas) {
                String[] tagVal = pData.split("=");
                if (tagVal.length == 2) {
                    for (IOnWSNDataListener li : mIOnWSNDataListeners) {
                        li.onMessageArrive(mac, tagVal[0], tagVal[1]);
                    } }
                }
            }
        }
    }
}
```

（2）HomepageFragment.java 程序代码剖析。下面的代码通过(LCApplication) getActivity().getApplication()获取 LCApplication 类的 WSNRTConnect 对象。

```
private void initViewAndBindEvent() {
    preferences = getActivity().getSharedPreferences("user_info", Context.MODE_PRIVATE);
    lcApplication = (LCApplication) getActivity().getApplication();
    wsnrtConnect = lcApplication.getWSNRConnect();
    lcApplication.registerOnWSNDataListener(this);
    editor = preferences.edit();
}
```

下面的代码通过覆写 onMessageArrive 方法来处理节点接收到的无线数据包，实现了节点设备 MAC 地址的获取，并在当前的页面中显示节点设备的状态。

```
@Override
public void onMessageArrive(String mac, String tag, String val) {
    if (sensorAMac == null && sensorBMac == null) {
        wsnrtConnect.sendMessage(mac, "{TYPE=?}".getBytes());
    }
    if ("TYPE".equals(tag) && "601".equals(val.substring(2, val.length()))) {
        sensorAMac = mac;
    }
    if ("TYPE".equals(tag) && "602".equals(val.substring(2, val.length()))) {
        sensorBMac = mac;
    }
    if (tag.equalsIgnoreCase("A0") && mac.equalsIgnoreCase(sensorAMac)) {
        wendu = Float.parseFloat(val);
    }
    if (tag.equalsIgnoreCase("A4") && mac.equalsIgnoreCase(sensorAMac)) {
        textIlluminationState.setText("在线");
        textIlluminationState.setTextColor(getResources().getColor(R.color.line_text_color));
```

```
            qiya = Float.parseFloat(val);
            gaodu = ((1+wendu/273)/qiya)*8000;
            dialChartIlluminationView.setCurrentStatus(gaodu);
            dialChartIlluminationView.invalidate();
        }
        if (tag.equalsIgnoreCase("D1") && mac.equalsIgnoreCase(sensorBMac)) {
            textLightState.setText("在线");
            textLightState.setTextColor(getResources().getColor(R.color.line_text_color));
            int numResult = Integer.parseInt(val);
            if ((numResult & 0X08) == 0x08) {
                imageLightState.setImageDrawable(getResources().getDrawable(R.drawable.alarm_on));
                openOrCloseLight.setText("关闭");
                openOrCloseLight.setBackground(getResources().getDrawable(R.drawable.close));
            }else {
                imageLightState.setImageDrawable(getResources().getDrawable(R.drawable.alarm));
                openOrCloseLight.setText("开启");
                openOrCloseLight.setBackground(getResources().getDrawable(R.drawable.open));
            }
        }
    }
```

Android 端其余部分的代码，请查看项目的源文件。

5．Web 端应用设计

1）页面功能结构分析

Web 应用默认显示的是“运营首页”页面，“运营首页”页面上有 3 个模块，分别是飞行器高度显示模块、高度阈值设置模块、灯光报警显示控制模块，如图 5.18 所示。

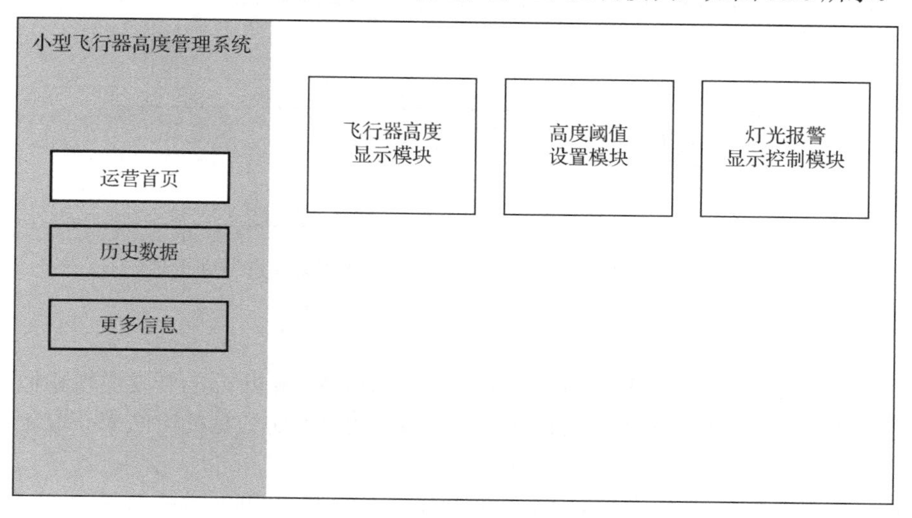

图 5.18　小型飞行器高度管理系统的“运营首页”页面

“历史数据”页面的主要功能是查询指定时间段内的历史数据，如图 5.19 所示。

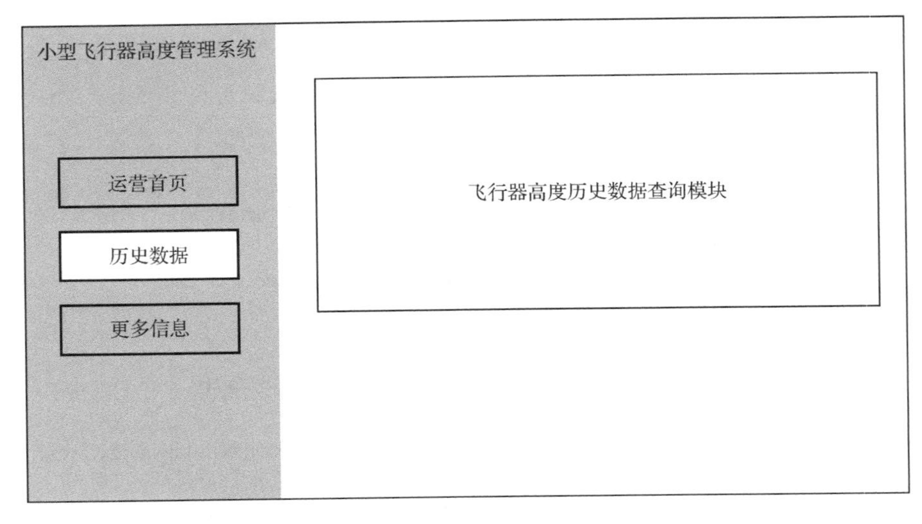

图 5.19　小型飞行器高度管理系统的“历史数据”页面

“更多信息”页面的主要功能是配置智云服务器的连接，本页面有 3 个标签项，如图 5.20 所示。其中：“IDKey”标签项可通过设置智云服务器 ID 与 KEY 来连接智云服务器；“MAC 设置”标签项可显示设备的 MAC 地址；“版本信息”标签项可显示版本信息与升级。

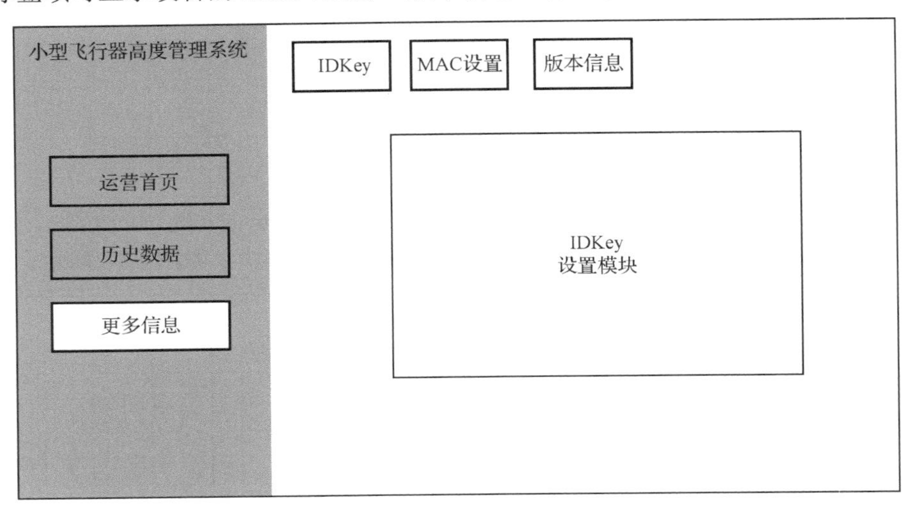

图 5.20　小型飞行器高度管理系统的“更多信息”页面

2）代码分析

小型飞行器高度管理系统 Web 端的 JS 开发逻辑与 Android 端的开发逻辑相似，首先通过配置 ID 和 KEY 来与智云服务器进行连接，再通过实时监听数据的方法来获取相关传感器的数据并进行处理。JS 开发的部分代码如下。

在 getConnect()函数中定义了实时连接对象 rtc，连接成功的回调函数是 rtc.onConnect，数据服务掉线的回调函数是 rtc.onConnectLost，消息处理的回调函数是 rtc.onmessageArrive。

```
function getConnect() {
    config["id"] = config["id"] ? config["id"] : $("#id").val();
```

```
    config["key"] = config["key"] ? config["key"] : $("#key").val();
    config["server"] = config["server"] ? config["server"] : $("#server").val();

    //创建数据连接服务对象
    rtc = new WSNRTConnect(config["id"], config["key"]);
    rtc.setServerAddr(config["server"] + ":28080");
    rtc.connect();
    rtc._connect = false;

    //连接成功的回调函数
    rtc.onConnect = function() {
        $("#ConnectState").text("数据服务连接成功！");
        rtc._connect = 1;
        message_show("数据服务连接成功！");
        $("#idkeyInput").text("断开").addClass("btn-danger");
        $("#id,#key,#server").attr('disabled',true);
    };
    //数据服务掉线的回调函数
    rtc.onConnectLost = function() {
        rtc._connect = 0;
        $("#ConnectState").text("数据服务连接掉线！");
        $("#idkeyInput").text("连接").removeClass("btn-danger");
        message_show("数据服务连接失败，检查网络或 ID、KEY");
        $(".online_601").text("离线").css("color", "#e75d59");
        $(".online_602").text("离线").css("color", "#e75d59");
        $("#id,#key,#server").removeAttr('disabled');
    };
    //消息处理的回调函数
    rtc.onmessageArrive = function(mac, dat) {
        //console.log(mac+" >>> "+dat);
        if(dat[0]=='{' && dat[dat.length-1]=='}') {
            dat = dat.substr(1, dat.length-2);
            var its = dat.split(',');
            for(var i=0; i<its.length; i++) {
                var it = its[i].split('=');
                if (it.length == 2) {
                    process_tag(mac, it[0], it[1]);
                }
            }
            if(!mac2type[mac]) { //如果没有获取到 TYPE 值，主动去查询
                rtc.sendMessage(mac, "{TYPE=?,A0=?,A1=?,A2=?,A3=?,A4=?,A5=?,A6=?,A7=?,D1=?}");
            }
        }
    }
}
```

JS 代码的功能是根据设备连接情况，更新页面中的设备状态，显示小型飞行器高度数据，

并根据当前设置的高度阈值控制 RGB 灯。

```
var wsn_config = {
    "601" : {
        "online" : function() {
            $(".online_601").text("在线").css("color", "#96ba5c");
        },
        "pro" : function(tag, val) {
            if(tag=="A4"){
                console.log(val);
                dial("high","m", val);
                if(val>config["threshold"] && page.checkMac("mac_602") && !state.rgb){
                    message_show("当前高度超出设置值，将亮红灯");
                    $("#lightSwitch").text('关闭');
                    rtc.sendMessage(config["mac_602"], "{OD1=1,D1=?}");
                }
            }
        }
    },
    "602" : {
        "online" : function() {
            $(".online_602").text("在线").css("color", "#96ba5c");
        },
        "pro" : function (tag, val) {
            if(tag=="D1"){
                if(val & 0x01){
                    $("#RGBStatus").addClass("rgb-red");
                    state.rgb = true;
                }else{
                    $("#RGBStatus").removeClass("rgb-red");
                    state.rgb = false;
                }
            }
        }
    },
};
```

历史数据查询功能通过下述代码实现：

```
//历史数据
$("#airTempHistoryDisplay").click(function(){
    //初始化 API，实例化历史数据对象
    var myHisData = new WSNHistory(config["id"], config["key"]);
    //服务器接口查询
    myHisData.setServerAddr(config.server+":8080");
    //设置时间
    var time = $("#airTempSet").val();
    console.log(time);
```

```
        //设置数据通道
        var channel = $('#mac_601').val()+"_A4";
        console.log(channel);
        myHisData[time](channel, function(dat){
            if(dat.datapoints.length >0) {
                var data = DataAnalysis(dat);
                showChart('#her_air_temp', 'spline', '', false, eval(data));
            } else {
                message_show("该时间段没有数据");
            }
        });
});
```

详细的 JS 代码如下：

```
//定义本地存储参数
var config = {
    id : config["id"],
    key : config["key"],
    server : config["server"],
    airTemperHumMAC : "",
    lightMAC : "",
    soilTemperHumMAC : "",
    pumpMAC : "",
    soilHumidityTOP : "",
    soilHumidityBOTTOM : ""
};
var cur_scan_id;
var checkDom = function () {
    //获取当前 URL 字符串中#符号后的字符串
    var pageId = window.location.hash.slice(2);
    var parentPage = pageId.split("/")[0];
    console.log("pageid="+pageId+"------parentPage="+parentPage);
    //隐藏右侧 content，并显示当前 content
    $(".content").hide().filter("#"+parentPage).show();
    //隐藏主内容区 box-shell ，并显示当前 box-shell
    $(".main").hide().filter("#"+pageId.replace(/\//g, '\\/')).show();
    //隐藏主内容区 UL，并显示当前 UL
    $(".aside-nav").hide().filter("#"+parentPage + "UL").show();
    //在每次切换标签项时，把当前二级页面的 href 保存到一级导航的 href 中
    $("#"+parentPage + "Li").find("a").attr("href", "#/"+pageId);
    //导航 Li 高亮
    activeTopLi(parentPage);
    activeTopLi(pageId.split("/")[1]);
};
function activeTopLi(page){
    $("#"+page+"Li").addClass("active").siblings("li").removeClass("active");
}
```

```
var home = function () {};

$(function (){
    //定义路由
    var routes = {
        '/home/main': home,
        '/history/air': home,
        '/set/IDKEY': home ,
        '/set/MAC': home ,
        '/set/about': home ,
    };
    var router = Router(routes);
    router.configure({on: checkDom});
    router.init();
    loadFirstPage();
    //获取本地存储的 ID、KEY 和 SERVER 等
    get_localStorage();
    //场景页面
    $('#nstSliderS').nstSlider({
        "left_grip_selector": "#leftGripS",
        "value_bar_selector": "#barS",
        "value_changed_callback": function(cause, leftValue, rightValue) {
            var $container = $(this).parent(),
            g = 255 - 127 + leftValue,
            r = 255 - g,
            b = 0;
            $container.find('#leftLabelS').text(rightValue);
            $container.find('#rightLabelS').text(leftValue);
            $(this).find('#barS').css('background', 'rgb(' + [r, g, b].join(',') + ')');
            console.log("阈值更新："+leftValue);
            config["threshold"] = leftValue;
            storeStorage();
        }
    });
    getConnect();
    //输入 ID、KEY 后单击“确认”按钮
    $("#idkeyInput").click(function() {
        config["id"] = $("#id").val();
        config["key"] = $("#key").val();
        config["server"] = $("#server").val();
        //本地存储 ID、KEY 和 SERVER
        storeStorage();
        if(!rtc._connect)
        getConnect();
        else
        rtc.disconnect();
    });
```

```
function getConnect() {
    config["id"] = config["id"] ? config["id"] : $("#id").val();
    config["key"] = config["key"] ? config["key"] : $("#key").val();
    config["server"] = config["server"] ? config["server"] : $("#server").val();
    //console.log(config["id"], config["key"], config["server"]);
    //创建数据连接服务对象
    rtc = new WSNRTConnect(config["id"], config["key"]);
    rtc.setServerAddr(config["server"] + ":28080");
    rtc.connect();
    rtc._connect = false;
    //连接成功的回调函数
    rtc.onConnect = function() {
        $("#ConnectState").text("数据服务连接成功！");
        rtc._connect = 1;
        message_show("数据服务连接成功！");
        $("#idkeyInput").text("断开").addClass("btn-danger");
        $("#id,#key,#server").attr('disabled',true);
    };
    //数据服务掉线的回调函数
    rtc.onConnectLost = function() {
        rtc._connect = 0;
        $("#ConnectState").text("数据服务连接掉线！");
        $("#idkeyInput").text("连接").removeClass("btn-danger");
        message_show("数据服务连接失败，检查网络或 ID、KEY");
        $(".online_601").text("离线").css("color", "#e75d59");
        $(".online_602").text("离线").css("color", "#e75d59");
        $("#id,#key,#server").removeAttr('disabled');
    };
    //消息处理的回调函数
    rtc.onmessageArrive = function (mac, dat) {
        //console.log(mac+" >>> "+dat);
        if (dat[0]=='{' && dat[dat.length-1]=='}') {
            dat = dat.substr(1, dat.length-2);
            var its = dat.split(',');
            for (var i=0; i<its.length; i++) {
                var it = its[i].split('=');
                if (it.length == 2) {
                    process_tag(mac, it[0], it[1]);
                }
            }
            if (!mac2type[mac]) { //如果没有获取到 TYPE 值，主动去查询
                rtc.sendMessage(mac, "{TYPE=?,A0=?,A1=?,A2=?,A3=?,A4=?,A5=?,A6=?,A7=?,D1=?}");
            }
        }
    }
}
var mac2type = {};
```

```
var type2mac = {};
function process_tag(mac, tag, val){
    //console.log("mac="+mac+"-----tag="+tag+"-----val="+val);
    if (tag == "TYPE") {
        var t = val.substr(2,3);
        //console.log(t);
        mac2type[mac] = t;
        type2mac[t] = mac;
        if (wsn_config[t]){
            wsn_config[t].online();
        }
        var id = "mac_"+t;
        $("#"+id).val(mac);
        config[id] = mac;
    }
    var t = mac2type[mac];
    //console.log("t="+t);
    //console.log(wsn_config[t]);
    if (t && wsn_config[t]){
        wsn_config[t].pro(tag, val);
    }
}
var state = {
    rgb : false
};
var wsn_config = {
    "601" : {
        "online" : function() {
            $(".online_601").text("在线").css("color", "#96ba5c");
        },
        "pro" : function (tag, val) {
            if(tag=="A4"){
                console.log(val);
                dial("high","m", val);
                if(val>config["threshold"] && page.checkMac("mac_602") && !state.rgb){
                    message_show("当前高度超出设置值，将亮红灯");
                    $("#lightSwitch").text('关闭');
                    rtc.sendMessage(config["mac_602"], "{OD1=1,D1=?}");
                }
            }
        }
    },
    "602" : {
        "online" : function() {
            $(".online_602").text("在线").css("color", "#96ba5c");
        },
        "pro" : function(tag, val) {
```

```
                    if(tag=="D1"){
                        if(val & 0x01){
                            $("#RGBStatus").addClass("rgb-red");
                            state.rgb = true;
                        }else{
                            $("#RGBStatus").removeClass("rgb-red");
                            state.rgb = false;
                        }
                    }
                }
            },
        };
        //手动开关 RGB 灯
        $("#lightSwitch").on("click",function () {
            if($(this).text() == '开启') {
                $(this).text("关闭")
                $("#RGBStatus").addClass("rgb-red");
                rtc.sendMessage(config["mac_602"], "{OD1=1,D1=?}");
            } else {
                $(this).text("开启")
                $("#RGBStatus").removeClass("rgb-red");
                rtc.sendMessage(config["mac_602"], "{CD1=1,D1=?}");
            }
        });
        //历史数据
        $("#airTempHistoryDisplay").click(function(){
            if(!config["mac_601"] || config["mac_601"]=="" || config["mac_601"].indexOf("00:00")>-1){
                message_show("暂未获取到节点地址，请稍后重试！");
                return false;
            }
            //初始化 API，实例化历史数据对象
            var myHisData = new WSNHistory(config["id"], config["key"]);
            //服务器接口查询
            myHisData.setServerAddr(config.server+":8080");
            //设置时间
            var time = $("#airTempSet").val();
            console.log(time);
            //设置数据通道
            var channel = config["mac_601"]+"_A4";
            console.log(channel);
            myHisData[time](channel, function(dat){
                if(dat.datapoints.length >0) {
                    var data = DataAnalysis(dat);
                    curve('#her_air_temp', 'spline', eval(data));
                } else {
                    message_show("该时间段没有数据");
                }
```

```
        });
});
//定义二维码
var qrcode = new QRCode(document.getElementById("qrDiv"), {
    width : 200,
    height : 200
});
//分享按钮
$(".share").on("click", function () {
    var txt="", title, input,obj;
    if(this.id=="idShare"){
        obj={
            "id" : $("#id").val(),
            "key" : $("#key").val(),
            "server" : $("#server").val(),
        };
        title = "IDKey";
        txt = JSON.stringify(obj);
    }else{
        $(this).parents(".MAC").find("input").each(function(){
            txt+= $(this).val()+",";
        });
        if(txt.length > 0){
            txt = txt.substr(0, txt.length - 1);
        }
        title = "MAC 设置";
    }
    qrcode.makeCode(txt);
    $("#shareModalTitle").text(title)
});
//扫描按钮
$(".scan").on("click", function () {
    cur_scan_id=this.id;
    if (window.droid) {
        window.droid.requestScanQR("scanQR");
    }else{
        message_show("扫描只在安卓系统下可用！");
    }
});
//升级按钮
$("#setUp").click(function(){
    message_show("当前已是最新版本");
});

//查看升级日志
$("#showUpdateTxt").on("click", function () {
    if($(this).text()=="查看升级日志")
```

```
                $(this).text("收起升级日志");
            else
                $(this).text("查看升级日志");
        });
        //清除缓存
        $("#clear").click(function(){
            localStorage.removeItem("course_AircraftManagement");
            alert("localStorage 已清除!");
            window.location.reload();
        });
        //生成下载 App 的二维码
        var downloadUrl = version.download;
        new QRCode('qrDownload', {
            text: downloadUrl,
            width: 200,
            height: 200,
            colorDark : '#000000',
            colorLight : '#ffffff',
            correctLevel : QRCode.CorrectLevel.H
        });
        //版本列表渲染
        $(".currentVersion").text(version.currentVersion);
        var versionData = version.versionList;
        var versionBox = document.querySelector('.version-list');
        versionBox.innerHTML = versionData.map((item) => {
            return `<dl>
                        <dt>${item.code}</dt>
                        <dd>${item.desc}</dd>
                    </dl>`;
        }).join('');
});
var page = {
    checkOnline : function() {
        if(!rtc._connect){
            message_show("暂未连接，请连接后重试！");
        }
        return rtc._connect;
    },
    checkMac : function(mac) {
        if(!config[mac]){
            message_show("暂未获取到节点地址，请稍后重试！");
        }
        return config[mac];
    }
}
//获取本地缓存数据
function get_localStorage(){
```

```
        if(localStorage.getItem("course_AircraftManagement")){
            config = JSON.parse(localStorage.getItem("course_AircraftManagement"));
            //console.log("config="+config);
            for(var i in config){
                if(config[i]!=""){
                    //读取当前模式
                    if($("#"+i)[0]){
                        console.log("i="+i+"----val="+config[i]+"-------tagName="+$("#"+i)[0].tagName);
                        if($("#"+i)[0].tagName=="INPUT")
                            $("#"+i).val(config[i]);
                        else
                            $("#"+i).text(config[i]);
                    }
                }
            }
            if(config["threshold"]!=""){
                console.log("读取阈值缓存："+config["threshold"]);
                $("#nstSliderS").data("cur_min", config["threshold"])
            }
        }
        else{
            get_config();
        }
    }
    function loadFirstPage(){
        var href = window.location.href;
        var newHref = href.substring(href.length,href.length-4);
        if(newHref == "html"){
            window.location.href = window.location.href+"#/home/main";
        }
    }
    function storeStorage(){
        localStorage.setItem("course_AircraftManagement",JSON.stringify(config));
    }
    function get_config(){
        $("#id").val(config.id);
        $("#key").val(config.key);
        $("#server").val(config.server);
    }
    function getback(){
        $("#backModal").modal("show");
    }

    function confirm_back(){
        window.droid.confirmBack();
    }
    //扫描处理函数
```

```
function scanQR(scanData){
    //将原来的二维码编码格式转换为 JSON。注：原来的编码格式为 id:12345,key:12345,SERVER:12345
    var dataJson = {};
    if (scanData[0]!='{') {
        var data = scanData.split(',');
        for(var i=0;i<data.length;i++){
            var newdata = data[i].split(":");
            dataJson[newdata[0].toLocaleLowerCase()] = newdata[1];
        }
    }else{
        dataJson = JSON.parse(scanData);
    }
    console.log("dataJson="+JSON.stringify(dataJson));
    if(cur_scan_id == "id_scan"){
        $("#id").val(dataJson['id']);
        $("#key").val(dataJson['key']);
        if(dataJson['server']&&dataJson['server']!=''){
            $("#server").val(dataJson['server']);
        }
    } else if(cur_scan_id=="mac_scan"){
        var arr = scanData.split(",");
        for(var i=0;i<arr.length;i++){
            $(".MAC").find("input:eq("+i+")").val(arr[i]);
        }
    }
}
//消息弹出框
var message_timer = null;
function message_show(t) {
    if (message_timer) {
        clearTimeout(message_timer);
    }
    message_timer = setTimeout(function () {
        $("#toast").hide();
    }, 3000);
    $("#toast_txt").text(t);
    //console.log(t);
    $("#toast").show();
}
```

Web 端其余部分的代码，请查看项目的源文件。

5.4.4　开发验证

1．硬件设备部署

小型飞行器高度管理系统的硬件主要使用 xLab 开发平台中的经典型无线节点 ZXBeeLiteB、

采集类开发平台 Sensor-A、控制类开发平台 Sensor-B 和 Android 网关。

2. 系统软件部署

1）Android 端应用安装

连接 Android 网关的 OTG 接口与 PC 的 USB 接口，编译 Android 工程生成 Aircraft Management.apk，并安装到 Android 网关。

2）Web 端应用安装

Web 端应用无须安装小型飞行器高度管理系统，打开本节工程目录下的 index.html 文件，即可在 Chrome 浏览器中运行显示。

3. 系统操作与测试

1）Web 端应用测试

小型飞行器高度管理系统的“运营首页”页面如图 5.21 所示。

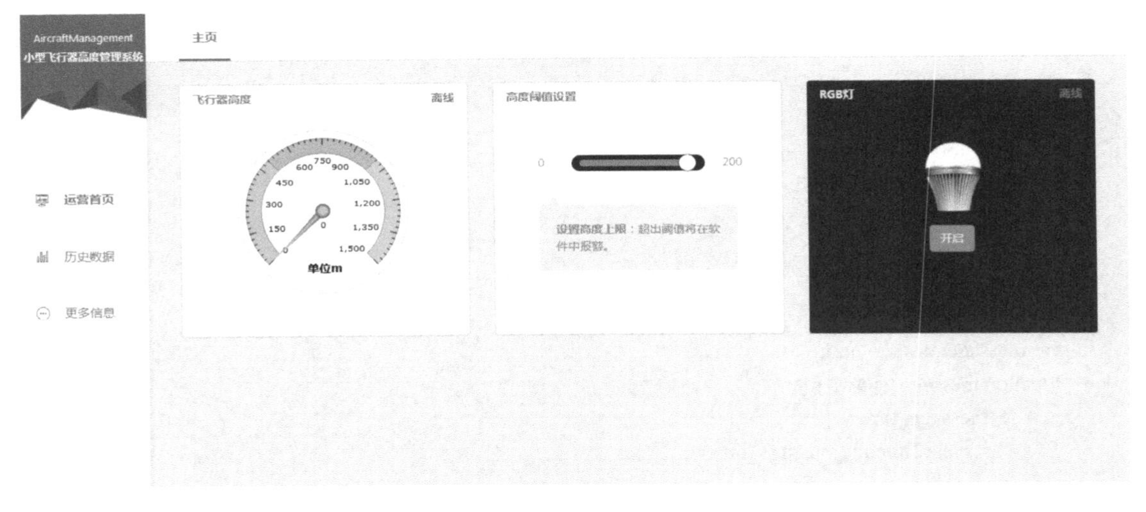

图 5.21　小型飞行器高度管理系统的“运营首页”页面

如果 RGB 灯的右上角显示为“离线”，则需要通过“更多信息”页面设置智云 ID 与 KEY 来连接智云服务器。这里使用的智云 ID 与 KEY 需要和智云服务器中的配置一致。小型飞行器高度管理系统“更多信息”页面中的“IDKey”标签项如图 5.22 所示。

选择“MAC 设置”标签项后，Android 端会自动更新显示传感器节点的 MAC 地址。小型飞行器高度管理系统“更多信息”页面中的“MAC 设置”标签项如图 5.23 所示。

成功连接智云服务器后，在小型飞行器高度管理系统的“运营首页”页面可以看到 RGB 灯的状态更新为“在线”，如图 5.24 所示。

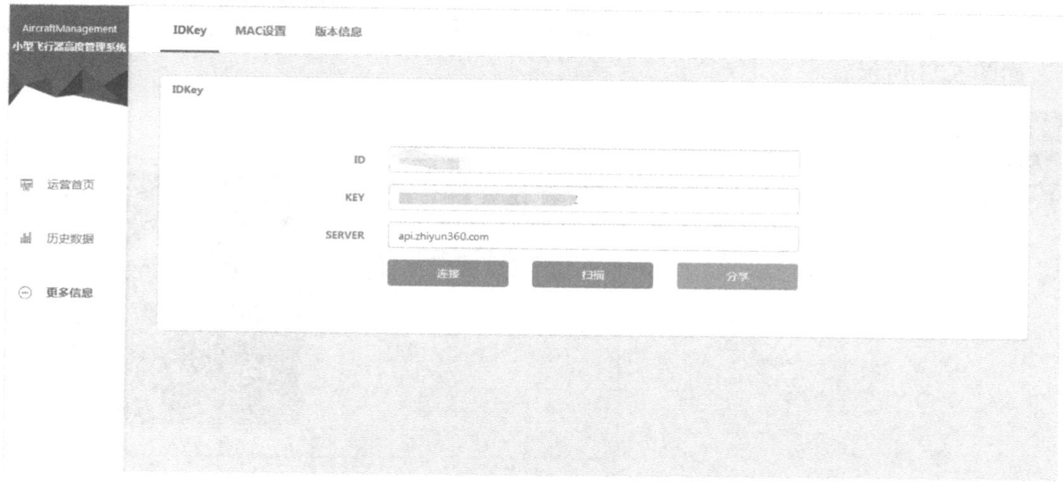

图 5.22　小型飞行器高度管理系统“更多信息”页面中的“IDKey”标签项

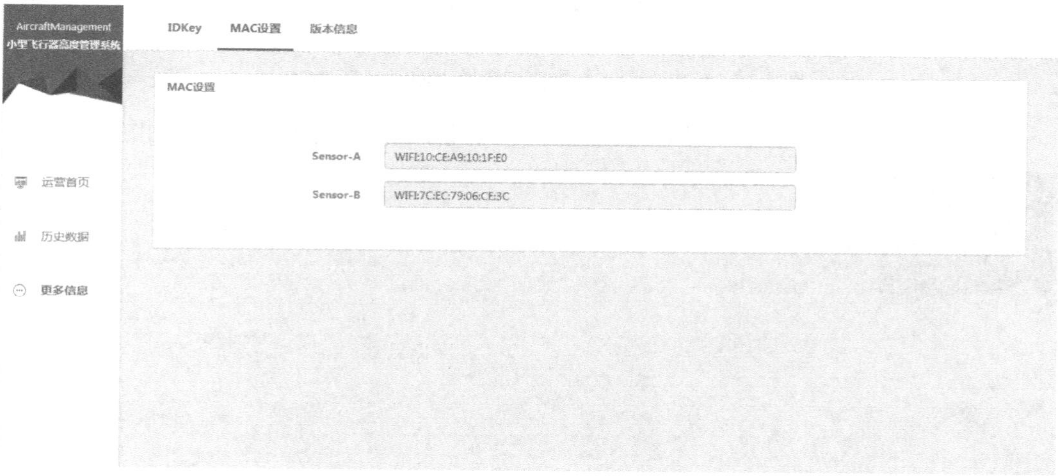

图 5.23　小型飞行器高度管理系统“更多信息”页面中的“MAC 设置”标签项

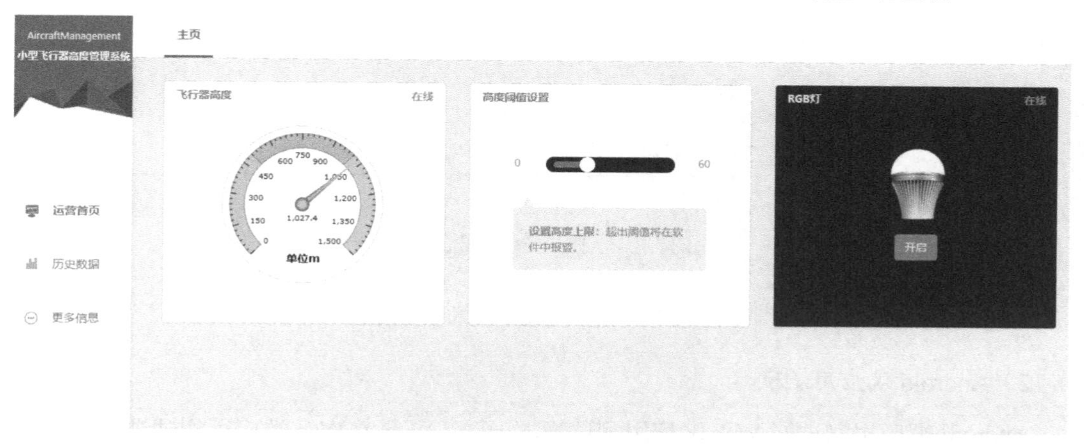

图 5.24　RGB 灯的状态更新为“在线”

设置小型飞行器高度阈值的上限，当小型飞行器高度超出高度阈值上限时会点亮 RGB 灯，如图 5.25 所示。

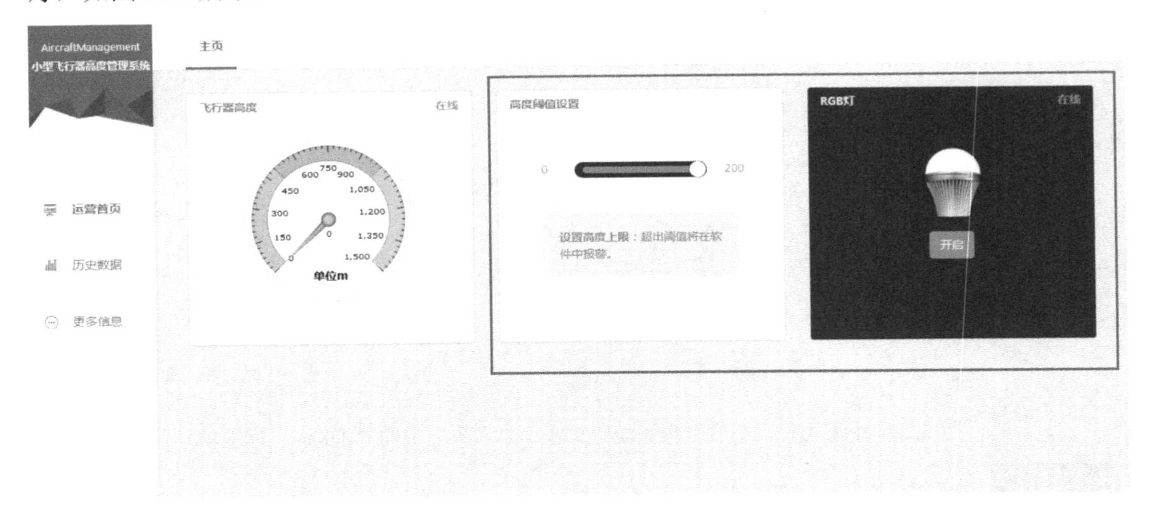

图 5.25　超出小型飞行器高度阈值上限时点亮 RGB 灯

进入“历史数据”页面后可以查询并显示小型飞行器高度的历史数据，如图 5.26 所示。

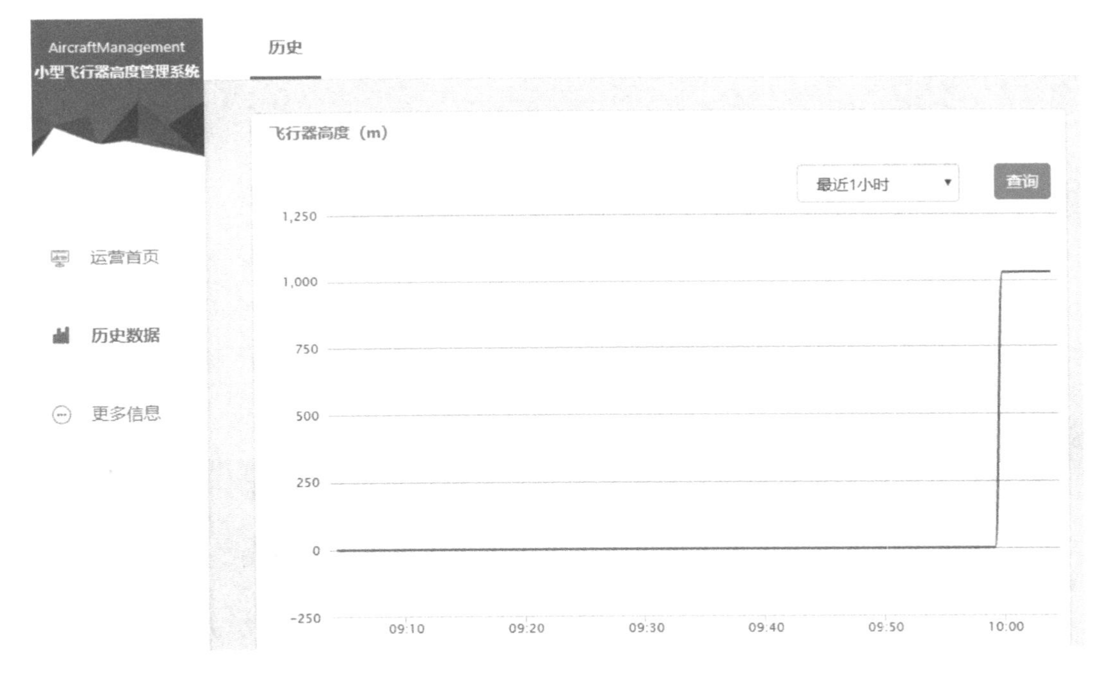

图 5.26　小型飞行器高度的历史数据

2）Android 端应用测试

Android 端应用测试同 Web 端应用测试基本一致，可参考 Web 端应用测试进行操作。小型飞行器高度管理系统 Android 端的显示效果如图 5.27 所示。

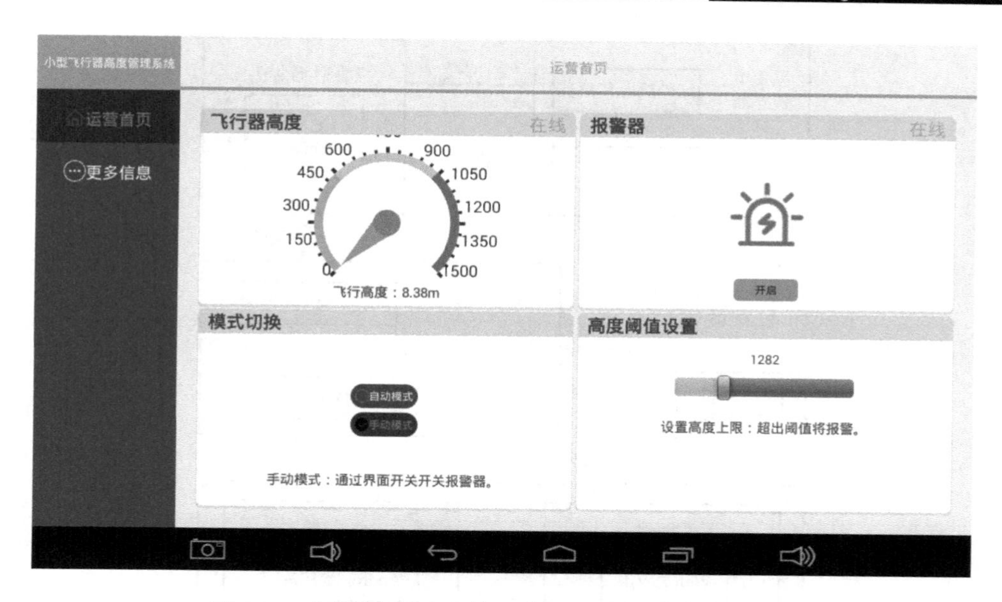

图 5.27　小型飞行器高度管理系统 Android 端的显示效果

5.5　智能避障管理系统的开发与实现

仓储管理在物流管理中占据着重要地位。传统的仓储管理存在很多弊端，通过智慧物流，升级装备技术，提升自动化水平，实现机器替代人的战略，可以有效解决传统仓储管理的弊端。其中自动引导运输车（Automated Guided Vehicle，AGV）是仓储管理中必不可少的工具。

AGV 可以定位商品位置，以最优路径拣货，并把货物送到目的地。不论导航规划还是避障，感知周边环境信息都是必需的。就避障而言，AGV 需要通过传感器实时获取自身周边环境信息。避障使用的传感器多种多样，各有不同的原理和特点，目前常用的传感器主要有超声波传感器、红外测距传感器、视觉传感器、激光传感器等。

本节主要利用采集类节点和控制类节点实现智能避障管理系统，其基本思路和小型飞行器高度管理系统类似，详见 5.4 节。

5.5.1　开发目标

智能避障管理系统的开发目标和小型飞行器高度管理系统类似，可参考 5.4.1 节。

5.5.2　开发设计

1. 总体架构

智能避障管理系统采用智云物联项目架构进行设计，如图 5.28 所示。

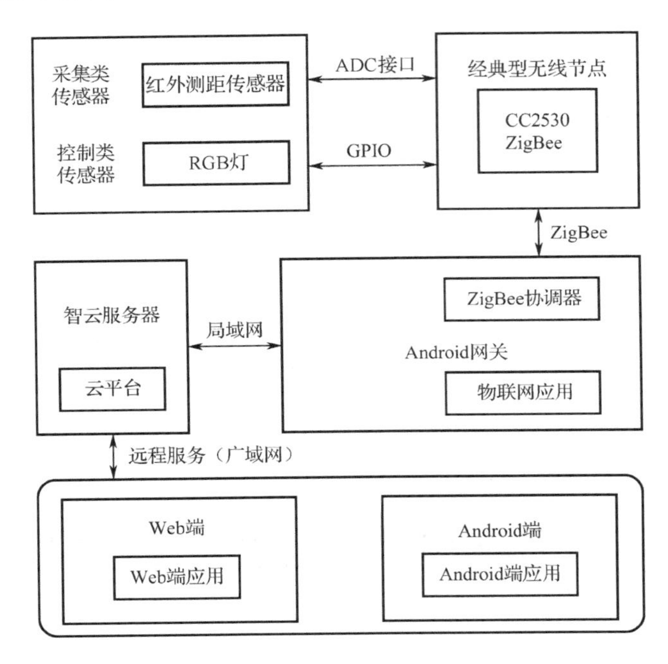

图 5.28　智能避障管理系统的总体架构

2．系统功能

智能避障管理系统的系统功能可分为两个模块，分别是设备采集控制模块和系统设置模块，如图 5.29 所示。设备采集控制模块分为红外测距传感器采集数据，以及 RGB 灯的控制。系统设置功能模块分为设置 ID 和 KEY、设置 MAC 地址、系统版本管理。

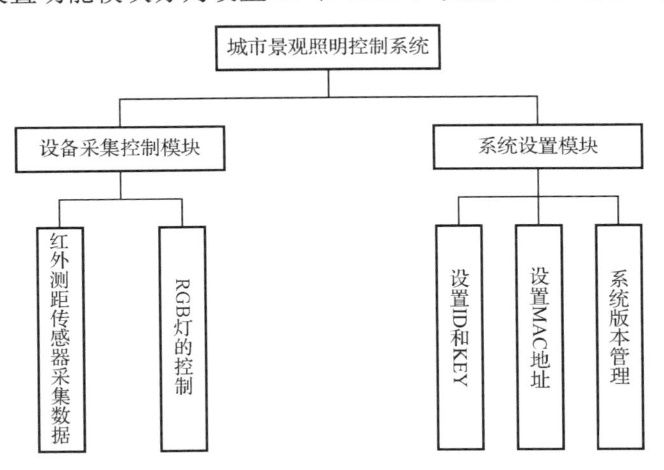

图 5.29　智能避障管理系统的系统功能

智能避障管理系统的功能需求如表 5.16 所示。

表5.16 智能避障管理系统的功能需求

功　能	说　明
显示采集的数据	在应用界面实时更新显示红外测距传感器采集的数据
控制RGB灯	通过上层应用程序控制RGB灯的开关
连接智云服务器	连接智云服务器，设置传感器MAC地址

3．数据传输过程

智能避障管理系统的数据传输过程与小型飞行器高度管理系统类似，详见5.4.2节。

4．硬件组成

智能避障管理系统的底层硬件主要包括xLab开发平台的Android网关、经典型无线节点ZXBeeLiteB、采集类开发平台Sensor-A、控制类开发平台Sensor-B，各硬件的功能与小型飞行器高度管理系统类似。

智能避障管理系统中的传感器包括红外测距传感器和RGB灯，其中红外测距传感器的硬件连接如图5.30所示，RGB灯的硬件连接如图5.13所示（见5.4.2节）

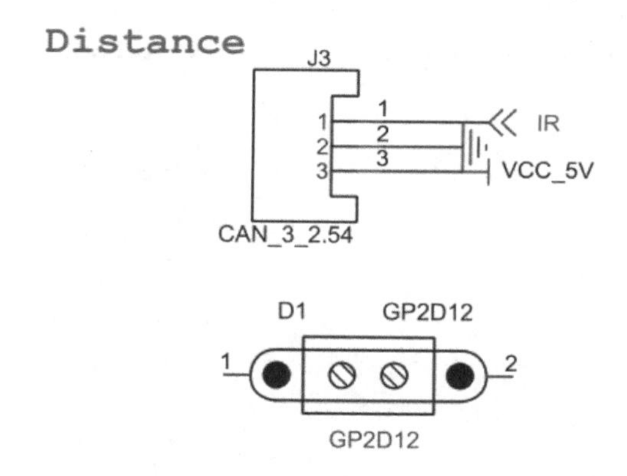

图5.30 红外测距传感器的硬件连接

5.5.3 开发实践

1．ZXBee通信协议

智能避障管理系统的ZXBee通信协议如表5.17所示。

表5.17 智能避障管理系统的ZXBee通信协议

传感器	属　性	参　数	权　限	说　明
Sensor-A（601）	距离	A6	R	距离值，浮点型，精度为0.1，范围为20～80 cm
Sensor-B（602）	RGB	D1(OD1/CD1)	R/W	D1的Bit0和Bit1的组合代表RGB灯的颜色状态，00表示关闭RGB等，01表示红灯（R），10表示绿灯（G），11表示蓝灯（B）

2．程序执行流程

智能避障管理系统的程序流程和小型飞行器高度管理系统的程序执行流程类似，详见 5.4.3 节。

3．驱动程序

在智云物联项目框架下可以很容易实现远程设备控制程序。智能避障管理系统的驱动程序开发流程和小型飞行器高度管理系统的驱动程序开发流程类似，只是针对的具体传感器不同，具体如下：

在 sensorInit()函数内添加传感器初始化代码，代码如下：

```
void sensorInit(void)
{
    //初始化传感器代码
    stadiometry_init();                                    //红外测距传感器初始化
    rgb_init();                                            //RGB 灯初始化
    beep_init();                                           //蜂鸣器初始化
}
```

红外测距传感器初始化的代码如下：

```
/*********************************************************************************************
* 名称：stadiometry_init()
* 功能：红外测距传感器的初始化
*********************************************************************************************/
void stadiometry_init(void)
{
    APCFG |= 0x10;                                  //模拟 I/O 端口使能
    P0SEL |= 0x10;                                  //将 P0_4 设置为外设功能
    P0DIR &= ~0x10;                                 //设置输入模式
    ADCCON3   = 0xB4;          //选择 AVDD5 为参考电压；12 位分辨率；将 P0_4 设置为 ADC 接口
    ADCCON1 |= 0x30;                                //选择 ADC 的启动模式为手动
}

/*********************************************************************************************
* 名称：float get_stadiometry_data(void)
* 功能：获取红外测距传感器采集的数据
*********************************************************************************************/
float get_stadiometry_data(void)
{
    unsigned int   value = 0;
    ADCCON3   = 0xB4;          //选择 AVDD5 为参考电压；分辨率为 12 位；P0_4 设置为 ADC 接口
    ADCCON1 |= 0x30;                                //选择 ADC 的启动模式为手动
    ADCCON1 |= 0x40;                                //启动 A/D 转换

    while(!(ADCCON1 & 0x80));                       //等待 A/D 转换结束
    value =   ADCL >> 2;
    delay_ms(1);
    value |= (ADCH << 6)>> 4;                       //取得最终转换结果，存入 value 中
```

```
        if((value >= 86)&&(value <= 750))
        return (2547.8/((float)value*0.75-10.41)-0.42);          //获取距离
        else
        return 0;
}
```

RGB 灯驱动函数的代码详见 5.4.3 节。

蜂鸣器的初始化是通过将对应的 GPIO 引脚配置为输出引脚来完成的，其初始化函数为 beep_init()，代码如下：

```
void beep_init(void)
{
    P0SEL &= ~0x08;
    P0DIR |= 0x08;
}
```

sensorControl()函数根据 cmd 参数处理对应的控制程序，代码如下：

```
void sensorControl(uint8 cmd)
{
    static uint8 stepmotor_flag = 0;
    //根据 cmd 参数处理对应的控制程序
    if(mode == 2){                                  //传感器设置为模式二跳线
        if ((cmd & 0x01) == 0x01){                  //RGB 灯控制位：Bit0 和 Bit1
            if ((cmd & 0x03) == 0x03){              //cmd 为 3，点亮蓝灯
                RGB_R = OFF;
                RGB_G = OFF;
                RGB_B = ON;
            }else{                                  //cmd 为 1，点亮红灯
                RGB_R = ON;
                RGB_G = OFF;
                RGB_B = OFF;
            }
        }
        else if ((cmd & 0x02) == 0x02){             //cmd 为 2，点亮绿灯
            RGB_R = OFF;
            RGB_G = ON;
            RGB_B = OFF;
        } else{                                     //cmd 为 1，关闭 RGB 灯
            RGB_R = OFF;
            RGB_G = OFF;
            RGB_B = OFF;
        }
    }

    if(cmd & 0x20){                                 //LED2 控制位：Bit5
        LED2 = ON;                                  //开启 LED2
    }else{
        LED2 = OFF;                                 //关闭 LED2
    }
```

```
        if(cmd & 0x10){                                    //LED1 控制位：Bit4
            LED1 = ON;                                     //开启 LED1
        } else{
            LED1 = OFF;                                    //关闭 LED1
        }
    }
```

事件处理函数 MyEventProcess()函数通过 sensorUpdate()函数来上报传感器采集的数据，通过 sensorCheck()函数来查询数据或者命令，代码如下：

```
    void MyEventProcess( uint16 event )
    {
        if (event & MY_REPORT_EVT) {
            sensorUpdate();
            //启动定时器，触发事件 MY_REPORT_EVT
            osal_start_timerEx(simpleBLEPeripheral_TaskID, MY_REPORT_EVT, 30*1000);
        }
        if (event & MY_CHECK_EVT) {
            sensorCheck();
            //启动定时器，触发事件 MY_CHECK_EVT
            osal_start_timerEx(simpleBLEPeripheral_TaskID, MY_CHECK_EVT, 100);
        }
    }
```

4. Android 端应用设计

1）项目工程框架

在 Android Studio 开发环境中打开智能避障管理系统的工程文件，该工程的系统工程目录如图 5.31 所示，工程目录说明如表 5.18 所示。

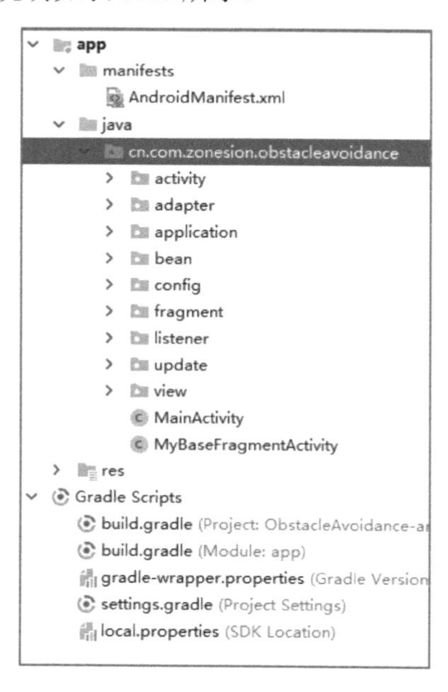

图 5.31　智能避障管理系统的工程目录

表 5.18　智能避障管理系统的工程目录说明

类　名	说　明
activity	
IdKeyShareActivity.java	在 IDKey 页面中单击“分享”按钮时，会弹出 Activity，用于分享二维码图片
adapter	
HdArrayAdapter.java	历史数据显示适配器
ViewPagerAdapter.java	对 ViewPager 进行适配，可以处理多个 Fragment 的横向滑动
application	
LCApplication.java	LCApplication 继承自 Application 类，使用单例模式创建 WSNRTConnect 对象
bean	
HistoricalData.java	历史数据的 Bean 类，将从智云服务器中获得的历史数据记录（JSON 形式）转换成该类对象
IdKeyBean.java	IdKeyBean 类用来描述用户设备的 ID、KEY，以及使用的智云服务器的地址 SERVER
config	
Config.java	该类用于对用户设备的 ID、KEY、使用的智云服务器地址，以及 MAC 地址进行修改
fragment	
BaseFragment.java	界面基础 Fragment 定义类
BasicsFragment.java：下面的一些 Fragment 基类定义了共有的属性以及 getter 和 setter 方法	
HomepageFragment.java	展示首页页面的 Fragment
IDKeyFragment.java	选择 IDKey 标签时所显示的页面
MacSettingFragment.java	用户设置 MAC 地址时所显示的页面
MoreInformationFragment.java	更多信息页面
RunHomePageFragment.java	运营首页页面
VersionInformationFragment.java	显示版本等相关信息的页面
listener	
IOnWSNDataListener.java	传感器数据监听器接口
update	
UpdateService.java	应用下载服务类
view	
APKVersionCodeUtils.java	获取当前本地 apk 的版本
CustomRadioButton.java	自定义按钮类
PagerSlidingTabStrip.java	自定义滑动控件类
MainActivity：主界面类	
MyBaseFragmentActivity：系统 Fragment 通信类	

2）代码分析

根据 Android 应用开发接口的定义，智能避障管理系统的应用设计主要采用实时连接接口，其程序流程详见 5.4.3 节。

（1）LCApplication.java 程序的代码剖析详见 5.4.3 节。

（2）HomepageFragment.java 程序代码剖析。下面的代码通过(LCApplication) getActivity().getApplication()获取 LCApplication 类的 WSNRTConnect 对象。

```
private void initInstance(){
    config = Config.getConfig();
    lcApplication = (LCApplication) getActivity().getApplication();
    lcApplication.registerOnWSNDataListener(this);
    wsnrtConnect = lcApplication.getWSNRConnect();
    preferences = getActivity().getSharedPreferences("user_info", Context.MODE_PRIVATE);
    editor = preferences.edit();
}
```

下面的代码通过传送带开关按钮的 setOnClickListener 监听器来调用 wsnrtConnect.sendMessage()函数，从而实现对节点设备的控制。

```
openOrCloseBuzzer.setOnClickListener(new OnClickListener() {
    @Override
    public void onClick(View v) {
        if (sensorBMAC != null) {
            if (openOrCloseBuzzer.getText().equals("开启")) {
                new Thread(new Runnable() {
                    @Override
                    public void run() {
                        wsnrtConnect.sendMessage(sensorBMAC, "{OD1=8,D1=?}".getBytes());
                    }
                }).start();
            }
            if (openOrCloseBuzzer.getText().equals("关闭")) {
                new Thread(new Runnable() {
                    @Override
                    public void run() {
                        wsnrtConnect.sendMessage(sensorBMAC, "{CD1=8,D1=?}".getBytes());
                    }
                }).start();
            }
        }else {
            Toast.makeText(lcApplication, "请等待 MAC 地址上线", Toast.LENGTH_SHORT).show();
        }
    }
});
```

下面的代码实现了在自动模式下通过与阈值进行比较来控制开关设备。

```
private void limitofilluminationTooHigh(){
    if (isSecurityMode == true) {
        if (upperdistance >= distance) {
            wsnrtConnect.sendMessage(sensorBMAC, "{OD1=8,D1=?}".getBytes());
            wsnrtConnect.sendMessage(sensorBMAC, "{OD1=1,D1=?}".getBytes());
```

```
            } else {
                wsnrtConnect.sendMessage(sensorBMAC, "{CD1=8,D1=?}".getBytes());
                wsnrtConnect.sendMessage(sensorBMAC, "{CD1=1,D1=?}".getBytes());
            }
        }
    }
```

下面的代码通过覆写 onMessageArrive 方法来处理接收到的无线数据包，实现了节点设备 MAC 地址的获取，并在当前页面中显示设备的状态。

```
public void onMessageArrive(String mac, String tag, String val) {
    if (sensorAMAC == null && sensorBMAC == null) {
        wsnrtConnect.sendMessage(mac, "{TYPE=?}".getBytes());
    }
    if ("TYPE".equals(tag) && "601".equals(val.substring(2, val.length()))) {
        sensorAMAC = mac;
    }
    if ("TYPE".equals(tag) && "602".equals(val.substring(2, val.length()))) {
        sensorBMAC = mac;
    }
    if (mac.equals(sensorAMAC) && "A6".equals(tag)) {
        textObstacleState.setText("在线");
        textObstacleState.setTextColor(getResources().getColor(R.color.line_text_color));
        textObstacle.setText(val+"m");
        distance = Float.parseFloat(val);
        if(seekBarThreshold.getProgress() != 0) {
            limitofilluminationTooHigh();
        }
    }
    if (mac.equals(sensorBMAC) && "D1".equals(tag)) {
        textBuzzerState.setText("在线");
        textBuzzerState.setTextColor(getResources().getColor(R.color.line_text_color));
        textRgbState.setText("在线");
        textRgbState.setTextColor(getResources().getColor(R.color.line_text_color));
        int numResult = Integer.parseInt(val);
        Buzzer(numResult);
        Rgb(numResult);
    }
}
```

Android 端其余部分的代码，请查看项目的源文件。

5．Web 端应用设计

1）页面功能结构分析

智能避障管理系统的“运营首页”页面上有 3 个模块，分别是障碍物距离显示模块、声光提示设置模块、RGB 灯显示模块，如图 5.32 所示。

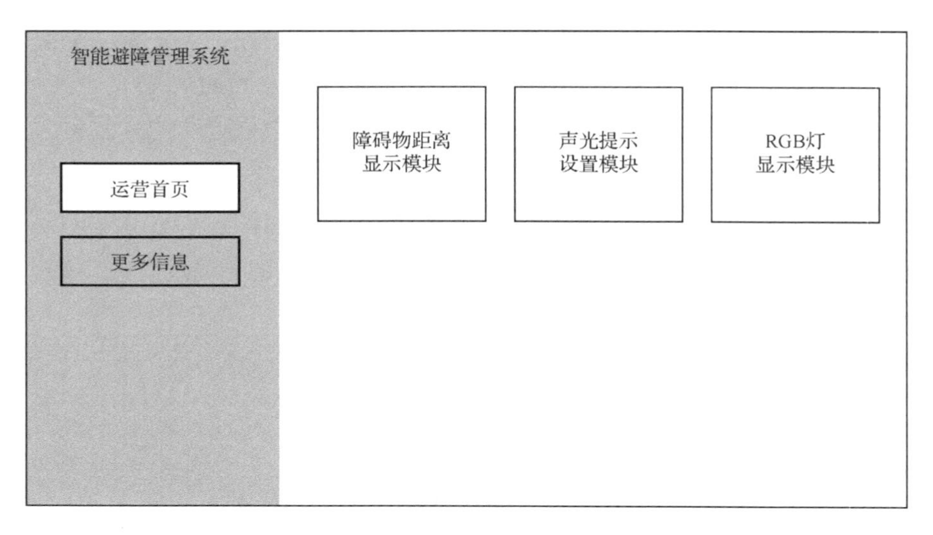

图 5.32　智能避障管理系统的“运营首页”页面

智能避障管理系统的“更多信息”页面（见图 5.33）的主要功能是配置智云服务器的连接，本页面有 3 个标签项，“IDKey”标签项可通过设置智云服务器的 ID 与 KEY 来连接智云服务器；“MAC 设置”标签项用于显示设备的 MAC 地址；“版本信息”标签项用于显示版本信息与升级。

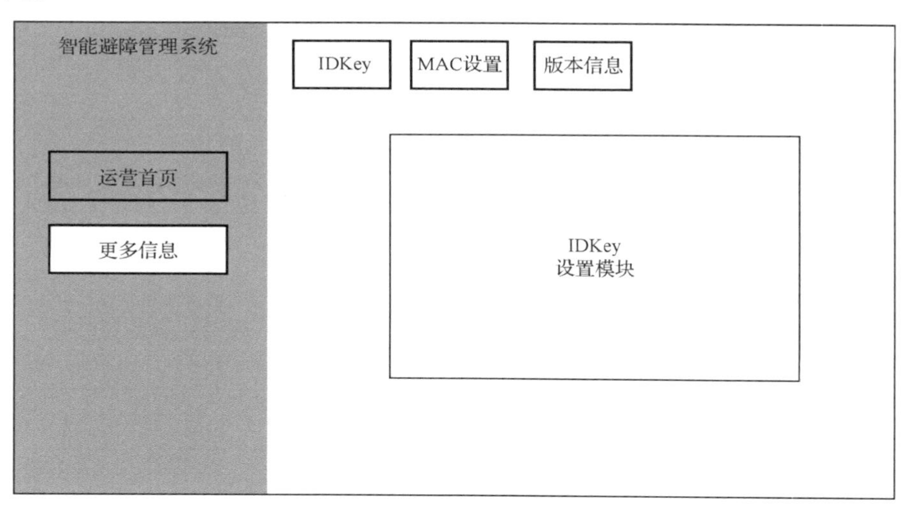

图 5.33　智能避障管理系统的“更多信息”页面

2）代码分析

智能避障管理系统 Web 端的 JS 开发逻辑与 Android 端的开发逻辑相似，首先通过配置 ID 和 KEY 与智云服务器进行连接，再通过实时监听数据的方法获取传感器的数据并进行处理。智能避障管理系统 JS 开发的部分代码如下。

getConnect()函数的实现与小型飞行器高度管理系统的相同，详见 5.4.3 节。

下面的 JS 代码的功能是根据设备连接情况，更新页面中的设备状态，显示到障碍物的距离，并根据设定的距离阈值来控制 RGB 灯。

```
var wsn_config = {
    "601" : {
        "online" : function() {
            $(".online_601").text("在线").css("color", "#96ba5c");
        },
        "pro" : function(tag, val) {
            if(tag=="A6"){
                $("#distance").text(val+"m");
                //LCD 更新
                if(page.checkMac("mac_602")){
                    message_show("LCD 显示已更新");
                    var txt = "障碍物距离："+val+"m";
                    rtc.sendMessage(config["mac_602"], "{V1="+UrlEncode(txt)+"}");
                }
                //判断阈值
                if(val<config["distanceThreshold"] && page.checkMac("mac_602") && !state.rgb){
                    message_show("当前障碍物距离低于设置值，将亮灯");
                    $("#lightSwitch").text('关闭');
                    rtc.sendMessage(config["mac_602"], "{OD1=1,D1=?}");
                }
            }
        }
    },
    "602" : {
        "online" : function() {
            $(".online_602").text("在线").css("color", "#96ba5c");
        },
        "pro" : function(tag, val) {
            if(tag=="D1"){
                if(val & 0x01){
                    $("#RGBStatus").addClass("rgb-red");
                    state.rgb = true;
                }else{
                    $("#RGBStatus").removeClass("rgb-red");
                    state.rgb = false;
                }
            }
        }
    }
};
```

智能避障管理系统的部分代码如下：

```
var cur_scan_id;

var checkDom = function () {
    //获取当前 URL 字符串中#符号后的字符串
```

```
    var pageId = window.location.hash.slice(2);
    var parentPage = pageId.split("/")[0];
    console.log("pageid="+pageId+"------parentPage="+parentPage);
    //隐藏右侧 content，并显示当前 content
    $(".content").hide().filter("#"+parentPage).show();
    //隐藏主内容区 box-shell ，并显示当前 box-shell
    $(".main").hide().filter("#"+pageId.replace(/\//g, '\\/')).show();
    //隐藏主内容区 UL，并显示当前 UL
    $(".aside-nav").hide().filter("#"+parentPage + "UL").show();
    //在每次切换标签项时，把当前二级页面的 href 保存到一级导航的 href 中
    $("#"+parentPage + "Li").find("a").attr("href", "#/"+pageId);
    //导航 Li 高亮
    activeTopLi(parentPage);
    activeTopLi(pageId.split("/")[1]);
}
function activeTopLi(page){
    $("#"+page+"Li").addClass("active").siblings("li").removeClass("active");
}
var home = function () {};

$(function (){
    //定义路由
    var routes = {
        '/home/main': home,
        '/set/IDKEY': home ,
        '/set/MAC': home ,
        '/set/about': home ,
    };
    var router = Router(routes);
    router.configure({on: checkDom});
    router.init();
    loadFirstPage();
    //获取本地存储的 id、key 和 server
    get_localStorage();
    $("#distanceThreshold").on("blur", function () {
        console.log($(this).val());
        config["distanceThreshold"] = $(this).val();
        storeStorage();
    })

    getConnect();
    //输入 id、key 后单击“确认”按钮
    $("#idkeyInput").click(function() {
        config["id"] = $("#id").val();
        config["key"] = $("#key").val();
        config["server"] = $("#server").val();
        //本地存储 id、key 和 server
```

```
        storeStorage();
        if(!rtc._connect)
            getConnect();
        else
            rtc.disconnect();
    });
    function getConnect() {
        config["id"] = config["id"] ? config["id"] : $("#id").val();
        config["key"] = config["key"] ? config["key"] : $("#key").val();
        config["server"] = config["server"] ? config["server"] : $("#server").val();
        //创建数据连接服务对象
        rtc = new WSNRTConnect(config["id"], config["key"]);
        rtc.setServerAddr(config["server"] + ":28080");
        rtc.connect();
        rtc._connect = false;
        //数据服务连接成功的回调函数
        rtc.onConnect = function () {
            $("#ConnectState").text("数据服务连接成功！");
            rtc._connect = 1;
            message_show("数据服务连接成功！");
            $("#idkeyInput").text("断开").addClass("btn-danger");
            $("#id,#key,#server").attr('disabled',true);
        };
        //数据服务掉线的回调函数
        rtc.onConnectLost = function () {
            rtc._connect = 0;
            $("#ConnectState").text("数据服务连接掉线！");
            $("#idkeyInput").text("连接").removeClass("btn-danger");
            message_show("数据服务连接失败，检查网络或 IDKEY");
            $(".online_601").text("离线").css("color", "#e75d59");
            $(".online_602").text("离线").css("color", "#e75d59");
            $("#id,#key,#server").removeAttr('disabled');
        };
        //消息处理的回调函数
        rtc.onmessageArrive = function (mac, dat) {
            //console.log(mac+" >>> "+dat);
            if (dat[0]=='{' && dat[dat.length-1]=='}') {
                dat = dat.substr(1, dat.length-2);
                var its = dat.split(',');
                for (var i=0; i<its.length; i++) {
                    var it = its[i].split('=');
                    if (it.length == 2) {
                        process_tag(mac, it[0], it[1]);
                    }
                }
                if (!mac2type[mac]) { //如果没有获取到 TYPE 值，则主动去查询
                    rtc.sendMessage(mac,"{TYPE=?,A0=?,A1=?,A2=?,A3=?,A4=?,A5=?,A6=?,A7=?,
                                                                    D1=?}");
```

```
                }
            }
        }
    }
    var mac2type = {};
    var type2mac = {};
    function process_tag(mac, tag, val){
        //console.log("mac="+mac+"-----tag="+tag+"-----val="+val);
        if (tag == "TYPE") {
            var t = val.substr(2,3);
            //console.log(t);
            mac2type[mac] = t;
            type2mac[t] = mac;
            if (wsn_config[t]){
                wsn_config[t].online();
            }
            var id = "mac_"+t;
            $("#"+id).val(mac);
            config[id] = mac;
        }
        var t = mac2type[mac];
        //console.log("t="+t);
        //console.log(wsn_config[t]);
        if (t && wsn_config[t]){
            wsn_config[t].pro(tag, val);
        }
    }
    var state = {
        rgb : false
    };
    var wsn_config = {
        "601" : {
            "online" : function () {
                $(".online_601").text("在线").css("color", "#96ba5c");
            },
            "pro" : function (tag, val) {
                if(tag=="A6"){
                    $("#distance").text(val+"m");
                    //LCD 更新文本
                    if(page.checkMac("mac_602")){
                        message_show("LCD 显示已更新");
                        var txt = "障碍物距离："+val+"m";
                        rtc.sendMessage(config["mac_602"], "{V1="+UrlEncode(txt)+"}");
                    }
                    //判断阈值
                    if(val<config["distanceThreshold"] && page.checkMac("mac_602") && !state.rgb){
                        message_show("当前障碍物距离低于设置值，将亮灯");
```

```
                        $("#lightSwitch").text('关闭');
                        rtc.sendMessage(config["mac_602"], "{OD1=1,D1=?}");
                    }
                }
            }
        },
        "602" : {
            "online" : function () {
                $(".online_602").text("在线").css("color", "#96ba5c");
            },
            "pro" : function (tag, val) {
                if(tag=="D1"){
                    if(val & 0x01){
                        $("#RGBStatus").addClass("rgb-red");
                        state.rgb = true;
                    }else{
                        $("#RGBStatus").removeClass("rgb-red");
                        state.rgb = false;
                    }
                }
            }
        }
    };
    //手动开关 RGB 灯
    $("#lightSwitch").on("click",function () {
        if($(this).text() == '开启') {
            $(this).text("关闭")
            $("#RGBStatus").addClass("rgb-red");
            rtc.sendMessage(config["mac_602"], "{OD1=1,D1=?}");
        } else {
            $(this).text("开启")
            $("#RGBStatus").removeClass("rgb-red");
            rtc.sendMessage(config["mac_602"], "{CD1=1,D1=?}");
        }
    });

    //定义二维码
    var qrcode = new QRCode(document.getElementById("qrDiv"), {
        width : 200,
        height : 200
    });
    //分享按钮
    $(".share").on("click", function () {
        var txt="", title, input,obj;
        if(this.id=="idShare"){
            obj={
                "id" : $("#id").val(),
```

```
                "key" : $("#key").val(),
                "server" : $("#server").val()
            }
            title = "IDKey";
            txt = JSON.stringify(obj);
        }else{
            $(this).parents(".MAC").find("input").each(function(){
                txt+= $(this).val()+",";
            });
            if(txt.length > 0){
                txt = txt.substr(0, txt.length - 1);
            }
            title = "MAC 设置";
        }
        qrcode.makeCode(txt);
        $("#shareModalTitle").text(title)
    })
    //扫描按钮
    $(".scan").on("click", function () {
        cur_scan_id=this.id;
        if (window.droid) {
            window.droid.requestScanQR("scanQR");
        }else{
            message_show("扫描只在安卓系统下可用！");
        }
    })
    //升级按钮
    $("#setUp").click(function(){
        message_show("当前已是最新版本");
    });
    //查看升级日志
    $("#showUpdateTxt").on("click", function () {
        if($(this).text()=="查看升级日志")
            $(this).text("收起升级日志");
        else
            $(this).text("查看升级日志");
    })
    //清除缓存
    $("#clear").click(function(){
        localStorage.removeItem("course_ObstacleAvoidance");
        alert("localStorage 已清除!");
        window.location.reload();
    });
    //生成下载 App 的二维码
    var downloadUrl = version.download;
    new QRCode('qrDownload', {
        text: downloadUrl,
```

```
            width: 200,
            height: 200,
            colorDark : '#000000',
            colorLight : '#ffffff',
            correctLevel : QRCode.CorrectLevel.H
        });
        //版本列表渲染
        $(".currentVersion").text(version.currentVersion);
        var versionData = version.versionList;
        var versionBox = document.querySelector('.version-list');
        versionBox.innerHTML = versionData.map((item) => {
            return `<dl>
                    <dt>${item.code}</dt>
                    <dd>${item.desc}</dd>
                    </dl>`;
        }).join('');
    });
    var page = {
        checkOnline : function () {
            if(!rtc._connect){
                message_show("暂未连接，请连接后重试！");
            }
            return rtc._connect;
        },
        checkMac : function (mac) {
            if(!config[mac]){
                message_show("暂未获取到节点地址，请稍后重试！");
            }
            return config[mac];
        }
    }


var z = new Array();

var qswhSpell;

//把编码转换成 GB2312 编码
function UrlEncode(str) {
    var i, c, ret="", strSpecial="!\"#$%&'()*+,/:;<=>?@[\]^`{|}~%";
    for(i = 0; i < str.length; i++) {
        c = str.charAt(i);
        if(c==" ")
        //ret+="+";
            ret+="20";
        //else if(strSpecial.indexOf(c)!=-1)
        //ret +=    str.charCodeAt(i).toString(16);
        if(z[str.charCodeAt(i)]    != null)
```

```
            {
                d = z[str.charCodeAt(i)];
                try
                {
                    ret += d.slice(0,2) + d.slice(-2);
                }
                catch (e)
                {
                    alert(" $$ error name = " + e.name + ", message = " +e.message + ", d " + i + "= " + str.char
                                                                                          CodeAt(i))
                }
            }
            else
                ret +=    str.charCodeAt(i).toString(16);
            //ret += c;
        }
        return ret;
    }

    //获取本地缓存数据
    function get_localStorage(){
        if(localStorage.getItem("course_ObstacleAvoidance")){
            config = JSON.parse(localStorage.getItem("course_ObstacleAvoidance"));
            //console.log("config="+config);
            for(var i in config){
                if(config[i]!=""){
                    //读取当前模式
                    if($("#"+i)[0]){
                        console.log("i="+i+"----val="+config[i]+"-------tagName="+$("#"+i)[0].tagName);
                        if($("#"+i)[0].tagName=="INPUT")
                            $("#"+i).val(config[i]);
                        else
                            $("#"+i).text(config[i]);
                    }
                }
            }
        } else{
            get_config();
        }
    }
    function loadFirstPage(){
        var href = window.location.href;
        var newHref = href.substring(href.length,href.length-4);
        if(newHref == "html"){
            window.location.href = window.location.href+"#/home/main";
        }
    }
    function storeStorage(){
```

```
        localStorage.setItem("course_ObstacleAvoidance",JSON.stringify(config));
    }
    function get_config(){
        $("#id").val(config.id);
        $("#key").val(config.key);
        $("#server").val(config.server);
    }
    function getback(){
        $("#backModal").modal("show");
    }
    function confirm_back(){
        window.droid.confirmBack();
    }
    //扫描处理函数
    function scanQR(scanData){
        //将原来的二维码编码格式转换为 JSON 格式。注：原来的编码格式为 id:12345,key:12345,SERVER:12345
        var dataJson = {};
        if (scanData[0]!='{') {
            var data = scanData.split(',');
            for(var i=0;i<data.length;i++){
                var newdata = data[i].split(":");
                dataJson[newdata[0].toLocaleLowerCase()] = newdata[1];
            }
        }else{
            dataJson = JSON.parse(scanData);
        }
        console.log("dataJson="+JSON.stringify(dataJson));
        if(cur_scan_id == "id_scan"){
            $("#id").val(dataJson['id']);
            $("#key").val(dataJson['key']);
            if(dataJson['server']&&dataJson['server']!=''){
                $("#server").val(dataJson['server']);
            }
        }
        else if(cur_scan_id=="mac_scan"){
            var arr = scanData.split(",");
            for(var i=0;i<arr.length;i++){
                $(".MAC").find("input:eq("+i+")").val(arr[i]);
            }
        }
    }
    //消息弹出框
    var message_timer = null;
    function message_show(t) {
        if (message_timer) {
            clearTimeout(message_timer);
        }
        message_timer = setTimeout(function () {
```

```
            $("#toast").hide();
        }, 3000);
        $("#toast_txt").text(t);
        //console.log(t);
        $("#toast").show();
}
```

5.5.4 开发验证

1. 硬件设备部署

智能避障管理系统的硬件设备主要使用 xLab 开发平台中的经典型无线节点 ZXBeeLiteB、采集类开发平台 Sensor-A、控制类开发平台 Sensor-B 和 Android 网关。

2. 系统软件部署

1）Android 端应用安装

连接 Android 网关的 OTG 接口与 PC 的 USB 接口，编译 Android 工程生成 ObstacleAvoidance.apk，并安装到 Android 网关。

2）Web 端应用安装

在 Web 端无须安装智能避障管理系统，打开智能避障管理系统工程目录下的 index.html 文件即可在 Chrome 浏览器中运行显示。

3. 系统操作与测试

1）Web 端应用测试

智能避障管理系统的“运营首页”页面如图 5.34 所示。

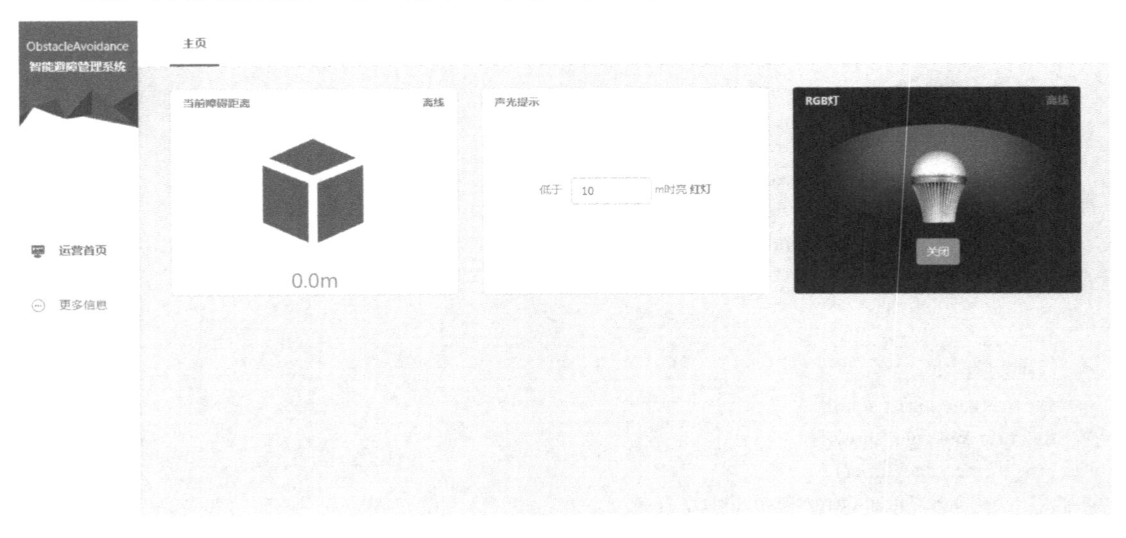

图 5.34　智能避障管理系统的“运营首页”页面

如果“运营首页”页面中的 RGB 灯显示为“离线”，就需要在“更多信息”中设置智云 ID 与 KEY 来连接智云服务器，这里使用的智云 ID 与 KEY 需要和智云服务器中的配置相同。智能避障管理系统的“更多信息”页面如图 5.35 所示。

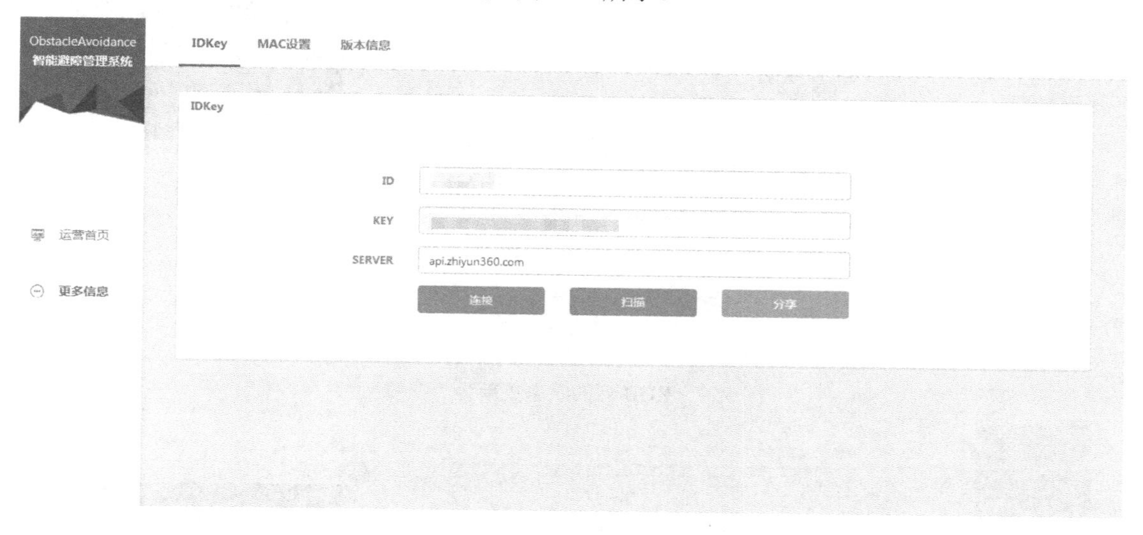

图 5.35　智能避障管理系统的“更多信息”页面

在智能避障管理系统“更多信息”页面中的“MAC 设置”标签项可以设置传感器节点的 MAC 地址，Android 端会自动进行更新显示。智能避障管理系统的“更多信息”页面中“MAC 设置”标签项如图 5.36 所示。

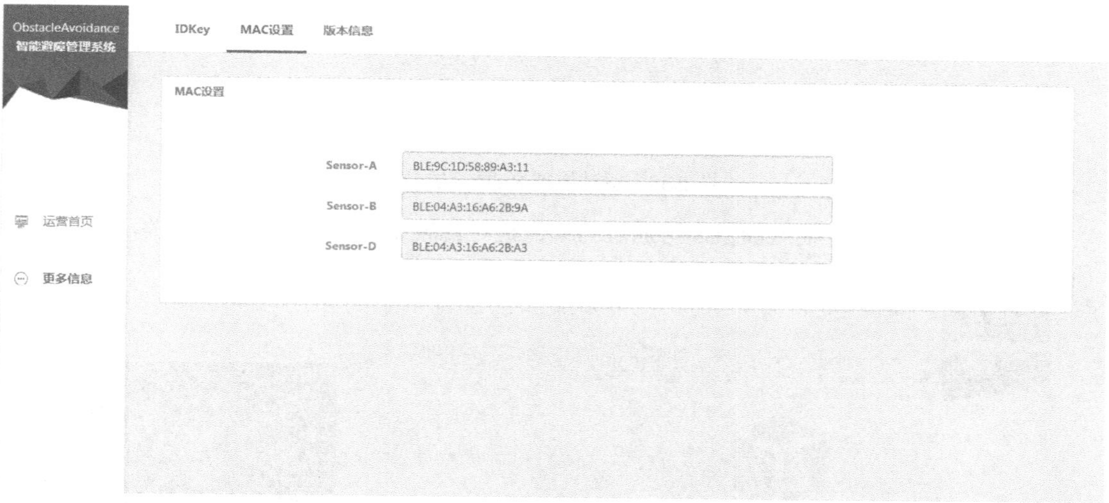

图 5.36　智能避障管理系统“更多信息”页面中的“MAC 设置”标签项

成功连接智云服务器成功后切换到智能避障管理系统的“运营首页”页面，这时可看到 RGB 灯的状态更新为“在线”，如图 5.37 所示。

RGB 灯在线后，可以手动控制 RGB 灯的开关，如图 5.38 所示。

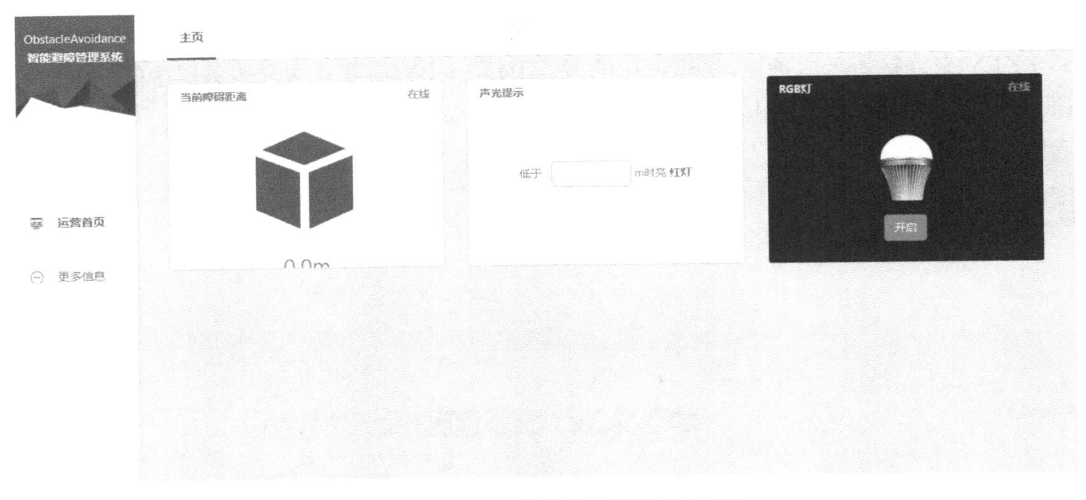

图 5.37　RGB 灯的状态更新为“在线”

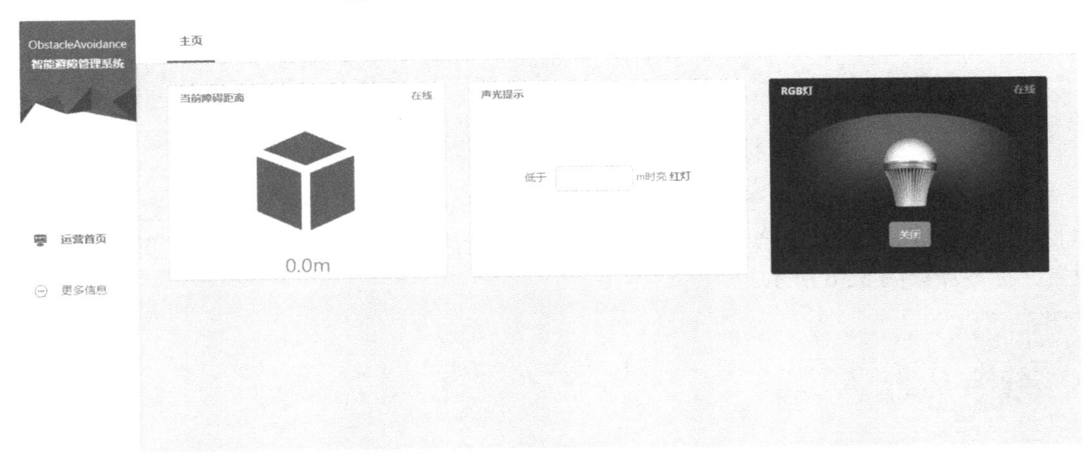

图 5.38　手动控制 RGB 灯的开关

在“声光提示”中输入阈值，可通过与阈值进行比较来控制 RGB 灯的开关，如图 5.39 所示。

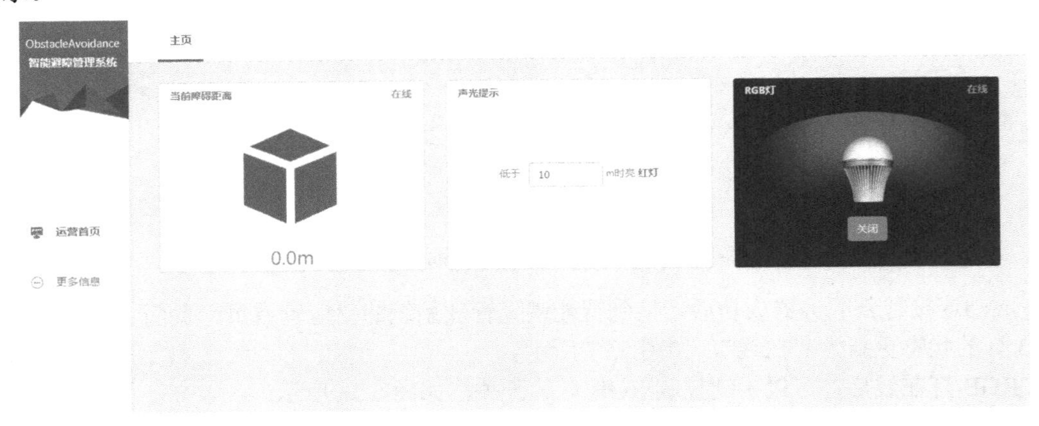

图 5.39　通过与阈值进行比较来控制 RGB 灯的开关

2）Android 端应用测试

Android 端应用测试同 Web 端应用测试基本一致，可参考本项目的 Web 端应用测试。Android 端的显示效果如图 5.40 所示。

图 5.40　Android 端的显示效果

参考文献

[1] 刘云山．物联网导论[M]．北京：科学出版社，2010.

[2] 廖建尚．物联网平台开发及应用——基于 CC2530 和 ZigBee[M]．北京：电子工业出版社，2016.

[3] 廖建尚．面向物联网的 CC2530 与传感器应用开发[M]．北京：电子工业出版社，2018.

[4] 廖建尚．物联网短距离无线通信技术应用与开发[M]．北京：电子工业出版社，2019.

[5] 李振中．一种新型的无线传感器网络节点的设计与实现[D]．北京：北京工业大学，2014.

[6] 王洪亮．基于无线传感器网络的家居安防系统研究[D]．石家庄：河北科技大学，2012.

[7] 沈寿林．基于 ZigBee 的无线抄表系统设计与实现[D]．南京：南京邮电大学，2016.

[8] 张猛，房俊龙，韩雨．基于 ZigBee 和 Internet 的温室群环境远程监控系统设计[J]．农业工程学报，2013(S1):171-176.

[9] 金海红．基于 Zigbee 的无线传感器网络节点的设计及其通信的研究[D]．合肥：合肥工业大学，2007.

[10] 彭瑜．低功耗、低成本、高可靠性、低复杂度的无线电通信协议——ZigBee[J]．自动化仪表，2005(05):1-4.

[11] ZigBee Alliance．ZigBee Specification[EB/OL]．[2020-6-23]https://zigbeealliance.org/wp-content/uploads/2019/12/docs-05-3474-21-0csg-zigbee-specification.pdf.

[12] Texas Instrument．Z-Stack Compile Options[EB/OL]．[2020-6-23]https://wenku.baidu.com/view/c67db86648d7c1c708a1451c.html.

[13] 樊明如．基于 ZigBee 的无人值守的酒店门锁系统研究[D]．淮南：安徽理工大学，2014.

[14] 陈明燕．基于 ZigBee 温室环境监测系统的研究[D]．西安：西安科技大学，2012.

[15] Texas Instrument. Z-Stack Home Developer's[EB/OL].[2020-6-23]https://wenku.baidu.com/view/f5e1e1ebdaef5ef7ba0d3c8f.html.

[16] Texas Instrument．CC2540/41 System-on-Chip Solution for 2.4- GHz Bluetooth® low energy Applications[EB/OL]．[2020-6-28] https://www.ti.com/lit/ug/swru191f/swru191f.pdf?ts=1592913388519.

[17] Texas Instruments. SmartRF05 Evaluation Board User's Guide[EB/OL]．[2020-6-30] https://www.ti.com/lit/ug/swru210a/swru210a.pdf?ts=1592914046228&ref_url=https%253A%252F%252Fwww.ti.com.cn%252Fsitesearch%252Fdocs%252Funiversalsearch.tsp%253FsearchTerm%253DZ-Stack%2Buser%2527s%2Bguide%2Bfor%2Bsmartrf05eb%2Band%2BCC2530.

[18] 黎贞发，王铁，宫志宏，等．基于物联网的日光温室低温灾害监测预警技术及应用[J]．农业工程学报，2013,4:229-236.

[19] 吴舟．基于移动互联网的农业大棚智能监控系统的设计与实现[D]．北京：北京邮电大学，2013．

[20] 张瑞瑞，赵春江，陈立平，等．农田信息采集无线传感器网络节点设计[J]．农业工程学报，2009,11:213-218．

[21] Brian Hardy，Bill Phillips．Android 编程权威指南[M]．王明发，译．北京：人民邮电出版社，2014．

[22] Meier Reto. Professional Android 4 Application Development. Wiley, 2012．

[23] 欧阳燊．Android Studio 开发实战：从零基础到 App 上线（第 2 版）[M]．北京：清华大学出版社，2018．

[24] 刘望舒．Android 进阶之光[M]．北京：电子工业出版社，2017．

[25] 李刚．疯狂 Android 讲义（第 4 版）[M]．北京：电子工业出版社，2019．